本书的出版得到了北京理工大学"985 工程"国际交流与合作专项资金的资助和国家外国专家局"外国文教专家项目"的大力支持,在此表示衷心的感谢。

U0336727

北京理工大学"985工程"国际交流与合作专项资金资助图书

# Aircraft Fly-By-Wire System

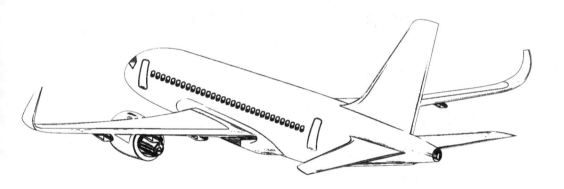

# 飞机电传操纵系统

徐军（Jun Xu）

［加］杨亚炜（Yawei Yang） 著

北京理工大学出版社
BEIJING INSTITUTE OF TECHNOLOGY PRESS

## 图书在版编目(CIP)数据

飞机电传操纵系统/徐军,(加)杨亚炜著.—北京:北京理工大学出版社,2018.3

ISBN 978-7-5682-5430-4

Ⅰ.①飞… Ⅱ.①徐… ②杨… Ⅲ.①飞机-电传操纵系统 Ⅳ.①V227

中国版本图书馆 CIP 数据核字 (2018) 第 051660 号

**北京市版权局著作权合同登记号 图字:01-2018-0444**

出版发行 / 北京理工大学出版社有限责任公司
社　　　址 / 北京市海淀区中关村南大街 5 号
邮　　　编 / 100081
电　　　话 / (010)68914775(总编室)
　　　　　　(010)82562903(教材售后服务热线)
　　　　　　(010)68948351(其他图书服务热线)
网　　　址 / http://www.bitpress.com.cn
经　　　销 / 全国各地新华书店
印　　　刷 / 保定市中画美凯印刷有限公司
开　　　本 / 710 毫米×1000 毫米　1/16
印　　　张 / 18.25　　　　　　　　　　　　　责任编辑 / 杜春英
字　　　数 / 292 千字　　　　　　　　　　　　文案编辑 / 杜春英
版　　　次 / 2018 年 3 月第 1 版　2018 年 3 月第 1 次印刷　　责任校对 / 周瑞红
定　　　价 / 54.00 元　　　　　　　　　　　　责任印制 / 王美丽

# 前　言

自 20 世纪 50 年代末期飞机电传操纵系统问世以来,经过 60 多年的发展,飞机电传操纵系统已经得到广泛的应用,其理论和技术也已经基本成熟。

尽管如此,由于电传操纵系统与飞机飞行动力学紧密相关,其作用完全决定了飞机的动力学性能,也由此改变了原气动外形和发动机决定飞机性能的观念,颠覆了飞机设计的传统思想,使电传操纵系统在飞机设计中的地位也越发重要,对电传操纵系统的设计制造也赋予了更高的要求,这不但需要系统的设计和制造者全面了解电传操纵系统的有关概念和基本原理,而且还需要其能按性能需求进行系统分析和设计。因此,系统地了解、掌握飞机电传操纵系统的知识是必要的,特别是需要将控制理论与飞行动力学结合起来,才能全面了解电传操纵系统的本质问题,也才能将电传操纵系统更好地应用于飞机的设计中。

本书系统地阐述了关于飞机电传操纵系统的有关分析和设计,以及飞行品质评价的理论问题,其知识覆盖了系统理论设计或方案设计阶段的所有工作内容,介绍了其设计方法并提供了实际算例。内容主要包括三部分。第一部分是建立飞机在无风和有风运动时的数学模型,这一部分的目的是通过介绍如何从飞机风洞试验数据得到飞机运动的非线性和线性化数学模型,并说明了每一种数学模型的使用限制条件,以能够在系统设计中正确地使用这些数学模型。第二部分是有关电传操纵系统原理、分析和设计方面的内容,其目的是能够对电传操纵系统进行需求分析,并能设计出满足要求的控制律。从电传操纵系统一般定义出发，分别给出了控制飞机纵向和横侧向运动、电传操纵系统控制律的结构和动力学意义，以及设计方法，并用实例进行了控制律设计和数学仿真。第三部分是关于飞行品质评价的问题，具有电传操纵系统的飞机是一个新的动力学系统，这是一个含有反馈控制系统的高阶系统，因此需要在得到一个频率响应意义上与之等效的低阶系统后，才可以用目前成熟并简单的理论及方法进行评价，同时也给出具体的算例。同时为了书的完整性，还引入了与系统设计有关的一些控制理论的基础知识。

写作本书的根本指导思想在于：提供飞机电传操纵系统分析和理论设计所应具备的知识、方法及实际算例。这些知识应能够回答"电传操纵系统是什么？""为什么要应用电传操纵系统？"这两个深刻的问题。而实际算例则可对电传操纵系统理论设计或技术方案中的具体工作有所帮助，也希望本书能帮助读者学会如何去设计电传操纵系统和掌握有关工作的内容与方法，即既可用于学习电传操纵系统理论的用途，也能作为工程设计的参考手册。因此，在理论内容上不仅要联系工程实际，也必须考虑其先进性。

本书是由两位作者合作完成，其中第二章是由杨亚炜编写，而其余章节则由徐军编写。

对于飞机电传操纵系统的系统分析和设计理论问题，首次进行全面和系统化介绍，书中疏漏与错误之处在所难免，诚恳希望读者对本书的不足之处提出意见、建议和指正。

著　者

# 目 录

## 1.1　电传操纵系统历史回顾

电传操纵系统问世于 20 世纪 50 年代末[1]，到 80 年代其技术已经基本成熟，并开始得到广泛的应用。目前，军用飞机基本上都采用电传操纵系统，而在民用飞机中，空中客车公司的 A320 飞机是第一种使用电传操纵系统并投入运营的商业飞机[2]，波音公司则在 B777 飞机上才开始装备电传操纵系统[3]。因此，对于民用飞机来说，电传操纵系统技术的应用是比较晚的，这主要源于民用飞机对安全性的特殊要求。

经过近 60 年的发展，电传操纵系统的技术已经非常成熟，可靠性得到极大的提高，这与计算机硬件、软件技术及舵机技术的发展是分不开的。尽管如此，但从理论上来说，电传操纵系统的基本功能、工作原理和系统组成形式并没有发生太大的变化，只是系统的工程实现技术取得了进步。然而电传操纵系统本身与飞机动力学紧密相关，它实际上是飞机动力学与控制系统所组成的一个新的动力学系统。因此从系统层面来看，由于功能任务多，系统设计和实现技术更为复杂，同时由于高可靠性和安全性的要求，电传操纵系统的应用仍然很困难。

电传操纵系统将驾驶员操纵装置(驾驶杆和脚蹬)发出的表示操纵指令的信号(机械动作),经过变换器转变为电信号,电信号按控制规律处理后传输给舵机,以驱动飞机操纵舵面的偏转。电传操纵系统完全可以代替机械操纵系统,同时由于可以方便地对电信号进行处理,为解决现代高性能飞机的许多飞行品质问题提供了有效的方法和手段。

早期的飞机主要采用机械操纵系统,驾驶员通过钢索及机械传动机构直接拉动操纵舵面,这种形式的机械操纵系统目前仍然在小型通用飞机上被广泛采用。但随着飞机速度和几何尺寸的增加,以及气动铰链力矩和舵面本身质量的增加,驾驶员直接通过钢索来拉动舵面变得困难,于是通过气动补偿,利用操纵调整片来带动操纵舵面的操纵方式出现了,它有效地减小了操纵杆力。然而对于大型飞机或高速飞机来说,这种人工操纵系统有下列缺点[23]:

(1)为了减小操纵杆力,不得不采用非常大的气动补偿,因此使用弹簧的调整片系统设计变得复杂。实际上,为了获得较小的对迎角和舵偏角的铰链力矩系数,同时又不发生过度补偿,在整个飞行包线上通过调整片系统来实现是困难的,而且对实际系统的安装调整过程要求非常高。

(2)由于操纵舵面的静气动弹性变形效应影响,可能使操纵系统非常复杂。

(3)为防止操纵系统出现振荡,系统需要安装很大的配重以实现静、动质量平衡。

为了解决这些问题,在第二次世界大战期间及之后,作为驾驶员辅助操纵装置的液压助力器被安装在操纵系统中,如图 1-1 所示[4]。它是人工操纵系统和液压操纵系统的结合,把这种助力操纵系统称为可逆助力操纵系统,即液压助力器只承担了部分操纵力,还有一部分操纵力仍由驾驶员提供,这样做的目的就是使驾驶员能感受到杆力随飞行速度变化的特性。这种可逆操纵系统曾经被应用在 B747 飞机上,B707 飞机的方向舵操纵系统和 B727 飞机的升降舵和副翼操纵系统,目前在许多飞机上仍然被采用[1]。

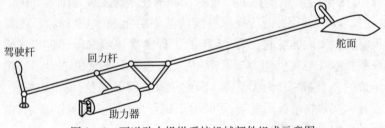

图 1-1　可逆助力操纵系统机械部件组成示意图

第二次世界大战后不久,出现了全助力操纵系统,也称为不可逆助力操纵系统,如图1-2所示[4]。在这种系统中,操纵钢索通过传动机构被直接连接到助力器的操纵阀上,驾驶杆或钢索将不能直接拉动舵面,这样驾驶员不能感受杆力随飞行速度变化的特性,于是在系统中采用了人工杆力感觉装置。这种装置主要由弹簧、缓冲器和配重等组成,并用来模拟飞机的操纵杆力特性,使驾驶员仍然有直接操纵舵面的感觉,以满足对飞机操纵品质的有关设计要求。这种全助力操纵系统曾被应用在F86、F4C、F104和F105等飞机上,现役的飞机上仍有使用,如B737等飞机[1]。

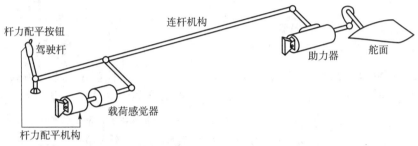

图1-2　不可逆助力操纵系统机械部件组成示意图

全助力操纵系统给超声速飞机的操纵带来了好处,由于在跨声速飞行时($M \geqslant 0.8$),作用在操纵舵面上的力很大且非线性严重(即所谓的"勺型"曲线,呈现反操纵的特性)[5,6],此时从操纵舵面反传到驾驶杆上的力将非常大,不能满足操纵品质的要求,而使用全助力操纵系统后,系统不可逆,使得这个力由助力器承担,驾驶员操纵时也将不会受到跨声速飞行时非线性特性的影响,从而有利于飞行安全。

随着飞机飞行高度的不断增加,飞机纵向运动(主要是短周期运动)的阻尼比将呈现出不断减小的趋势,这将使得短周期运动收敛时间增加,而且俯仰角和迎角的振荡次数增加,而不利于驾驶员的操纵,降低了飞行品质。因此在全助力操纵系统的基础上发展了增稳系统(包括阻尼器系统),如图1-3所示[4]。此时,助力器是由来自驾驶员的操纵指令以及由飞机运动变量反馈所形成的舵机运动指令共同驱动,这两个指令运动通过复合摇臂进行综合,复合摇臂的输出则机械地连接助力器的操纵阀拉杆来带动助力器运动,当然复合摇臂也可以用串联舵机来代替[4],即用串联舵机来综合来自驾驶杆的操纵位移和运动反馈信号。其中反馈通道完全是电信号形式的,舵机则是把电信号变换为机械运动以便于在复合摇臂上与操纵杆的运动进行综合。

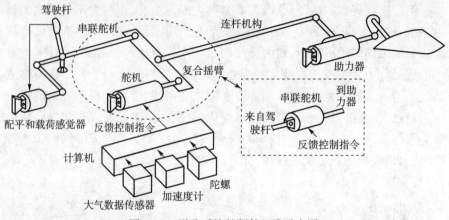

图 1-3　增稳系统的硬件组成示意图

　　这种增稳系统可以应用在俯仰、滚转和航向控制通道,分别称为俯仰、滚转和航向增稳系统,分别用于提高纵向短周期运动、滚转及航向(荷兰滚运动)运动稳定性。增稳系统的主要原理就是引入飞机机体轴相对于惯性空间的转动角速度作为反馈,来增加短周期运动、滚转和荷兰滚运动的阻尼,提高了运动快速响应的能力;同时将纵向和横侧向加速度或过载作为反馈来增加纵向和横侧向运动的静稳定性导数,以改善短周期运动和荷兰滚运动的稳定性,其原理如图 1-4 所示。如果仅引入转动角速度的反馈,那么称这种系统为阻尼器系统,阻尼器系统能增加飞机短周期运动或荷兰滚运动的阻尼比,对运动稳定性有利。因此在本书中,将阻尼器系统包括在增稳系统中。

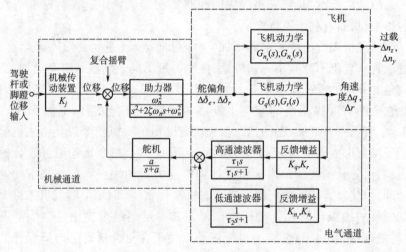

图 1-4　增稳系统原理框图

　　出于安全性的考虑,驾驶员对飞机操纵的权限要求最大,因此一般将增
稳系统电气通道对舵面的操纵权限设计为舵面最大偏转角的5% ~10%[4],
而文献[1]则认为应该是3% ~6%。也就是在驾驶杆输入为零的情况下,增
稳系统作用于复合摇臂上输入对作为输出的舵面偏转角的增益,该增益的
最大值应满足上述要求。一般情况下,可以通过在增稳系统的电信号通道
中串联限幅器来达到目的。

　　图1 – 4 所示为增稳系统的数学模型原理框图。数学模型是物理系统的
形式化描述,它反映了物理系统组成环节的信息传递关系,并不代表物理系
统的具体实现形式,而仅仅是用数学方程描述了物理系统的行为,所以数学
模型也称为理论模型或设计模型。

　　增稳系统在改善了运动稳定性的同时,也降低了飞机的操纵品质,使得
静操纵性下降。为了在改善稳定性的同时不降低操纵性,产生了控制增稳
系统[7]。这种系统在增稳系统的基础上,在反馈通道中增加了一路反映驾
驶杆操纵运动的电信号作为前馈,以增加操纵灵敏度,达到操纵品质满足设
计规范要求,如图1 – 5 所示[7]。控制增稳系统在设计中,同样出于安全性
的考虑,要求驾驶员对飞机的操纵具有最大的权限,然而由于功能的增加,
控制增稳系统电气通道的最大操纵权限大约为舵面最大偏转角的30%[1,4],
这也限制了操纵性和稳定性的进一步改善。

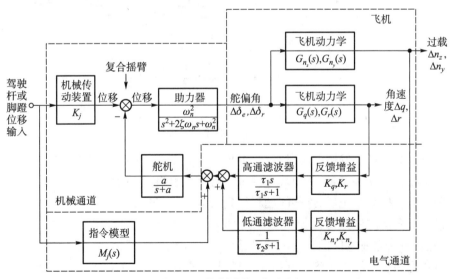

图1 – 5　控制增稳原理框图

　　注意到,在图1-5中只有操纵钢索或连杆到助力器之间是机械传动通道,而反馈和前馈通道则完全是电气通道。如果将助力器用液压舵机来代替,驾驶杆操纵运动转换成电信号,那么该电信号与反馈和前馈通道所形成的电信号就可以在计算机中进行综合,综合后的电信号用于驱动液压舵机,就完全可以取代复合摇臂,同样也达到了图1-5所示的控制增稳功能,并且整个系统将不存在驾驶杆操纵的机械传动机构,操纵信息的传输完全由电信号通道所完成,这样的操纵系统即电传操纵系统,如图1-6所示。电传操纵系统完全避免了电气通道的操纵权限受到限制的问题,其对舵面的操纵权限是100%,因而可充分用来改善飞机的动力学特性。需要指出的是,图1-6仅仅是初步的电传操纵系统原理,然而已经包括电传操纵系统最重要的功能之一——以改善阻尼特性和稳定性为目标的飞行品质控制。

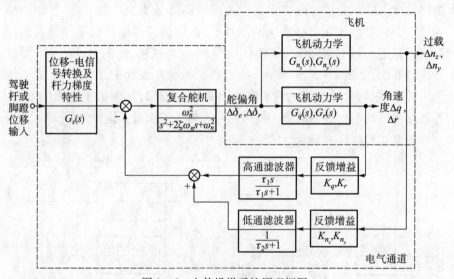

图1-6　电传操纵系统原理框图

　　因此从技术发展的阶段来看,电传操纵系统的产生是必然的,机械操纵系统存在着安装复杂、杆力调整困难并且其特性随环境温度而变化等问题。采用电传操纵系统后,这些问题将得到有效解决,同时可以使同一型号的飞机保持同样的杆力特性,有利于驾驶员对飞机的操纵,提高了飞行安全性。当然,另一方面电传操纵系统的可靠性也成为重要的问题,决定了电传操纵系统这一技术能否得到实际应用。因此在早期的飞机上(如"协和"超声速飞机上准电传操纵系统),仍然保留了机械操纵系统作为备份,通过一个离合器就可以将机械操纵系统与舵机进行连接,实现机械操纵[8]。事实上,这种以电传操纵系统为主,机械操纵系统作为最后备份的操纵系统构型,成为后续飞机操纵系统的基本形式,特别是对于民用飞机来说尤为如此[2,3],如图 1-7 所示。

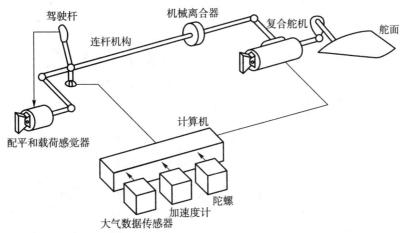

图 1-7 具有机械操纵系统备份的电传操纵系统

20 世纪 60 年代,应用电传操纵系统的第一架战斗机是 F111,这架飞机在 1964 年开始飞行,这是一套三余度带机械备份的模拟式系统。后来"狂风"战斗机采用了上述电传操纵系统的改型,但备份了一套操纵差动平尾的机械系统,并于 1974 年进行了首次飞行。1972 年,美国空军发起轻型战斗机验证计划,通用动力公司的 YF16 飞机是第一架采用无机械备份系统的电传操纵系统的飞机,1975 年 1 月被美国空军选为新的轻型战斗机,这就是目前还在使用的 F16 战斗机[8]。

最初,F16 战斗机采用的是利尔西格勒公司的四余度模拟电传操纵系统,该系统不包括任何自动驾驶功能,主要是为了改善飞机运动特性。该电传操纵系统具有双故障/工作的能力,故障概率不应大于每一千万飞行小时发生一次[8]。

由美国空军、海军以及 NASA 发起的 AFTI/F16 验证机在 1982 年 7 月首次飞行。该机的关键技术是本迪克斯公司的三余度数字式电传操纵系统。在 F16C/D 和 F16F 战斗机中采用了仍然由本迪克斯公司研制的四余度数字式电传操纵系统,是 AFTI/F16 验证机电传操纵系统的改进型,该系统的无故障工作时间达到 2 150 h,而体积仅为模拟式系统的 1/3[8]。图 1-8 所示为电传操纵系统的硬件体系组成,这是一个不包含备份机械操纵系统的纯电传操纵系统[8],在系统中的所有硬件都是四余度设计,并采用表决来选择正确的信号,而且备有应急通道,以提高系统的可靠性。

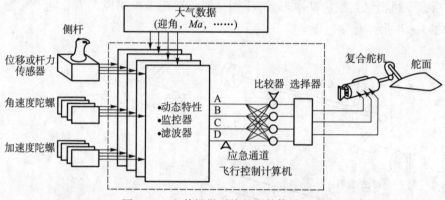

图 1-8　电传操纵系统的硬件体系组成

　　采用电传操纵系统,从原理上来说主要是为了提高飞机的飞行品质性能,以充分协调操纵性和稳定性之间的矛盾,实现在获得良好操纵性的目标下,飞机运动仍然具有李雅普诺夫意义下的运动稳定性。F16 战斗机为获得优良的机动性能,在多数飞行状态条件下,将重心设计在位于升力中心后3% ~4% 平均气动弦的位置[8],这将表现为纵向静不稳定的特性,也就是具有运动不稳定的趋势或倾向,因此操纵这样的一架飞机是非常困难的(重心位置在升力中心后,与莱特兄弟飞机类似,但两者的飞行速度差别很大,因此将比莱特兄弟的飞机更难操纵)。

　　当然在这种情况下,飞机的纵向静操纵性将是良好的或得到充分的改善。为了在良好的操纵性前提下,飞机纵向运动的稳定性仍然能够得到保证,必须采用类似增稳系统的控制方法对静稳定性导数进行补偿,这可以通过电传操纵系统动态地对舵面进行控制而实现。在这种情况下,从操纵杆作为输入端来观察的话,电传操纵系统与被控对象——飞机形成了一个新的动力学系统,其操纵性和稳定性将由这一新的系统所决定,显然电传操纵系统的控制律可设计特性,从而可以得到满意的操作性和稳定性,以满足技术性能指标的要求。由于电传操纵系统对舵面具有100% 的控制权限,所以对静稳定性的补偿也将是充分的。

　　同时,驾驶员通过驾驶杆发出的指令不再是某个操纵舵面的偏转角,而是对飞机运动变量的直接指令,例如法向过载、俯仰角速度或滚转速度以及偏航角速度,操纵舵面偏转角则是根据驾驶杆指令与所反馈的运动信息按一定的规律计算得到的。

传统上,在飞机设计时为保证纵向运动的稳定性,需要设计有足够的静稳定度,即飞机的重心应在升力中心之前(向机首方向观察)的某一个位置上,或纵向静稳定性导数要保持一定的数值大小,当然这是以牺牲部分操纵性作为代价的。如果在飞机设计中将重心位置从机头向机尾移动,越靠近升力中心时,纵向静稳定性导数的绝对值越小,而当重心被移动到升力中心的后面时,静稳定性导数将由负变为正,这种设计方法被称为放宽静稳定性技术。放宽静稳定性技术是主动控制技术中的一种,是提高飞机操纵性或机动性的有效手段,显然主动控制技术只能通过电传操纵系统才能得以充分实现。

除了改善飞行品质外,在电传操纵系统中也增加了很多有关操纵安全的功能[1],例如迎角限制等保护功能,以实现在驾驶员过度的操纵动作中依然能保证飞机始终在安全边界中飞行,这样就做到了驾驶员对飞机飞行的无忧操纵,使得驾驶员将更多的精力用于任务的执行中,而飞机飞行安全任务则交给电传操纵系统来完成。

因此,电传操纵系统将广泛影响飞机的性能,例如最大升力系数的确定、后重心位置的最小杆力 – 速度梯度、需用重心范围以及最大使用速度(或马赫数)和俯冲速度(或马赫数)之间的关系等将需要重新考虑和计算,并需要进行仔细检查。

显然,与机械操纵系统相比,电传操纵系统具有许多无可比拟的优点,并且随着技术的发展一些当初存在的技术问题已经逐步得到解决。20 世纪 80 年代以来,电传操纵系统技术已经成熟并得到广泛的应用,许多新研制的军用和民用飞机均采用了电传操纵系统。20 世纪 80 年代开始研制的瑞典的 JSA39 战斗机,采用了数字式、全电传操纵系统,同时没有采用机械操纵系统作为备份。1988 年投入商业运营的空中客车公司的 A320 飞机[5]采用的是带有机械备份的数字式电传操纵系统,这是电传操纵系统首次被应用在进行商业飞行的飞机上[2]。1995 年波音公司第一架采用电传操纵系统的 B777 飞机投入商业飞行[3],在 B777 飞机中,利用人工应急机械配平系统作为最后备份系统。俄罗斯生产的 SU27 战斗机采用的是一种四余度模拟电传操纵系统,没有采用任何备份操纵系统[1]。

进入 21 世纪,电传操纵系统的应用更为广泛。先进战斗机 F22、F35 均采用了电传操纵系统,民用飞机 A340、A380 和 B787 也采用了电传操纵系统,同时一些公务飞机也在逐步应用电传操纵系统技术。

##  1.2 电传操纵系统的功能和系统组成

电传操纵系统不仅要将驾驶员对杆的操纵动作转换为电信号,并传输给舵机以驱动相应的舵面偏转,而且要利用电信号易于进行处理的特点,赋予电传操纵系统更多的功能,只有这样电传操纵系统才能得到更好的发展和更广泛的应用。但从飞机操纵的角度来说,电传操纵系统应具有两个主要功能:一是改善飞行品质的功能,在良好的操纵性下具有运动稳定性;二是操纵保护功能,使飞机始终被限制在安全边界内飞行,实现无忧操纵。而电传操纵系统其他的一些功能,例如系统本身的可靠性功能设计则是完成上述两个主要功能的一种辅助,是电传操纵系统作为产品实现中的技术,将不是本书所讨论的主要内容。

所谓电传操纵系统的功能,实际上是由控制律的结构所决定的。从目前电传操纵系统的功能来看,在飞机不同的飞行阶段其功能或控制律是不同的,例如 A320 飞机,在起飞、空中飞行和着陆三个阶段其控制律是不同的[23]。但总的来说,飞行阶段的控制律是最复杂的,也是作用时间最长的,因为所谓改善操纵性和稳定性,主要是指改善飞行阶段的性能;而在起飞、着陆阶段则由空中和地面两部分控制律所组成,在起飞的地面滑跑时,控制律往往只有对升降舵偏转角的限制功能,当飞机腾空一定时间后(A320 飞机是5 s),控制律就转换为空中飞行阶段的控制律了;同样在着陆时,仅仅只在飞行高度低于一定值后,空中飞行的控制律才转变为单纯控制俯仰角的控制律,落地后又转变为与滑跑期间同样的控制律。通过上述分析可知,空中飞行时的控制律最为重要,而且其他控制律基本上是通过对该控制律的剪裁而得到的。

另一方面,为了保证电传操纵系统故障后飞机仍然具有一定的操纵能力,电传操纵系统按不同的故障等级水平对功能或控制律进行降级,或者说按故障等级水平对系统性能水平进行降级。因此按故障等级水平,电传操纵系统的功能或控制律也是不同的,系统性能是被逐步降级的。对 A320 飞机来说[2],无故障时为"正常操纵规律",当发生一定的故障组合时为"备用操纵规律",在发生另一类严重故障时为"直接操纵规律";若电源故障,则为"机械式应急操纵规律",此处"操纵规律"与"控制律"相同。在四类操纵规律中,前三类操纵规律仍是由电传操纵系统完成的,并且后两个可以从"正常操纵规律"剪裁得到;第四类操纵规律则是纯机械式的,也是安全飞行的最后保证。

因此电传操纵系统的功能或控制律,需要根据不同的飞行阶段以及安全等级水平进行定义和设计。而空中飞行阶段和无故障时的控制律设计,则是反映电传操纵系统特点的,也是系统的核心功能或控制律,其他控制律基本都是在这个控制律基础上的系统性能降级。本书将主要介绍正常的空中飞行阶段控制律的分析和设计方面的内容。

从控制系统的观点来看,电传操纵系统的输入端是驾驶杆,其输出则是通过舵机分别驱动升降舵、副翼和方向舵,从而引起飞机运动。因此,此时的飞机飞行动力学不是飞机本体的动力学问题,而是电传操纵系统与飞机本体经过运动量反馈构成回路后所形成的新动力学系统,如果在回路中设计有改善飞机操纵性和稳定性的环节,那么新动力学系统性能就会优于飞机本体动力学性能。为保证具有良好的操纵性和稳定性的飞行品质,从控制系统设计的角度来说,操纵性和稳定性必须通过具体的对运动变量的要求来描述,那么从目前的飞机飞行动力学理论来说,需要从纵向和横侧向运动两个方面来考虑。

从纵向运动来说,驾驶员关心的是空中飞行阶段的短周期运动稳定性以及应具有良好的操纵性或机动能力。从运动稳定性来说,短周期运动稳定性不但与纵向静稳定性导数有关,而且与短周期运动的俯仰阻尼导数有关,因此通过引入迎角和俯仰角速度的反馈,就可以改善静稳定性导数和阻尼导数,从而满足短周期运动稳定性的要求。

操纵性或机动性常常用纵向运动的法向过载变量来描述,因此可通过引入法向过载来调节或改善对操纵性或机动性的要求。

另一方面,由于法向过载是与迎角成正比的,因此引入法向过载反馈也能起到迎角反馈的作用,从而在纵向电传操纵系统中常使用法向过载和俯仰角速度作为主要的反馈量,这种反馈控制既能改善飞机短周期运动的稳定性,同时也能保证短周期运动的操纵性。飞机短周期运动的法向过载和俯仰角速度响应,可以组合表示成一个新的飞行品质的衡量指标,即 $C^*$ 准则或指标,它按如下方式定义:

$$C^* = \frac{V_{co}}{g}\Delta q + \Delta n_z \qquad (1-1)$$

$C^*$ 准则是一个混合响应指标,它表示在纵向短周期运动中驾驶员最为敏感的两个运动量响应。其中 $V_{co}$ 称为穿越速度,在这个速度下,驾驶员对俯

仰角速度 $\Delta q$ 和法向过载 $\Delta n_z$ 的变化具有相同的注意力或敏感性,一般情况下取 $V_{co} = 122$ m/s,$g$ 为重力加速度。

当飞机速度小于 $V_{co}$ 时,也就是低速飞行时,驾驶员主要对俯仰角速度 $\Delta q$ 敏感,驾驶员操纵主要依据俯仰角速度 $\Delta q$ 响应的快慢来决定;同样当飞机速度大于 $V_{co}$ 时,也就是高速飞行时,驾驶员主要对法向过载 $\Delta n_z$ 敏感,驾驶员的操纵主要依据法向过载 $\Delta n_z$ 响应的大小来决定。

一般根据地面试验、计算以及变稳飞机的飞行试验,确定在单位杆力作用下 $C^*$ 准则随时间响应曲线的边界范围,并确定不同飞行品质的边界范围[17,19],这样就可得到作为飞行品质评价的标准。

因此,凡是采用俯仰角速度 $\Delta q$ 和法向过载 $\Delta n_z$ 的反馈都可以等效为 $C^*$ 指标的反馈。显然,这种反馈并不是真正用于描述飞机纵向运动的变量,而是完全基于飞行品质要求的一种反馈量,需要按照式(1-1)进行计算后形成新的变量。

基于 $C^*$ 反馈的纵向电传操纵系统的结构,在电传操纵系统发展的早期阶段得到广泛的应用,典型的应用有 F16 和 A320 飞机,至今在空中巴士系列民用飞机中仍然在使用这种结构的电传操纵系统[2]。

从广义上来说,只要引入俯仰角速度和法向过载的反馈都可以认为是 $C^*$ 指标的反馈,只是所选择的穿越速度不同而已。因此,从这个意义上来说,如果电传操纵系统仅仅是为了改善纵向短周期运动的特性,那么引入俯仰角速度和法向过载的反馈是通常的选择,也就是说广义上的 $C^*$ 指标反馈是纵向电传操纵系统的一般构型准则。

其次,为了保证驾驶员在不同飞行状态下的无忧飞行,并充分发挥飞机的性能,电传操纵系统应该比传统的机械操纵系统具有更大的操纵边界范围,并能保证飞行安全。因此,边界控制(保护)功能是电传操纵系统的重要功能之一。必须指出的是,边界控制功能环节仍然被包含在电传操纵系统内,它是通过对操纵信号的限制,进而限制了升降舵的偏转角度而实现的,而这一边界限制则是在飞机设计时所规定的。这些边界限制一般是按飞行限制的要求进行设计的,在任何纵向推拉驾驶杆操纵时,一般有以下边界限制:

(1)迎角边界控制,迎角始终在小于失速迎角的安全边界内,防止飞机失速。

(2)俯仰角边界控制,俯仰角限制在规定范围内。

(3)高速边界控制,任何推杆导致下滑后,将飞行速度限制在安全范围内,防止大速度所引起的对结构的影响。

这些边界控制需要根据飞行性能和安全需要加以选择,例如 F16 飞机只有迎角边界控制,而 A320 飞机则包含上述三种边界控制功能。

根据上述纵向电传操纵系统的主要功能,基本上可以确定纵向电传操纵系统功能模块的组成。如果将这些功能模块进行数学模型化,就可以得到电传操纵系统的数学模型。这个数学模型将是电传操纵系统理论和工程设计的基本准则和依据,根据设计完成的理论模型就可以在一般的电传操纵系统的物理结构中进行实现,这个物理结构实际上就是由操纵杆—计算机—反馈传感器—舵机系统所组成的典型硬件回路,这种结构具有通用化的趋势,其中的功能则完全基于软件定义。当然,数学模型的功能,有时可能需要在这种典型物理结构的基础上增加若干个实际物理设备来实现,但在工程实践中应尽可能将数学模型描述的功能集中在这种典型的物理结构中,这将有利于简化制造和调试。

驾驶杆一般包括传感器,它是将驾驶员对驾驶杆的操纵位移或操纵力[1]按一定的规律转换为电信号的设备,这种规律一般是按照飞行品质标准设计的。如果是将操纵位移转换为电信号形式的驾驶杆,那么上述规律主要包括:操纵驾驶杆的杆力与位移之间需要有一定的关系(一般是非线性关系);操纵杆力应随动压变化;在操纵杆力持续作用时,其输出最大值应被限制。这种规律也被称为杆力梯度特性,并且会反映在驾驶杆输出的电信号中。目前这些功能已经被组合到驾驶杆设备中了,驾驶杆的数学模型一般应用在数学仿真中,以考察和验证所设计操纵梯度的正确性和合理性。

驾驶杆所输出的信号将首先被加入到指令生成器中并转换为具体的 $C^*$ 指令,然后通过边界控制功能模块,之后才能施加于用于保证飞行品质的 $C^*$ 控制系统,这两个功能则由计算机和反馈传感器来完成,而计算机产生的控制指令则由舵机系统转换为舵面的机械角度运动,以最终用于操纵飞机的运动。因此飞机的纵向电传操纵系统功能框图或功能模块组成如图 1 - 9 所示。

由图 1 - 9 所示功能框图,可以方便地得到纵向电传操纵系统的数学模型。注意,从工程实践来看,电传操纵系统是由操纵杆、传感器、飞行控制计算机和舵机等物理设备组成的,但从系统理论设计的数学模型来看,除了电传操纵系统数学模型外,还应包括飞机动力学模型,因此电传操纵系统的数学模型不但包括驾驶杆—计算机—反馈传感器—舵机系统的物理结构数学模型,还包括飞机飞行动力学模型。

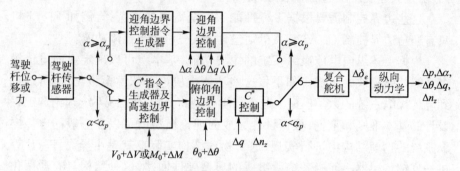

图 1-9　纵向电传操纵系统功能框图

电传操纵系统数学模型不仅描述了系统的功能,还描述了典型物理结构之间的信息传递关系,以及与飞机动力学运动之间信息的传递关系。显然上述功能框图是电传操纵系统数学模型建立的依据。

对于横侧向运动,横侧向电传操纵系统的任务主要是改善荷兰滚模态和对滚转运动的操纵性。改善荷兰滚模态一般可以通过偏航阻尼器或航向增稳系统来实现,通过在方向舵的操纵通道上增加相应的控制系统即可实现,但需要指出的是,一旦采用副翼或扰流片进行滚转操纵,那么对方向舵通道的操纵或控制主要是为了消除侧滑角,即进行所谓的协调转弯控制。此时方向舵通道是由侧滑角反馈所形成的控制系统进行控制的,以消除或减小飞机滚转操纵后所形成的侧滑角,而偏航阻尼器可作为其内回路。

很多飞机的滚转运动模态一般是稳定的,因此滚转操纵需要解决的是滚转操纵的快速性问题,即改善滚转阻尼特性和实现驾驶杆的滚转角速度操纵形式,或者说驾驶杆的左右位移运动能给定精确的滚转角速度,而当驾驶杆处于左右偏离的中间位置时(即没有操纵时)滚转角速度为零,这就是 A320 飞机所谓的滚转操纵具有中立稳定性的特点[2]。所谓中立稳定性,仅仅是指当驾驶杆回到中立位置后,滚转角速度为零且滚转角保持不变。对于民用飞机来说,由于驾驶杆的位移操纵不直接给出滚转角,而给出的是与操纵位移大小成正比的滚转角速度指令,因此在驾驶杆持续偏离中立位置时,需要采取措施对最大滚转角进行限制,以实现飞行安全要求下的无忧操纵。而对于战斗机来说,这个功能是根据机动性要求来取舍的。

仿照纵向电传操纵系统的做法,将飞机横侧向动力学与电传操纵系统共同组成横侧向飞行控制系统功能框图,如图 1-10 所示。在这个功能框图中,滚转角中立稳定性和最大边界控制是通过滚转角控制系统或副翼通道实现的;而方向舵通道主要实现的是侧滑角为零的协调控制,并且其内回路为偏航阻尼器以改善荷兰滚模态,其航向角的边界控制则是通过指令生成器的限制实现的。显然在协调控制时,如果脚蹬无位移,那么侧滑角控制系统也能自动保持侧滑角为零;如果脚蹬有操纵位移,那么这个脚蹬指令也能加速消除侧滑角直到为零。

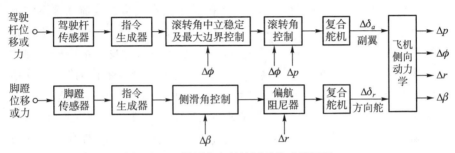

图 1 - 10 横侧向飞行控制系统功能框图

显然纵向运动中对边界限制的控制也比横侧向运动要复杂一些,这主要是由于飞机是上下不对称的几何体,从而造成动力学特性的差异。

横侧向电传操纵系统也是由典型的物理结构,即操纵杆—计算机—反馈传感器—舵机系统来实现的。

## 1.3 主动控制技术和电传操纵系统

电传操纵系统具备一般控制系统的特点,即通过控制律的设计而方便地改善系统的动力学性能。这里所谓的动力学性能,主要包括系统响应的动态、稳态性能及稳定性。因此具有电传操纵系统的飞机,通过不同控制律的设计就可以获得不同于飞机本体(无电传操纵系统或固定舵面)的新动力学系统(飞机 + 电传操纵系统)响应性能,无疑电传操纵系统为这种技术途径提供了可能。

显然,电传操纵系统可以为在飞机设计中某些无法达到折中的性能提供获得优良飞行品质的可能。那么在飞机设计中哪些情况或状态下的性能设计是困难的,而需要用所谓的新动力学系统来代替呢?

在纵向运动中,稳定性和操纵性是一对矛盾。获得优良的短周期运动操纵性,是高机动性战斗机的基本要求,然而从飞机设计的角度来说,就需要减小飞机的静稳定性,即减小重心和升力中心之间的距离,甚至升力中心应位于重心之前。显然这样的设计结果会使短周期运动失去稳定性,一旦运动失去稳定性,那么任何机动运动都是没有意义的,并且操纵将变得非常困难,例如可能造成反操纵(一种与人的操纵习惯相反的操纵方式,莱特兄弟的飞机便是如此。事实上,莱特兄弟发现了重心和升力中心之间的位置关系与纵向运动的稳定性和操纵性有关[9])。

因此,为提高F16飞机的机动性能(操纵性),在大多数载荷条件下将重心设计在位于升力中心后3%~4%平均气动弦的位置上,此时静稳定性是正的数值,必将导致纵向运动的不稳定。因此,为获得优良操纵性所丧失的稳定性则通过纵向电传操纵系统来补偿。一般把这种技术称为"放宽静稳定性技术(RSS)",即飞机本体采用可以减小静稳定性的绝对值,甚至为正的设计,同时通过电传操纵系统来实现运动的稳定性。在这种情况下,电传操纵系统不但要保证稳定性,而且要使新动力学系统仍然具有符合人操纵习惯的正操纵特性。

当然F16飞机放宽静稳定性是比较极端的一种情况,更多的飞机是适当地放宽静稳定性,即减小重心与升力中心之间的距离,而仍然保持重心位于升力中心的位置上,同样所损失的稳定裕度则由电传操纵系统来补偿。显然这种技术方案本质上并不是为了提高飞机的操纵性,而是通过放宽静稳定性达到减小安定面或升降舵所需要的配平(纵向平衡)偏转角度,并因此降低整个飞机由于配平所需要的迎角,从而减小配平阻力,使飞机的升阻比得以提高[1,2,7,8]。因此,这种技术方案特别适用于运输类飞机的性能需求。

把上述这种采用电传操纵系统的控制特性来完成性能控制的技术,统称为"主动控制技术",因此"主动控制技术"在载体是电传操纵系统时实现,只有使用了电传操纵系统的飞机才有可能按性能设计的要求应用"主动控制技术",以获得优良的飞行性能。常用的"主动控制技术"包括[1,8]:

(1)放宽静稳定性。

(2)边界控制。

(3)直接力控制。主要是控制直接升力或侧力的产生和大小,直接升力或侧力将直接作用于飞机重心,当直接升力或侧力产生后,将使飞机重心处的轨迹方向和大小立即发生变化,从而可引起非常规机动的运动形式。

(4)阵风减缓和乘坐品质控制。减小阵风干扰下可能引起的过载以及提高乘坐的舒适性能。

（5）机动载荷控制。根据飞机机动状态,使用机翼上的操纵面主动调节机翼上的载荷(升力)分布,使机翼翼根处的弯矩减小,从而减小机翼翼根处的结构厚度尺寸,减小机翼的质量。这种方案多用于机翼面积大的飞机,例如运输机和轰炸机。而对于小型战斗机来说,则是以提高升阻比为目的的机动载荷控制,通过机翼弯度的改变可以有效改善飞机的升阻比,此时机翼的载荷也将发生改变。

（6）主动颤振抑制系统。飞机实际上是个弹性体,在飞行时由于气动力的作用将产生弹性变形,从而形成结构振动。这种弹性振动是有害的,现代飞机采用人工阻尼的方法来克服弹性振动,即在机翼上安装适当的操纵面,用操纵面产生的气动力来抵消引起弹性振动的气动力,从而减小或消除弹性振动。

##  1.4　系统设计和工程实现中的有关问题

对于一个电传操纵系统的设计,最重要的初始工作,一是系统的需求分析;二是总体技术方案。需求分析是技术方案的来源和依据,主要是从飞机飞行性能的角度出发来论证电传操纵系统对飞机的必要性;技术方案对理论和工程设计以及系统试验都需要给出技术说明,以作为详细设计的指南。技术方案中至少应考虑到以下内容:

（1）正常、降级和应急工作方式时,按不同飞行阶段确定系统和控制律构型。

（2）在工作方式下的操纵性和稳定性计算。

（3）工作逻辑设计。

（4）系统设计过程中的验证性试验。

（5）硬件余度构型形式。

（6）软件的开发原则。

（7）可靠性或 MTBF 计算。

（8）铁鸟试验、飞行模拟试验和雷电试验及飞行试验的基本内容。

从设计的形式来看,电传操纵系统主要分为理论设计和工程设计两个阶段。理论设计的过程是比较纯粹的,是一种完全理论化的过程或者是原理设计,它依据飞机总体设计对电传操纵系统所确定的功能和性能,主要设计出系统工作逻辑及系统控制律,同时也初步得到了电传操纵系统的物理组成。实际上更多的工作在于控制律设计,对控制律需要进行飞行包络线范围内多个飞行状态下的数学仿真才能确定其控制性能是否达到要求。因此,技术方案中的工作几乎都是理论设计的内容。

工程设计是对理论或原理设计结果的工程实现问题,由于目前现代控制系统的主要实现方式是以数字计算机为核心的软硬件系统,因此电传操纵系统的工程设计也主要是对软件和硬件的设计,系统的复杂性使得在设计过程中难以精确估计软硬件的规模,因此传统的设计是一个重复和迭代的过程,同时也会影响到软件的设计,这样就降低了系统研制的效率。为了提高研制的效率,并确定技术方案的正确性和减少迭代过程,可以使用系统"原型技术"[10]来进行验证性试验以解决这个问题。使用"原型技术"不但可以快速应用"原型系统"通过半物理仿真来验证技术方案和控制律的正确性和有效性,而且能迅速完成软硬件研制。其中基于模型的软件开发技术,其软件的自动生成可以提高软件的质量、开发效率以及可靠性。总之,应用"原型技术"方法后可以有效地提高研制工作效率及产品的可靠性和质量。

关于控制律的设计问题,目前仍然以线性控制理论的方法为主,特别是单输入单输出线性系统的古典控制理论占有重要地位。这一方面是因为飞行动力学(包括飞行品质指标的描述)的研究方法和理论结果是基于古典控制理论的;另一方面古典控制理论方法简单实用,设计结果易于调整且与动力学性能关联性好。当然,古典控制理论的缺点也是很明显的,例如需要具备一定的经验才能设计出性能优良的系统,而且每次设计只能完成一个控制律参数的确定,等等[9]。当然在应用计算机辅助设计后,这种情况得到改善,例如应用 Matlab 作为设计工具,就可以使设计效率得到大幅提高。

在选择使用任何控制理论对系统进行分析设计前,需要认识到基于风洞试验数据的数学模型与未来飞机的实际气动参数是有误差的。任何设计都应该考虑到这一实际情况,至少应该避免可能会引起未来系统不稳定的控制律参数。所以作为最初使用的控制律参数,尽量要以小增益参数设计为主,尽管这是保守的,但可以保证初始飞行时系统的稳定性,以降低首次使用电传操纵系统的风险。其后,可以通过飞行试验与理论设计的反复迭代过程得到最优的控制律参数。

电传操纵系统,从本质上来说还是用于飞行控制的。对于飞机上所装备的两类用于飞行控制的系统,即电传操纵系统和自动飞行控制系统(自动驾驶仪),它们的差异在于系统输入指令和控制的具体形式,电传操纵系统的输入指令来自驾驶杆,其控制形式仍是人参与的控制;而自动飞行控制系统的输入指令则是自动形成或预先设定好的(按自动飞行状态),并且是自动地控制飞机飞行。如果按照自动飞行控制系统的设计原则,即用于取代驾驶杆操纵而实现的自动操纵,那么在自动飞行时电传操纵系统将是自动飞行控制系统的内回路,或者自动飞行控制系统所产生的指令将作用于电传操纵系统,并通过它对飞机实行控制作用,唯有这样对驾驶员来说,无论是人工操纵还是自动飞行时,飞机的响应特性才是一致的[1,2]。在这种情况下,将这样的两个系统统一称为飞行控制系统是适当的[7]。

由于电传操纵系统在具体的工程实现中,其系统复杂、环节繁多,在建立数学模型的过程中只关注那些重要的环节,因此会存在所谓未建模的对象,例如舵机对操纵舵面的传动机构(往往由摇臂机构所组成),它们对数学模型的影响主要反映在系统的动态和稳态响应中。事实上在数学模型的建立过程中,更多的是未建模对象对系统稳态响应有影响(如上述传动机构),因此如何将缺乏未建模对象而得到的理论设计结果用于实际工程对象,需要系统在飞机上安装完毕后的调试过程中加以解决,其原则是:将理论设计结果(控制律)贯彻于实际系统中,并作为最初飞行时的系统参数来应用。当然这还不够,最终的系统参数需要通过飞行试验来确定,但一个好的理论设计结果与最终的实际结果之间的差异应该是不大的。

## 1.5 对未来的展望

高速飞行、隐形和低成本技术将是未来飞机的主要特征,而对飞机的控制来说,维持飞机的平衡和进行机动运动(改变飞行轨迹)依然是最重要的任务。

高速飞行时焦点剧烈地后移,引起飞机的静稳定性过强,使操纵性能下降以及配平阻力增加,降低了飞机的总升力,进而影响了飞行性能。因此为了必要的飞行性能要求,在未来的高速飞机上电传操作系统将变得不可或缺,可以通过放宽静稳定性技术来改善高速飞行时由焦点后移所引起的问题。

如何在隐形飞机上实现主动控制技术是个重要挑战,如果使用传统的操纵翼面作为系统的执行装置影响隐形性能,那么应该采用什么样的操纵翼面作为执行装置呢? 显然这个问题需要从空气动力学和飞行动力学两个方面来考虑。此外,电传操纵系统将给隐形飞机的气动布局设计带来便利,因为有了电传操纵系统后,随控布局技术将在隐形飞机的气动布局设计中得到应用。

在系统设计理论上,尽管现代的控制理论已经得到比较多的使用,但完全不依赖古典控制理论进行设计,目前还是有困难的。对非线性控制理论的应用来说,并没有一种简单实用的方法可以在系统设计中使用。因此,可以预见在未来相当长的一个阶段内,古典控制理论还会存在于系统设计中,并不会退出历史舞台。

为了解决控制律的鲁棒性问题,当前广泛使用的控制律参数随飞行状态(空气动压或总压)调节的方法还会继续应用。目前,用鲁棒控制理论设计所导致的高增益参数,在实际应用中是有顾虑的,对于无人飞行器进行这种尝试是有意义的,但对于有人驾驶的飞机来说则有一定风险。对于自适应控制理论而言,同样也存在风险,这并不是理论本身的问题,而是需要发展一种设计方法或程序,并要经过多次验证是可靠的,才能增进应用这些理论进行系统设计的信心。

关于自修复系统设计理论,实际上就是一种替代的、性能降级的控制方案,以保证飞行的安全,这更多是技术层面的问题,在目前以计算机为主的电传操纵系统的工程实现中,这种方法的应用是非常方便的,例如应用于B777 的舵机控制器的 ACE 技术[1,3]。

因此,就电传操纵系统来说,可以预见在未来的飞机中将会得到更为广泛的应用,主动控制技术也将得到进一步的发展,而不仅仅局限于目前的这几类问题。电传操纵系统的可靠性将进一步提高,"原型技术"和基于数学模型的软件自动化技术[10]将极大提高系统的研制效率和系统可靠性,并能有效地减低研制成本和缩短研制周期,同时也为实现复杂的控制技术方案验证提供了可能。

##  1.6　关于本书以及致谢

本书比较完整地阐述了电传操纵系统的原理和技术方案,对飞机纵向和横侧向运动电传操纵系统的理论和设计方法进行了系统性的介绍,并且特别注重于电传操纵系统的飞行动力学和控制的原理。而对于在故障后、性能降级的电传操纵系统的控制原理以及具体工程实现问题,本书并没有太多的涉及,主要原因是:性能降级的控制任务,实际上可以根据具体的降级性能对正常控制任务进行剪裁而得到;已经有很多文献对工程实现技术进行了介绍;在计算机技术得到极大发展的今天,电传操纵系统工程实现所需要的技术已经逐渐普及化和通用化。因此,未来的问题仍然是在系统层面(或顶层)的电传操纵系统理论或原理设计问题,即,如何按飞行动力学性能(操纵性和稳定性)确定电传操纵系统的性能需求,并且将这些性能需求转变为系统功能或任务的集合? 如何将系统功能任务用数学模型来描述并验证是否满足了性能需求? 这些问题实际上构成了理论或原理设计的主要工作,只有在解决了以上问题以后,电传操纵系统的工程设计才更正确、更合理和易于展开,而且也能对未来飞机的动力学特性有进一步的把握。

　　作者写作本书的目的就是希望能对技术方案或理论(原理)设计阶段的工作有所帮助,能够对"为什么要使用和如何使用电传操纵系统?"这类问题给出有力的答案。同时,书中的设计实例基本上构成了理论或原理设计中的主要工作,因此也可以作为理论或原理设计者的工作参考指南。本书偏重于飞行动力学和控制理论相结合的原理性阐述,既可用于工程设计中的参考书,也适用于电传操纵系统的初学者,因此本书也可以作为教学参考书使用。

　　本书的章节内容主要是按反馈控制理论基础、飞机动力学数学模型建立和分析、电传操纵系统理论设计以及飞行品质评价四个部分来展开阐述的。在内容上特别注意到了其实用性,也就是读者在了解和掌握理论及方法等内容的同时,特别关注如何去使用这些理论及方法,并把能解决什么问题始终贯穿于全书。

　　在介绍了必要的反馈控制理论基础后,推导和建立了刚体飞机的非线性动力学方程和小扰动线性化方程,其中也对飞机所受气动力和力矩的计算给出了较为详细的说明,并给出了飞行控制系统设计所使用的模型形式,并且介绍了风扰动下飞机动力学方程;在对电传操纵系统需求分析的基础上,给出了电传操纵系统的一般性功能结构,并对各种反馈结构对飞行动力学性能的影响进行了详尽的分析,并用实际的飞机例子对电传操纵系统进行了包括飞行品质要求下的系统设计和边界控制系统设计;最后对所得到电传操纵系统,介绍了其低阶等效系统计算的方法,通过实际例子进行了计算,并对所得到的低阶等效系统进行了品质评价。

　　本书在建立飞机的飞行动力学方程时,更多的是从控制系统的角度来阐述问题,使得飞行动力学的研究方法和概念能够更好地与控制理论结合在一起,以更加方便从事控制专业的读者理解和应用;同时在控制系统设计中,也应用了有关飞行动力学的一些方法和概念,使得从事飞行动力学的读者能更方便地了解相关的内容。

尽管关于电传操纵系统方面的文献有很多,但从控制理论和飞行动力学理论相结合出发及飞机操纵的角度,全面和系统地介绍电传操纵系统的功能定义、结构组成和详细设计以及飞行品质评价的文献并不多见,作者希望本书不仅可以作为参考书来使用,也可以作为实用的技术手册来应用,同时能对未来的技术发展有所启迪。对从事飞行动力学和控制专业的工程师来说,能够使用本书的理论和方法来解决理论(原理)设计或技术方案阶段中所遇到的一些问题;对从事专业学习的本科生和研究生来说,通过对该书的学习能系统地了解和掌握电传操纵系统的有关概念、理论和方法,能应用本书内容来设计电传操纵系统的基本技术方案和实现途径,并为进入专业领域工作打下基础;对从事飞行控制和动力学专业的研究者来说,希望本书能起到抛砖引玉的作用。本书无疑是将飞行控制理论和飞行动力学理论相结合的尝试,试图将这两个专业相关内容结合在一起并用统一化的理论形式来表达,希望能引发出研究人员更多和有趣的想法,从而使得这两个传统的专业呈现出新的朝气和新的发展。

本书也是作者多年来研究工作的一个总结。本书的写作是在一个极其困难的时刻完成的,对工作状态的一些人为干扰极大地影响了写作进度。因此,本书得以成功出版需要感谢北京理工大学出版社以及有关朋友和同学,没有他们的帮助、支持和鼓励,写作过程将不会这样顺利。其中,书中的部分数学仿真是由谌宏鸣和钱磊同学所完成的,黄雨可和虞江航同学为本书绘制了大部分插图。

行文至此,作者向"飞行动力学及控制"领域内的研究、实践及教育的先驱者和良师表示崇高的敬意,他们是文传源、张明廉、宋子善、官汉增、金长江、肖业伦、屠巴宁、安锦文等各位先生。正是他们将作者引入这个有着非凡意义的专业领域,并有幸得到他们的教诲而终身受益。

最后,限于作者的水平,本书内容难免存在不妥之处,请各位读者不吝赐教。

# 第2章

# 反馈控制理论基础

## ◾ 2.1 传递函数

传递函数是动力学系统输入和输出关系的数学描述,具体来说,它是在零初始条件下,系统输出和输入变量的拉普拉斯变换之比或关系。一般情况下,以上定义中的系统常常指线性系统,即满足叠加原理的系统。

因此,对于用基于时间变量的线性微分方程描述输入和输出关系的动力学系统,都可以在零初始条件下进行拉普拉斯变换后得到传递函数。

对于单输入单输出系统(即只有一个输入和一个输出)来说,传递函数 $G(s)$ 可以定义为其输出 $y(s)$ 与输入 $u(s)$ 的拉普拉斯变换之比,即

$$\frac{y(s)}{u(s)} = G(s) \qquad (2-1)$$

而对于 $m$ 个输入和 $l$ 个输出的多输入多输出系统来说,其输入和输出之间的关系是用 $l \times m$ 的传递函数矩阵 $\boldsymbol{G}_{l \times m}(s)$ 来描述的,即

$$\boldsymbol{Y}(s) = \boldsymbol{G}_{l \times m}(s)\boldsymbol{U}(s) \qquad (2-2)$$

对于传递函数(或传递函数矩阵中的元素)来说,它们都是关于 $s$ 的多项式,一般来说,大多数动力学系统均具有滞后性,因此其传递函数总是以

最简的分数多项式来表示,并且分母的阶次要大于分子的阶次;当然对于纯粹的微分环节则不存在这种形式,而正好与此相反。

从以上两式可以看出,传递函数是对象或系统的输入与输出描述,不是其内部状态的描述。若传递函数是分数多项式,那么其形式为

$$G(s) = \frac{B(s)}{A(s)} = \frac{b_0 s^m + b_1 s^{m-1} + \cdots + b_m}{s^n + a_1 s^{n-1} + \cdots + a_n} \qquad (2-3)$$

设式(2-3)中的系数均为非时变的常数,且 $m \leqslant n$。

若令式(2-3)中的分母多项式 $A(s)$ 为零,即

$$s^n + a_1 s^{n-1} + \cdots + a_n = 0 \qquad (2-4)$$

则称上述方程为系统特征方程,其方程的解称为特征根或极点。

而若令分子多项式 $B(s)$ 为零,即

$$b_0 s^m + b_1 s^{m-1} + \cdots + b_m = 0 \qquad (2-5)$$

则该方程的解称为零点。

对于式(2-3)所示传递函数,有以下几个结论:

(1)若式(2-3)没有相同的零、极点,那么就没有零、极点对消的现象发生,称这样的系统是既可控又可观的。对于这样的系统总是存在控制,能通过输出反馈而使极点得到任意配置。

(2)若式(2-3)的极点全部位于复平面上虚轴左侧平面内(不包含虚轴,简称"左半 $s$ 平面",相对应的是"右半 $s$ 平面"),那么系统是渐近稳定的,并且由式(2-4)中的系数所组成劳斯阵列的第一列中的所有元素都为正;反之,只要劳斯阵列中有一个元素为负,那么将有极点位于右半 $s$ 平面内,系统将是不稳定的。

(3)式(2-3)的极点 $s = \sigma \pm \mathrm{j}\omega$,其所对应在时间域内的基本运动模态为 $\mathrm{e}^{\sigma t} \sin(\omega t)$ 或 $\mathrm{e}^{\sigma t}(\omega = 0)$,$t$ 为时间,且动力学响应 $G(s)$ 的受扰运动是由这些基本运动模态线性组合而成的。

(4)若式(2-3)中所有极点均在左半 $s$ 平面内,设 $s = 0$,则把

$$G(0) = \frac{b_m}{a_n} \qquad (2-6)$$

称为静增益(或直流增益),而该式恰好也是 $G(s)$ 在单位阶跃输入下输出的稳态值。在飞行动力学中,其操纵性是静增益的倒数,意义是在给定的输出条件下所需要的输入,显然这个所需要的输入越小操纵性就越好,这也意味着静增益越大,操纵性也越好。

(5)在 Matlab 中可以方便地实现传递函数式(2-3),并且在 Matlab 中

有相关的函数可用于上述参数计算。

## 2.2 反馈控制系统

若系统输入是为了使系统运动按照某种规律进行,那么就可以将这种输入认为是对运动的一种控制。控制产生的形式有两种,一种是将某种规律或指令直接作为控制(输入)施加于系统或对象上,从回路的形式来看这种控制被称为开环控制;另一种则是将某种规律与系统的运动进行某种运算,从而"自动"地形成对系统或对象的控制(或输入),以使其运动能跟踪给定的规律,为实现以上运算,则必须将系统的运动实时地反馈到系统的输入端,因此从回路形式上看这种控制称为闭环控制。把具有运动反馈并进行某种运算而"自动"形成控制的系统称为反馈控制系统,显然反馈控制必然是闭环控制。

反馈控制系统比开环控制系统具有更好的性能,它能自动地调节被控系统或对象运动对某种规律的偏离,而且通过运动的反馈可以改善被控系统或对象的运动稳定性。反馈控制系统的定义就决定了反馈控制系统的实际组成,一是要有传感器将运动进行测量后才能反馈,二是要有一个运算的装置,三是要有被控系统或对象。反馈控制系统在实际运行时还会受到一些扰动的作用,被控系统或对象常常会受到运行环境的干扰,对飞行器来说可能是风或不对称力和力矩作用,而传感器则通常会存在测量噪声。以上这些因素就决定了反馈控制系统数学模型的基本结构形式。典型的反馈控制系统的数学模型框图如图 2 - 1 所示。

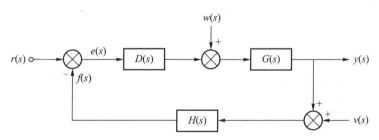

图 2 - 1 典型的反馈控制系统数学模型框图

在图 2 - 1 中,控制(或规律)输入与反馈量相减,这种反馈称为负反馈,一般反馈系统都是基于负反馈的,这样才可以定量地描述运动对给定规律

(即控制输入)的偏差,而相减后的量则称为误差量。因此以上所谓的运算实际是由两个过程组成的,首先用负反馈形成误差量,然后再对误差进行运算形成对被控系统的控制或输入。

从图2－1中可以看出,反馈控制系统有三个输入,即系统的控制输入 $r(s)$、干扰输入 $w(s)$ 和噪声输入 $v(s)$;一个输出 $y(s)$;三个动力学环节,即控制器 $D(s)$、被控对象 $G(s)$ 和传感器 $H(s)$。相对于系统的输入而言,干扰和噪声都是影响输出对控制输入准确跟踪的,因此它们统称为扰动输入,干扰和噪声的加入点可以根据其具体形式而变动。控制器 $D(s)$ 的设计目标之一就是在扰动输入下,使输出 $y(s)$ 能按设定的性能准确地跟踪其控制输入 $r(s)$。对于图2－1,有以下几个重要概念。

(1)将反馈信号 $f(s)$ 与误差信号 $e(s)$ 之比称为开环传递函数:

$$\frac{f(s)}{e(s)} = D(s)G(s)H(s) \qquad (2-7)$$

显然开环传递函数也是回路中所有环节传递函数的乘积。

(2)将输出 $y(s)$ 与误差信号 $e(s)$ 之比称为前向传递函数:

$$\frac{y(s)}{e(s)} = D(s)G(s) \qquad (2-8)$$

把误差信号作为输入,到被控对象输出之间的开环回路称为前向通道。

(3)输出 $y(s)$ 与控制输入 $r(s)$ 之比称为控制系统闭环传递函数:

$$\frac{y(s)}{r(s)} = \frac{D(s)G(s)}{1 + D(s)G(s)H(s)} \qquad (2-9)$$

(4)干扰输入 $w(s)$、控制系统输出 $y(s)$ 的传递函数为

$$\frac{y(s)}{w(s)} = \frac{G(s)}{1 + D(s)G(s)H(s)} \qquad (2-10)$$

(5)噪声输入 $v(s)$、控制系统输出 $y(s)$ 的传递函数为

$$\frac{y(s)}{v(s)} = -\frac{D(s)G(s)H(s)}{1 + D(s)G(s)H(s)} \qquad (2-11)$$

(6)系统输出响应为控制和扰动输入下的线性叠加:

$$y(s) = \frac{D(s)G(s)}{1 + D(s)G(s)H(s)}r(s) + \frac{G(s)}{1 + D(s)G(s)H(s)}w(s) -$$

$$\frac{D(s)G(s)H(s)}{1 + D(s)G(s)H(s)}v(s) \qquad (2-12)$$

式(2－12)说明,闭环传递函数的特征方程是不变的,不会因为输入的加入点不同而发生变化。

（7）灵敏度传递函数[11]：

$$S(s) = \frac{1}{1 + D(s)G(s)H(s)} \tag{2-13}$$

灵敏度传递函数表明被控对象参数出现变化后对闭环传递函数静增益的影响程度，将 $S(0)$ 称为灵敏度。具体来说，若对象参数发生摄动，使其静增益从原标称值 $G(0)$ 改变为 $G(0) + \Delta G(0)$，则式（2-9）的静增益也由 $T(0)$ 改变为 $T(0) + \Delta T(0)$。将 $\Delta G(0)$ 对 $\Delta T(0)$ 的影响程度用下述灵敏度来度量：

$$S_G^T \triangleq \frac{\Delta T(0)/T(0)}{\Delta G(0)/G(0)} = \frac{G(0)}{T(0)}\left(\frac{\mathrm{d}T}{\mathrm{d}G}\right)_{s=0}$$

由式（2-9）按上述定义进行简单推导，得到

$$S_G^T = \frac{1}{1 + D(0)G(0)H(0)} \tag{2-14}$$

而上式恰好与 $S(0)$ 是相等的。很明显灵敏度越小，意味着由于被控对象参数摄动所引起的闭环系统静增益的变化也就越小。式（2-14）表明，闭环控制系统的灵敏度一定小于开环控制，并且可以通过设计控制器的静增益而得到所需要的灵敏度性能。

特别地，若 $D(0) \to +\infty$，则 $S_G^T \to 0$，闭环系统的静增益为 $1/H(0)$。说明若前向通道增益趋于无穷大，在被控对象参数发生摄动时（即 $G(0)$ 是时变的），闭环传递函数的静增益将保持不变，那么控制系统对参数摄动具有鲁棒性。

显然，反馈控制系统对被控对象的参数摄动是具有一定鲁棒性的，并且从式（2-10）中也可以看出，如果灵敏度足够小，那么反馈控制系统对干扰也具有一定的抑制能力（即干扰输入对输出的影响可以很小）。而式（2-11）所描述噪声对输出的影响，采用降低灵敏度的方法并不能带来根本性的改变，因此只能在反馈回路上设计噪声滤波器才可以得到改善。

## 2.3　根轨迹

所谓根轨迹，是指闭环传递函数极点随着某个参变量变化时所形成的轨迹。根轨迹在几何上具有这样的特性：它总是从开环传递函数的极点出发，而终止于开环传递函数的零点，如果开环传递函数的零、极点不相等，那

么从开环极点出发的根轨迹将终止于无穷远处(极点数大于零点数)或根轨迹来自无穷远处而终止于零点(极点数小于零点数)。

因此,根轨迹是在已知开环传递函数的条件下进行绘制的,或者说闭环极点根轨迹是依据开环传递函数进行绘制的,这种方法恰好可以用于控制器的设计。

按式(2-9),根轨迹描述的是以下闭环特征方程随参变量 $K$ 从 0 到 $+\infty$ 变化时的极点所形成的轨迹:

$$1 + D(s)G(s)H(s) = 0 \tag{2-15}$$

如果参变量 $K$ 是控制器 $D(s)$ 需要设计的增益,即 $D(s) = KD_1(s)$,那么开环传递函数可以表示为如下形式:

$$D(s)G(s)H(s) = K\frac{b_0\prod_{i=1}^{m}(s+z_i)}{\prod_{j=1}^{n}(s+p_j)} = KL(s) \tag{2-16}$$

式中,若 $G(s)H(s)$ 具有式(2-3)的形式,那么 $b_0$ 为分子中 $s^m$ 项的系数。那么闭环特征方程可以写为

$$1 + KL(s) = 0 \tag{2-17}$$

式中,$KL(s)$ 为开环传递函数。根轨迹描述的就是当 $K$ 从 0 到 $+\infty$ 变化时,式(2-17)中的极点随 $K$ 变化的轨迹。根轨迹的几何形状与 $L(s)$ 的开环零、极点有关,轨迹总是起始于开环极点而终止于开环零点。

在根轨迹上任意一个点都对应有相应的 $K$ 值。因此,就可以根据对闭环极点的要求来确定 $K$,从而可以完成控制器中的增益设计。

有时开环传递函数无法写成式(2-17)的形式,如控制器 $D(s)$ 具有如下形式:

$$D(s) = D_1(s) + KD_2(s) \tag{2-18}$$

将式(2-18)代入式(2-15)中得到

$$1 + [D_1(s) + KD_2(s)]G(s)H(s) = 0 \tag{2-19}$$

显然式(2-19)与式(2-17)的形式是不同的。

若对式(2-19)进行变换,则得

$$1 + K\frac{D_2(s)G(s)H(s)}{1 + D_1(s)G(s)H(s)} = 0 \tag{2-20}$$

这样式(2-20)与式(2-17)的形式就一致了。因此式(2-19)随 $K$ 变化所形成的根轨迹是依据传递函数

$$KL(s) = K \frac{D_2(s)G(s)H(s)}{1 + D_1(s)G(s)H(s)} \qquad (2-21)$$

来绘制的。这个事实说明,绘制根轨迹时的开环传递函数完全是按式(2 - 15)或式(2 - 17)来定义的,与 2.2 节中关于开环传递函数的定义有一定差别,仅仅只有控制器 $D(s)$ 具有这样的形式;当 $D(s) = KD_1(s)$ 时,它们的定义才是一致的。

Matlab 提供了根据开环传递函数来绘制闭环根轨迹的函数 Rlocus( ),通过这个函数不但可以绘制根轨迹图,而且可以方便地得到根轨迹极点处的增益值以及阻尼比和无阻尼频率。

## 2.4 频率响应

对于式(2 - 3),若设 $s = j\omega$,代入后得到

$$G(j\omega) = \frac{B(j\omega)}{A(j\omega)} \qquad (2-22)$$

式(2 - 22)就是一种频率响应的形式。以下是按 Bode 图的方法来定义的频率响应,它是频率响应中最为广泛的应用形式。

将式(2 - 22)中关于 $\omega$ 的模定义为幅值响应 $M(\omega)$(单位:dB):

$$M(\omega) = 20 \lg|G(j\omega)| = 20 \lg\left(\frac{|B(j\omega)|}{|A(j\omega)|}\right) \qquad (2-23)$$

而将式(2 - 22)中关于 $\omega$ 的相位定义为相位响应 $\varphi(\omega)$(单位:(°)):

$$\varphi(\omega) = \angle G(j\omega) = \angle B(j\omega) - \angle A(j\omega) \qquad (2-24)$$

关于频率响应具有以下重要结论:

(1)按式(2 - 1),当输入为正弦信号时,即 $u(t) = u_m \sin(\omega t)$,那么对于线性定常且稳定的系统或对象 $G(s)$ 的输出为 $y(t) = y_m \sin(\omega t + \varphi)$,注意到 $y_m$ 是随频率变化的,而 $u_m$ 则完全可以是设定的,那么:

①$G(j\omega)$ 幅值响应 $M(\omega)$ 是输入、输出在稳态时的振幅之比,若 $u_m = 1$,那么幅值响应则完全是稳态时的输出振幅(或最大值)随频率 $\omega$ 变化的响应。

②$G(j\omega)$ 相位响应 $\varphi(\omega)$ 是输出正弦信号相对于输入正弦信号的相移或相位差。若相移为正,那么称 $G(s)$ 是相位超前系统;反之相移为负,则称为相位滞后系统。

（2）将 $G(j\omega)$ 按参变量 $\omega$ 变化的所有复数绘制在复平面上所得到的曲线或轨迹,称为奈奎斯特曲线,通过奈奎斯特判据就可以判断 $1 + G(s) = 0$ 的特征根或极点的分布。若将此方法应用于式(2-7)所表示的开环传递函数,那么就可以根据开环传递函数的频率响应特性,通过奈奎斯特判据研究闭环系统特征方程式(2-14)的特征根或极点的分布,即可以判断闭环系统的稳定性。

（3）在幅值响应的 Bode 图上定义带宽和谐振峰值 $M_r$。把幅值从零分贝开始下降到 $-3\ \mathrm{dB}$ 时所对应的频率 $\omega_c$ 称为截止频率[12],而把所对应的频率范围 $0 \leqslant \omega \leqslant \omega_b$ 称为带宽;把幅值频率响应的最大值称为谐振峰值 $M_r$,如图 2-2 所示。

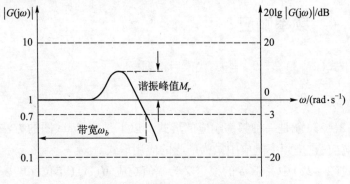

图 2-2 带宽和谐振峰值定义

带宽表征了系统的响应速度,带宽越大则系统的响应越快,反之则响应越慢。对于一个标准的二阶系统,其带宽 $\omega_b \leqslant 2\omega_n$,其中 $\omega_n$ 为标准二阶系统的无阻尼自然频率,当阻尼比为 0.7 时,带宽 $\omega_b = \omega_n$。注意到,当用带宽 $\omega_b$ 来表示系统响应速度时,那么这个带宽一定是指闭环系统的带宽,也就是需要绘制闭环传递函数的 Bode 图。

（4）如果传递函数 $G(s)$ 在右半复平面上没有零点或极点,那么该系统就称为最小相位系统,反之则称为非最小相位系统。非最小相位系统在 Bode 图上具有很大的相位变化,直到 180°或 -180°。

（5）通过对系统进行频率响应测试并绘制 Bode 图后,就可以按 Bode 图得到系统传递函数模型。对于一些能方便进行物理测试或具有较大不确定性的,难以建立数学模型的系统来说,频率响应提供了建立数学模型的方法。

（6）频率响应法为高阶系统的低阶等效近似和简化提供了可能。

## 2.5　二阶系统及动态响应的时域指标

标准二阶系统如下：

$$\frac{y(s)}{u(s)} = \frac{\omega_n^2}{s^2 + 2\xi\omega_n s + \omega_n^2} \tag{2-25}$$

在输入为单位阶跃信号时，即

$$u(s) = \frac{1}{s}$$

在阻尼比满足 $0 \leqslant \xi < 1$ 的条件下，其输出的时域响应为

$$y(t) = 1 - \frac{e^{-\xi\omega_n t}}{\sqrt{1-\xi^2}}\sin\left[(\omega_n\sqrt{1-\xi^2})t + \tan^{-1}\frac{\sqrt{1-\xi^2}}{\xi}\right] \tag{2-26}$$

若式（2-25）是稳定的，那么式（2-26）的稳态值为 1，并用以下参数来描述式（2-26）的输出时域响应指标，如图 2-3 所示。

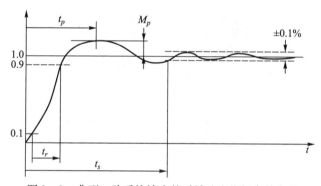

图 2-3　典型二阶系统输出的时域响应指标参数定义

（1）上升时间：输出从稳态值的 10% 到 90%（或从 $y = 0.1$ 到 $y = 0.9$）所需要的时间 $t_r$。

$$t_r \approx \frac{1.8}{\omega_n} \tag{2-27}$$

（2）调节时间：输出进入 $\pm 1\%$ 误差带（$0.99 \leqslant y \leqslant 1.01$）内所需要的时间 $t_s$。

$$t_s \approx \frac{4.6}{\xi\omega_n} \tag{2-28}$$

（3）峰值时间：输出到达最大值的时间 $t_p$。

$$t_p \approx \frac{\pi}{\omega_n \sqrt{1 - \xi^2}} \tag{2-29}$$

（4）超调量：输出最大值与稳态值之差$M_p$。

$$M_p \approx e^{-\pi\xi / \sqrt{1 - \xi^2}} \tag{2-30}$$

然而在飞行动力学模型中，只有少数模型具有式（2-25）的标准二阶系统，而有些模型则是在式（2-25）基础上增加了零点或极点的系统。

（1）在标准二阶系统式（2-25）中附加有零点的情形[11]。

若在标准二阶系统上附加有负的零点，$s = -\alpha\xi\omega_n(\alpha > 0)$，那么二阶系统的传递函数为

$$\frac{y(s)}{u(s)} = \frac{s/(\alpha\xi\omega_n) + 1}{(s/\omega_n)^2 + 2\xi(s/\omega_n) + 1} \tag{2-31}$$

显然式（2-31）中，如果$\alpha$足够大，就意味着零点离极点较远，那么对系统响应的影响也较小。若$\alpha \approx 1$，那么零点就与极点的实部非常接近，因此对系统响应具有较大的影响。

将式（2-31）重新写成如下形式：

$$\frac{y(s)}{u(s)} = \frac{1}{(s/\omega_n)^2 + 2\xi(s/\omega_n) + 1} + \left(\frac{1}{\alpha\xi\omega_n}\right)\frac{s}{(s/\omega_n)^2 + 2\xi(s/\omega_n) + 1}$$

$$\tag{2-32}$$

在阶跃输入下，上述式（2-32）的第一项是标准的二阶系统响应，而第二项中，由于微分的作用，响应的幅值超前变化，将引起输出响应的超调量$M_p$比标准二阶系统要大，调节时间则与标准二阶系统近似相等。很明显，负的零点对超调量的影响作用主要还是取决于$\alpha$，若$0 < \alpha < 4$，那么附加有负零点的二阶系统的超调量将会比标准二阶系统的超调量有所增加，其余响应指标则基本与标准二阶系统一致。而在满足$\alpha \geq 5$时，就可以不计这个零点的影响了，也就是说式（2-31）的时域响应指标完全可以用标准二阶系统的时域指标来估算。

同样，如果标准二阶系统附加有正的零点，而为非最小相位系统后，那么这个零点将对超调量有削弱作用。这种情形就相当于式（2-32）中的$\alpha < 0$，而导致输出响应为第一项的标准二阶系统的阶跃响应减去第二项的阶跃响应，因此这种削弱作用使得系统的响应会有些迟缓。同样，由于正的零点与极点的距离一般比较远，所以其系统的时域响应指标与标准二阶系统的差别非常小。

（2）在标准二阶系统式（2-25）中附加有负实数极点的情形[11]。

附加的极点必须位于左半复平面内,$s = -\alpha\xi\omega_n\,(\alpha > 0)$,否则讨论没有意义。二阶系统附加有实数极点的系统为

$$\frac{y(s)}{u(s)} = \frac{1}{[s/(\alpha\xi\omega_n)+1][(s/\omega_n)^2+2\xi(s/\omega_n)+1]} \qquad (2-33)$$

通过对式(2-33)在单位阶跃信号输入下计算时域内的输出响应可以得到,仅仅系统输出的上升时间比标准二阶环节的上升时间有所增加,这是由附加极点引起的。当然,这个极点的影响作用也与 $\alpha$ 有关,当 $0 < \alpha < 4$ 时,这个实数极点就能显著地增加上升时间,而当满足 $\alpha \geqslant 5$ 时,就可以不计这个极点的影响了,也就是说式(2-33)的时域响应指标完全可以用标准二阶系统的时域指标来估算。

上述在标准二阶系统上附加有零、极点的时域指标讨论对飞行控制系统设计是非常有意义的,因为飞机短周期运动和荷兰滚运动数学模型都为附加有零点的二阶环节。

## 2.6　状态空间表达式

状态空间表达式也是动力学系统数学模型的一种形式。它是基于系统内部状态描述的一种数学模型,这个内部状态一般用 $n \times 1$ 维的列向量 $X$ 来表示。

状态空间表达式适用于描述多输入多输出的系统,即输入一般定义为 $m \times 1$ 维的列向量 $U$,而将输出定义为 $l \times 1$ 维的列向量 $Y$。

动力学系统的状态空间表达式一般由两个向量方程组成,一个是关于状态 $X$ 并以时间为自变量的一阶微分方程组;另外一个是关于输出 $Y$ 的代数方程,如式(2-34)所示。

$$\begin{aligned} \dot{X} &= AX + BU \\ Y &= CX + DU \end{aligned} \qquad (2-34)$$

式中,$A$ 为系统矩阵,$B$ 为输入矩阵,$C$ 为输出矩阵,$D$ 为前馈矩阵。

对于状态空间表达式(2-34)有以下重要结论:

(1)如果式(2-34)是动力学系统的状态空间表达式,那么 $X$ 就是速度型状态变量,动力学系统平衡方程为

$$AX + BU = 0 \qquad (2-35)$$

特别地,对于飞机来说,输出方程为 $Y = X$,那么在给定 $X$ 条件下,关于上述方程的解 $U$ 即静操纵性,而给定的 $X$ 则是平衡飞行状态。

(2)式(2-34)在初始条件为零的情况下,进行拉普拉斯变换就可以得到式(2-2)中的传递函数矩阵为

$$G_{l \times m}(s) = C(sI - A)^{-1}B + D \qquad (2-36)$$

(3)式(2-34)中关于 $A$ 的特征方程为

$$\det(sI - A) = 0 \qquad (2-37)$$

式(2-37)的解恰好就是传递函数矩阵式(2-36)的极点。

# 第 3 章

# 飞机的气动力和力矩及运动描述

## 3.1 飞机的气动布局与几何尺寸

　　飞机的气动布局具体指的是飞机的外部形状和尺寸。这些外部形状和尺寸决定了飞机的空气动力学性能,也决定了飞行的动力学性能(飞行性能、操纵性和稳定性),因此与飞机运动的数学模型紧密相关。

　　飞机的气动布局或外形是由飞机使用的目标来确定的,根据飞行性能的要求,确定基本的飞机外形和机翼翼型方案,并根据该方案来检查飞机是否能达到飞行性能及操纵性和稳定性,并通过这两个阶段的反复进行来优化和得到气动布局方案。

　　常规飞机的气动布局是根据飞机的主要结构部件来确定的,如机身、机翼、水平尾翼(称尾翼或称平尾)和垂直尾翼(或称垂尾)的外形尺寸和它们之间的相对位置;对于非常规的飞机,如飞翼布局的飞机(B2 飞机),则无法按照传统的方法来确定,而是按照将翼面作为一个整体来决定。

　　从飞行动力学研究或建立飞机运动数学模型的角度,一般最关注的是飞机机翼(包括水平尾翼和垂直尾翼)的几何尺寸,因为机翼是主要的升力部件,是飞行最为关键的因素。而机翼几何尺寸在飞机设计完成后就被确定了,也就是说飞行性能也被确定了,对建立飞机运动数学模型而言,这是一个已知的参数。

### 3.1.1　机翼剖面(翼型)参数

机翼剖面参数与机翼升力有关。机翼剖面的定义与机翼的外形有关,对于平直机翼(定义),用平行于飞机对称面的平面把机翼剖开,所形成的机翼剖面称为翼型,如图3-1(a)所示;而关于后掠机翼,翼型则是指用垂直于机翼前缘的平面把机翼剖开后所形成的剖面,如图3-1(b)所示。

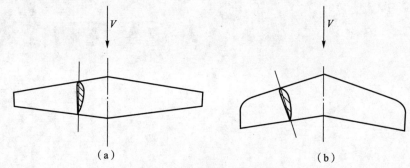

（a）　　　　　　　　　　　　（b）

图3-1　机翼翼型示意图

在图3-2中给出了机翼翼型的几何尺寸参数,这些参数定义如下:

(1)弦长 $c$(单位:m)。弦长是连接前缘 $A$ 点和后缘 $B$ 点直线的长度,$AB$ 直线也称为几何弦。此外还有一条与 $B$ 点有关的弦线称为气动弦,它是通过后缘 $B$ 点与升力为零时远前方气流速度平行的直线。气动弦只有方向意义,而没有长度意义,气动弦也称为零升力线。

对称翼型的几何弦和气动弦是重合的;非对称翼型的几何弦和气动弦则是不重合的,具有正弯度的机翼,其气动弦在几何弦的上方。

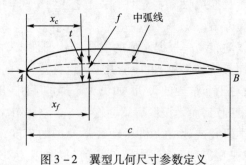

图3-2　翼型几何尺寸参数定义

（2）厚度 $t$（单位：m）。垂直于几何弦并介于翼型上下表面之间的各线段长度，代表翼型沿几何弦线的厚度分布，其中各线段长度的最大者（最大厚度）称为翼型厚度，用 $t$ 表示。相对厚度则定义为

$$F = \frac{t}{c} \times 100\% \qquad (3-1)$$

一般来说，亚声速飞机的翼型，相对厚度为 8% ～20%[9]，但文献[13]认为是 12% ～16%。超声速飞机的机翼较薄，相对厚度在 6% 以下。

最大厚度的位置由翼型前缘点开始测量，记为 $x_c$（单位：m），通常也用相对值来表示，即 $\overline{x}_c = x_c/c$。

（3）翼型上下表面的曲线和弯度。从前缘经翼型上表面到后缘的一段曲线称为上表面曲线，经下表面的曲线称为下表面曲线。垂直于几何弦线的诸个直线与上下表面交点间线段的中点连线，称为翼型的中弧线。中弧线离几何弦线的最大高度称为弯度 $f$（单位：m），它表示翼型的非对称程度，一般用相对弯度来描述：

$$\overline{f} = \frac{f}{c} \qquad (3-2)$$

最大弯度的位置也是由前缘开始量起的，记为 $x_f$（单位：m），通常用相对值 $\overline{x}_f = x_f/c$ 表示。超声速飞机翼型大多数是对称的，即上下表面的曲线相同，相对于几何弦也是对称的，这样 $\overline{f} = 0$。亚声速飞机翼型表面曲线较为复杂且多不对称的，弯度为 2% ～6%。

## 3.1.2　机翼平面形状几何尺寸参数

根据平面形状，常用的机翼有三角翼、后掠翼和平直翼。描述机翼平面形状的几何尺寸常用参数如图 3－3 所示。

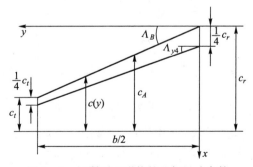

图 3 - 3　机翼平面形状的几何尺寸参数

按图 3 –3,机翼平面形状的几何尺寸参数定义如下:

(1)翼展 $b$(单位:m):左右翼尖之间垂直于飞机对称平面的直线距离。

(2)翼弦 $c$(单位:m):平行于飞机对称平面的翼剖面(翼型)的几何弦线长度,其中 $c_r$ 表示翼根翼型的弦长,$c_t$ 表示翼尖翼型的弦长。因此若非矩形机翼,则沿机翼展向的翼弦分布是处处不相等的。

(3)翼面积 $S_w$(单位:$m^2$):机翼在结构坐标系 $oxy$ 平面(与机体坐标系 $o_b x_b y_b$ 平面平行)上的投影面积。当大展弦比时,翼面积包括被机身所覆盖的面积;而展弦比很小时,机翼面积通常仅指左右两侧外露机翼的面积。

(4)展弦比 $A$:翼展与平均翼弦长之比,即

$$A = \frac{b}{c_{pj}} \qquad (3-3)$$

而平均翼弦长定义为 $c_{pj} = S_w/b$,从而展弦比为

$$A = \frac{b^2}{S_w} \qquad (3-4)$$

(5)阶梯比 $\lambda$:翼尖弦长与翼根弦长之比,即

$$\lambda = \frac{c_t}{c_r} \qquad (3-5)$$

(6)后掠角 $\Lambda$(单位:(°)):机翼前缘线(或后缘线)在结构坐标系 $oxy$ 平面上的投影与 $oy$ 轴之间的夹角称为前缘(或后缘)后掠角 $\Lambda_0$;用 1/4 弦线处的连线代替前缘线,则为 1/4 弦线点后掠角 $\Lambda_{1/4}$。

(7)上反角和下反角 $\Gamma$(单位:(°)):一侧机翼翼弦所组成平面与结构坐标系 $oxy$ 平面的夹角,翼尖上翘的称为上反角($\Gamma > 0°$),翼尖下垂的则称为下反角($\Gamma < 0°$),如图 3 –4 所示。

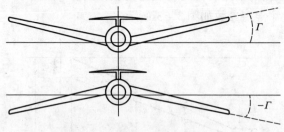

图 3 –4  机翼上反角和下反角

(8)平均空气动力弦长 $c_A$(单位:m):假定一个矩形机翼和给定机翼(可以是任意形状的)的面积相等,俯仰力矩和气动合力也相等,那么此矩形机翼的弦长称为给定机翼的平均气动弦,以 $c_A$ 表示。根据该定义可以推出平

均气动弦和任意形状机翼翼弦的关系为

$$c_A = \frac{2}{S_w} \int_0^{b/2} c^2(y)\,\mathrm{d}y \qquad (3-6)$$

式中，$c(y)$ 为沿展向（$y>0$ 方向）弦长。平均气动弦 $c_A$ 是飞机纵向运动的特征长度尺寸，是一个非常重要的参数。

##  3.2　飞机的气动中心或焦点

传统气动布局飞机的升力主要是由机翼、机身和尾翼所产生的，并且升力是分布在机体表面的。为了方便，往往考虑这些升力的合力进行研究。由于机翼是主要的升力部件，因此其合力的作用点仍然在机翼上，为了确定这个合力作用点，假定这个合力作用点位于平均气动弦上，那么这个合力作用点的位置一般用平均气动弦 $c_A$ 来表示。

为了说明全机的合升力作用点，首先讨论关于翼型压力中心、气动中心和焦点的概念与定义。

当一个翼型作用在空气中时，在翼型上就有空气压力的作用，并且分布在翼型的上下表面。把翼型上的压力投影在与来流垂直的方向，合成一个力就是升力。因此合升力将始终与来流方向垂直，其作用点也称为压力中心。合力作用点或压力中心沿几何弦方向离开前缘的，一般位于 1/4 弦长以后的地方。压力中心的特点是随着迎角的增加而前移（向着前缘），所以压力中心这个概念的使用不是非常方便，一般采用焦点这一概念。

根据理论力学，分布在翼型上的压力或力系可以合成为作用在某个指定点上的一个力（升力）和力矩。这个力矩称为俯仰力矩，而指定点是在几何弦上的一个特殊点，称为气动中心或焦点。无论迎角多大，每次把力系合成作用在焦点上时，其俯仰力矩都一样大，因此作用在焦点上的俯仰力矩是不随迎角变化的定值（来流速度不变），这一结论在理论上是被证明了的[14]。对于薄翼型来说，焦点的理论位置 $x_F$ 位于距前缘 1/4 弦长处。而实验测得的略有差别，对于大多数普通翼型来说，焦点位于距前缘 0.23 ~ 0.24 弦长处，而层流翼型则在 0.26 ~ 0.27 弦长处[14]。

显然作为飞机整体来说，其力系合成作用的焦点被指定在机翼的平均气动弦上，并且用平均气动弦长 $c_A$ 的百分比来表示其距前缘的位置 $x_F$。

基于焦点与重心的相对位置对于飞机俯仰运动的重要性，飞机全机重心的位置 $x_{cg}$ 也用平均气动弦长 $c_A$ 的百分比来表示其距前缘的位置。这样就可以在同一个矩形机翼的坐标下表示全机焦点($ac$)和重心($cg$)的相对位置 $x_F$ 和 $x_{cg}$ 了，如图 3–5 所示。

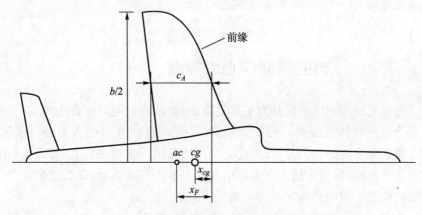

图 3–5　飞机全机焦点和重心

## 3.3　飞机运动的表示及变换

所谓飞机运动的表示，就是将作为刚体的飞机运动按一定的规则定义在某个三维笛卡儿坐标系中，这样就可以用坐标系统来对飞机运动进行定量描述了。

### 3.3.1　常用的参考坐标系

如果仅考虑刚体飞机，那么根据理论力学，飞机的运动包括三个关于质心的平移运动以及三个绕质心的旋转运动，共有六个各自独立的运动自由度。

显然这六个自由度运动的数学描述，需要通过选择适当的三维正交坐标系来进行。在飞行动力学中，坐标系的选择与飞机运动的物理机理以及数学表达的简洁性有关，可以根据不同的使用要求，来选取或定义不同的三维坐标系。例如利用牛顿第二定律建立飞机质心平移运动方程时，就习惯在惯性坐标系下进行；而表示飞机运动的姿态和位置时，则用与地球固连的地面坐标系来描述是合适的。

从数学上来说,惯性坐标系和地面坐标系之间存在一个可逆的变换矩阵,以建立两个坐标系之间的联系,并使飞机的运动在不同坐标系下有不同的表达形式,这种不同的表达形式可能看不出有明显的物理意义,但可以使数学的表达变得更加简洁。常用的坐标系定义如下:

**1. 地面坐标系(地轴系,$o_e x_e y_e z_e$)**

地面坐标系是固定于地球的一种参考系,可以用来描述飞机重心相对于地面的位置和方向,飞机的航程、高度都是在该坐标系下定义的。在许多飞行动力学问题中,可以忽略地球相对于惯性坐标系的转速(地球的自转和公转),而把任何固定于地球的坐标系作为惯性坐标系,并可视地面为平面而非曲面。

地面坐标系的原点和三个坐标轴均相对于地面固定不动。如图 3 - 6 所示,原点 $o_e$ 可以取地面上的任何一点(如飞机起飞点),$o_e x_e$ 轴处于地平面内并指向某方向(如飞机的航线方向);$o_e y_e$ 轴也在地平面内,与 $o_e x_e$ 轴垂直指向 $o_e x_e$ 轴的右方;$o_e z_e$ 轴则满足右手法则垂直地面指向地心。地面坐标系的三个轴也称为地轴。

**2. 机体坐标系(体轴系,$o_b x_b y_b z_b$)**

固定在飞机上的坐标系,其原点 $o_b$ 通常在飞机的重心,纵轴 $o_b x_b$ 位于飞机几何对称平面内,与飞机机身设计轴线(或翼根弦)平行并指向飞行方向,横轴 $o_b y_b$ 垂直于飞机几何对称平面并指向纵轴 $o_b x_b$ 的右方,竖轴 $o_b z_b$ 在飞机几何对称平面内,垂直于纵轴 $o_b x_b$ 及横轴 $o_b y_b$ 且按右手法则指向下方。机体坐标系的三轴也称为机体轴,$o_b x_b z_b$ 是飞机的几何对称面。机体坐标系是固定在飞机机体上的,因此机体坐标系和地面坐标系的关系就表示了飞机在地面坐标系下定义的运动姿态角,如图 3 - 6 所示。

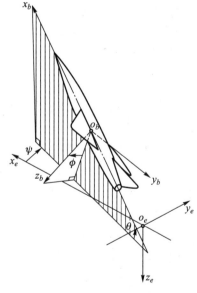

图 3 - 6　地面坐标系和机体坐标系

### 3.速度坐标系(速度轴系,$o_a x_a y_a z_a$)

速度坐标系也称气流坐标系,是固定于大气的坐标系。如图3-7所示,原点$o_a$通常固定于飞机的重心,其$o_a x_a$轴沿飞行速度的方向,$o_a z_a$轴在飞机对称平面内且垂直于$o_a x_a$轴指向下方,$o_a y_a$轴垂直于$o_a x_a$轴和$o_a z_a$轴指向右方。注意到,飞行速度不一定在飞机对称平面内。速度坐标系的三个轴也称为速度轴。

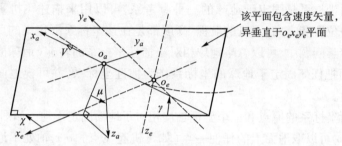

图3-7　地面坐标系和速度坐标系

## 3.3.2　飞机运动变量的定义

在定义坐标系后,就可以讨论描述飞机运动的变量了。飞机运动变量一般选择一些可测量的物理量,很少选择只有数学意义而无物理意义的变量来描述飞机的运动,这样可以使理论研究结果和实践保持一致。

### 1.飞机姿态角

飞机姿态角又称体轴系欧拉角,用来表示飞机角运动时相对于地面的姿态或角度,是机体坐标系相对于地面坐标系的关系,或者说是在地面坐标系内对机体坐标系的观察或测量,如图3-6所示。飞机姿态角一般通过陀螺、姿态航向参考系统或惯性导航系统测量得到,并通过姿态指示器和水平位置指示器将姿态角信息进行显示并提供给驾驶员用于飞行。

(1)俯仰角$\theta$:机体轴$o_b x_b$与地平面$o_e x_e y_e$之间的夹角,以飞机抬头为正。

(2)偏航角$\psi$:机体轴$o_b x_b$在地平面$o_e x_e y_e$上的投影与地轴系$o_e x_e$轴间的夹角,以飞机机头右偏航为正或其投影在地轴$o_e x_e$右边为正。

(3)滚转角$\phi$(又称倾斜角):机体轴$o_b z_b$与包含机体轴$o_b x_b$的铅垂面(垂直于地平面$o_e x_e y_e$)之间的夹角,飞机向右倾斜(从机尾向机头观察)滚转角为正。

以上是在图3-6中的姿态角都为正时的定义。

2. 飞机轨迹角

飞机轨迹角又称速度轴系相对于地轴系的欧拉角,用来表示飞机速度矢量在地轴系内的方向关系。显然在地面轴系中定义轨迹角是有意义的,因为飞机的航程和高度轨迹的测量或表示都是以地球作为基准的,如图3-7所示。飞机轨迹角无法通过传感器直接测量出来,但可以通过大气数据系统和导航系统所测量的飞机轨迹运动而间接得到。

(1)航迹倾斜角 $\gamma$:飞行速度(飞机相对于大气速度)矢量(或速度轴系 $o_a x_a$ 轴)与地平面 $o_e x_e y_e$ 之间的夹角,以飞机向上飞行(离开地面)时为正,此角也称为爬升角。

(2)航迹方位角 $\chi$:飞行速度(飞机相对于大气速度)矢量(或速度轴系 $o_a x_a$ 轴)在地平面 $o_e x_e y_e$ 内的投影与地面坐标系 $o_e x_e$ 轴间的夹角,以速度矢量在地平面的投影在 $o_e x_e$ 轴的右边时为正(从机尾向机头观察)。

(3)航迹滚转角 $\mu$:速度坐标系 $o_a z_a$ 轴与包含 $o_a x_a$ 轴的铅垂面(垂直于地平面 $o_e x_e y_e$)之间的夹角,以飞机向右倾斜(从机尾向机头观察)时为正。

3. 飞机气动角

飞机气动角表示飞机速度矢量(空速矢量)相对于机体坐标系的关系。一般情况下,飞行速度矢量在机体坐标系内可用两种方式来表示。一种是将飞行速度矢量直接投影到机体轴系的三个机体轴上,这样飞行速度矢量可以用机体轴上三个正交分量$(u,v,w)$来描述;另外一种方法则是采用极坐标方法,飞行速度矢量用其表示大小的标量以及两个气动角(迎角和侧滑角)来描述,如图3-8所示。

(1)迎角:速度矢量在飞机几何对称平面 $o_b x_b z_b$ 内的投影与机体轴 $o_b x_b$ 之间的夹角,以飞行速度矢量投影在机体轴 $o_b x_b$ 下方时为正。

(2)侧滑角:速度矢量与飞机几何对称平面 $o_b x_b z_b$ 之间的夹角,以速度矢量处于几何对称面右边(从机尾向机首观察)时为正。

迎角和侧滑角是非常重要的两个参数,决定了飞机的空气动力学特性。早期的飞机中,通过风标传感器测量迎角和侧滑角,但误差较大并且容易受到结冰的影响。而在现代飞机中,采用测量压力差的方法[2]来得到准确的迎角和侧滑角,这就使得将迎角和侧滑角作为电传操纵系统的反馈控制成为可能。

这两个气动角与机体轴速度分量的关系如下(参见图3-8):

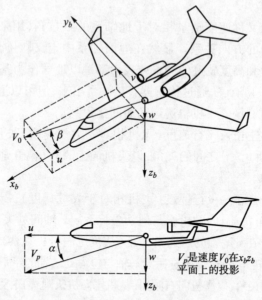

图 3-8 迎角和侧滑角的定义

飞行速度矢量的模 $V_0$：

$$V_0 = \sqrt{u^2 + v^2 + w^2} \qquad (3-7)$$

迎角：

$$\alpha = \tan^{-1}\left(\frac{w}{u}\right)$$

$$-\pi \leqslant \alpha \leqslant \pi \qquad (3-8)$$

侧滑角：

$$\beta = \sin^{-1}\left(\frac{v}{V_0}\right)$$

$$-\pi \leqslant \beta \leqslant \pi \qquad (3-9)$$

机体轴上速度分量用气动角表示：

$$\left.\begin{array}{ll} u = V_0\cos\alpha\cos\beta & \text{（a）} \\ v = V_0\sin\beta & \text{（b）} \\ w = V_0\sin\alpha\cos\beta & \text{（c）} \end{array}\right\} \qquad (3-10)$$

需要注意的是，上述所讨论的迎角，称为飞机的机身迎角，它是以飞机机体轴 $o_b x_b$ 与飞行速度的夹角所定义的。而在空气动力学理论和风洞试验中，用到的迎角 $\alpha_w$ 则是以机翼几何弦与速度之间的夹角定义的，如果机翼翼型几何弦与机体轴是平行的,则两个迎角相等,如果机翼具有安装角 $\alpha_i$,被定义为机翼几何弦与机体轴 $o_bx_b$ 之间的夹角,如图 3 - 9 所示。

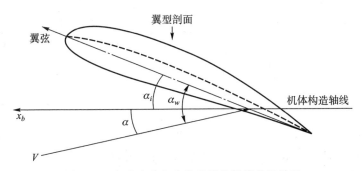

图 3 - 9　机身迎角与安装角及机翼迎角的关系

按图 3 - 9,机翼迎角与机身迎角具有以下关系:

$$\alpha_w = \alpha + \alpha_i \qquad (3 - 11)$$

式中, $\alpha_i$ 也称为零升迎角,也就是在机身迎角 $\alpha = 0°$ 时,即飞行速度与机体轴 $o_bx_b$ 平行时,机翼仍然具有迎角 $\alpha_i$ 来获得必要的升力,可用来实现俯仰角为零的平飞运动。

在用风洞试验数据进行气动导数计算时,必须将风洞试验曲线中的迎角 $\alpha_w$ 按式(3 - 11)转换为关于机身迎角 $\alpha$ 的曲线后,其数据才能应用于飞机运动数学模型的建立。

对于无扭转机翼的安装迎角,一般飞机为 $1° \sim 2°$,军用战斗机为 $0°$。

4.飞机运动变量的常用单位

一般在有因次的运动方程中所出现的角运动变量其单位均为弧度(rad),角速度单位是弧度/秒(rad/s),速度单位则为米/秒(m/s),位置单位则是米(m)。

## 3.3.3　坐标系变换

1.地面坐标系和机体坐标系的变换

地面坐标系和机体坐标系之间的变换矩阵,也称为方向余弦表,如表 3 - 1所示。这个方向余弦表的使用是非常方便的,它代表了两个坐标系的坐标轴之间的关系,所以任何表示在某个坐标系中的矢量,都是用它分解到坐标轴上的分量进行坐标系转换的。

表 3 - 1　地面坐标系和机体坐标系间的方向余弦表

| $M_1$ 　 地轴 　　机体轴 | $x_e$ | $y_e$ | $z_e$ |
|---|---|---|---|
| $x_b$ | $\cos\psi\cos\theta$ | $\sin\psi\cos\theta$ | $-\sin\theta$ |
| $y_b$ | $\cos\psi\sin\theta\sin\phi - \sin\psi\cos\phi$ | $\sin\psi\sin\theta\sin\phi + \cos\psi\cos\phi$ | $\cos\theta\sin\phi$ |
| $z_b$ | $\cos\psi\sin\theta\cos\phi + \sin\psi\sin\phi$ | $\sin\psi\sin\theta\cos\phi - \cos\psi\sin\phi$ | $\cos\theta\cos\phi$ |

　　若将地面坐标系下的矢量转换为机体坐标系下表示,那么该矢量首先被分解到地面坐标系的三个坐标轴上,然后再通过表 3 - 1 中间的矩阵转换为机体坐标系下的三轴分量。即

$$\begin{bmatrix} x_b \\ y_b \\ z_b \end{bmatrix} = M_1 \begin{bmatrix} x_e \\ y_e \\ z_e \end{bmatrix}$$

　　若将机体坐标系下的矢量转换为地面坐标系中的矢量,则

$$\begin{bmatrix} x_e \\ y_e \\ z_e \end{bmatrix} = M_1^{\mathrm{T}} \begin{bmatrix} x_b \\ y_b \\ z_b \end{bmatrix}$$

　　由于方向余弦表中的矩阵均为正交矩阵,因此其矩阵的逆等于该矩阵的转置。以下的方向余弦表应用均是相同的。

2. 速度坐标系和地面坐标系间的变换

表 3 - 2 所示为速度坐标系和地面坐标系间的方向余弦表。

表 3 - 2　速度坐标系和地面坐标系间的方向余弦表

| $M_2$ 　 地轴 　　速度轴 | $x_e$ | $y_e$ | $z_e$ |
|---|---|---|---|
| $x_a$ | $\cos\chi\cos\gamma$ | $\sin\chi\cos\gamma$ | $-\sin\gamma$ |
| $y_a$ | $\cos\chi\sin\gamma\sin\mu - \sin\chi\cos\mu$ | $\sin\chi\sin\gamma\sin\mu + \cos\chi\cos\mu$ | $\cos\gamma\sin\mu$ |
| $z_a$ | $\cos\chi\sin\gamma\cos\mu + \sin\chi\sin\mu$ | $\sin\chi\sin\gamma\cos\mu - \cos\chi\sin\mu$ | $\cos\gamma\cos\mu$ |

3. 速度坐标系和机体坐标系间的变换

表 3 - 3 所示为速度坐标系和机体坐标系间的方向余弦表。

表 3 - 3　速度坐标系和机体坐标系间的方向余弦表

| 机体轴 $M_3$ 速度轴 | $x_b$ | $y_b$ | $z_b$ |
|---|---|---|---|
| $x_a$ | $\cos\alpha\cos\beta$ | $\sin\beta$ | $\sin\alpha\cos\beta$ |
| $y_a$ | $-\cos\alpha\sin\beta$ | $\cos\beta$ | $-\sin\alpha\sin\beta$ |
| $z_a$ | $-\sin\alpha$ | $0$ | $\cos\alpha$ |

**4. 姿态角速度和机体轴转动角速度间的关系**

当飞机作转动运动时,机体轴将跟随飞机一起转动,因此就产生了三个机体轴的转动角速度,角速度的正负根据机体轴的转动方向按右手法则确定。由于机体坐标系在转动过程中,三个机体轴仍然保持正交,因此其角速度之间也是保持正交的,其中机体轴 $o_bx_b$、$o_by_b$ 和 $o_bz_b$ 的转动角速度分别用 $p$、$q$ 和 $r$(单位:rad/s)来表示。机体轴转动角速度与姿态角(欧拉角)速度之间的关系为

$$\begin{bmatrix} p \\ q \\ r \end{bmatrix} = \begin{bmatrix} 1 & 0 & -\sin\theta \\ 0 & \cos\phi & \cos\theta\sin\phi \\ 0 & -\sin\phi & \cos\theta\cos\phi \end{bmatrix} \begin{bmatrix} \dot{\phi} \\ \dot{\theta} \\ \dot{\psi} \end{bmatrix} \tag{3-12}$$

式中,$\dot{\phi} = d\phi/dt$,$t$ 为时间,其余同此定义。

注意:一般情况下 $\dot{\phi}$、$\dot{\theta}$ 和 $\dot{\psi}$ 是非正交的,而 $p$、$q$ 和 $r$ 则一定是正交的。

**5. 轨迹角速度和速度轴转动角速度间的关系**

仿照式(3 - 12),速度轴转动角速度 $p_a$、$q_a$、$r_a$(单位:rad/s)和轨迹角速度之间的关系为

$$\begin{bmatrix} p_a \\ q_a \\ r_a \end{bmatrix} = \begin{bmatrix} 1 & 0 & -\sin\gamma \\ 0 & \cos\mu & \cos\gamma\sin\mu \\ 0 & -\sin\mu & \cos\gamma\cos\mu \end{bmatrix} \begin{bmatrix} \dot{\mu} \\ \dot{\gamma} \\ \dot{\chi} \end{bmatrix} \tag{3-13}$$

## 3.3.4　气动力、力矩及运动变量在坐标系内的表示和符号

飞机的运动源于其所受到的相对于惯性坐标系(近似于地面坐标系)的力和力矩,因此在建立飞机运动方程时,力和力矩以及由此引起的运动变量

表示在一个坐标系下是方便的。

　　一般来说,飞机运动的描述可以在任意坐标系下进行,但是为了在实践中能够通过传感器测量得到运动变量,关于运动的坐标系就不能任意选择了。所以,飞机的运动总是在一些特定的坐标系内描述。

　　对于刚体六自由度来说,三个绕质心的转动自由度主要是由于飞机力矩不平衡所引起的运动,三个质心的平动自由度则是由飞机力的不平衡所引起的运动。

　　对于飞机来说,力矩运动将引起机体坐标系转动,具体来说一个力矩矢量总是可以用三个机体轴上的分量来表达,即俯仰力矩、滚转力矩和偏航力矩。这三个机体轴所受到的力矩就将引起机体轴的转动。如果在地面坐标系内观察三个机体轴的转动,就可得到姿态角($\phi,\theta,\psi$)的定义以及机体轴的转动角速度($p,q,r$)的定义(此时将地面坐标系近似为惯性坐标系),这种情形被描述在图3-6中。图3-10和表3-4则说明了惯性坐标系内的飞机所受到的力、力矩以及位移和转动速度在机体坐标系上的投影或分解。总的来说,飞机转动的物理量习惯用在机体坐标系上的投影来描述。在图3-10中,力矩和转动的正方向按机体轴方向用右手法则来确定,同时在图中所表示的三个机体轴上的力和力矩,也就是飞机在惯性坐标系下的合力和合力矩在机体轴上的分解或投影分量,显然它们之间也存在变换矩阵。

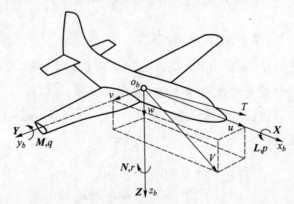

图3-10　投影(或分解)在机体坐标系下的运动变量以及力和力矩

　　飞机所受到的力将引起质心的移动。飞机所受到的力主要为空气动力、重力和发动机推(拉)力。空气动力与来流和气动角有关,因此常常将惯性坐标系内的气动合力用在速度坐标系下的投影来描述,即升力 $L$、阻力 $D$ 和侧力 $C$,参见表3-5和图3-11。一般情况下,发动机推力或拉力在 $o_a x_a$

$y_a$ 平面上的投影与 $o_ax_a$ 轴重合且方向一致。图 3 – 11 所示的力也是惯性坐标系下飞机所受到的力在速度坐标轴上的分解或投影分量,很明显两个坐标系之间存在变换矩阵。

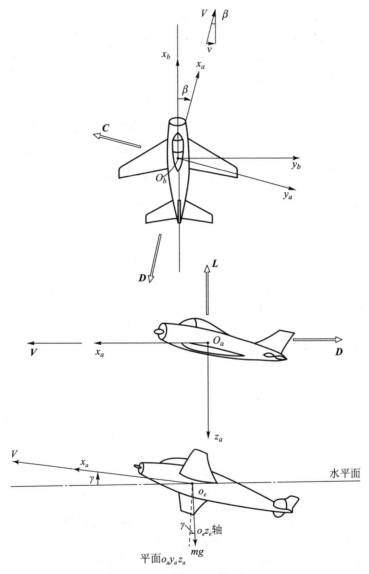

图 3 – 11 投影在速度坐标系下的气动力和运动变量

**表 3 – 4　机体坐标系定义的物理量和符号**

| 物理量 | 机体坐标系 | | |
|---|---|---|---|
| | 滚转轴 $x_b$ | 俯仰轴 $y_b$ | 偏航轴 $z_b$ |
| 转动角速度 | $p$ | $q$ | $r$ |
| 飞行速度 | $u$ | $v$ | $w$ |
| 气动力 | $X$ | $Y$ | $Z$ |
| 气动力矩 | $L$ | $M$ | $N$ |
| 围绕每个轴的惯性矩 | $I_x$ | $I_y$ | $I_z$ |
| 惯性积 | $I_{yz}$ | $I_{xz}$ | $I_{xy}$ |

**表 3 – 5　速度坐标系定义的物理量和符号**

| 物理量 | 速度坐标系 | | |
|---|---|---|---|
| | $x_a$ | $y_a$ | $z_a$ |
| 飞行速度 | 速度 $V$ | | |
| 气动力 | 阻力 $D$ | 侧力 $C$ | 升力 $L$ |

同样,在地面坐标系中主要是为了描述飞机相对于地球的轨迹和重力,并且风也是在地面坐标系中定义的,可参见表 3 – 6。

**表 3 – 6　地面坐标系定义的物理量和符号**

| 物理量 | 地面坐标系 | | |
|---|---|---|---|
| | $x_e$ | $y_e$ | $z_e$ |
| 飞行速度 | $u_e$ | $v_e$ | $w_e$ |
| 风速 | $u_w$ | $v_w$ | $w_w$ |
| 重力 | | | $mg$ |

必须指出的是,按照牛顿第二定律,作用于飞机的力和力矩都是定义在惯性坐标系内的,因此以上所讨论的,所谓在机体坐标系或速度坐标系下力与力矩的描述或定义,只不过是通过两个坐标系之间的变换矩阵,将定义在惯性坐标系内的力和力矩转换(或变换)到机体或速度坐标下进行描述或定义而已。故而,在机体或速度坐标系下使用牛顿第二定律建立运动方程时,必须也将惯性坐标系的加速度转换到机体或速度坐标系下,使力、力矩和加速度在同一个坐标系下才能建立其运动方程。

## 3.4　操纵机构运动极性定义

飞机需要按照人的意愿进行运动,这一切的实现是通过飞机上的操纵机构来完成的。有人驾驶飞机机械操纵机构包括三个部分,一是可操纵的活动舵面,如升降舵、副翼、方向舵和扰流片等;二是驾驶员操纵杆;三是连接操纵杆与舵面的传动机构。

对于电传操纵系统来说,驾驶杆产生电信号,而传动机构则变成控制计算机、电缆和舵机。

从飞行动力学研究的角度来看,无论是机械操纵系统还是电传操纵系统,最终还是通过操纵舵面来实现飞机运动的变化,因此若将舵面作为飞机运动数学模型的输入,那么飞机运动数学模型与操纵系统的形式无关。

除了在采用机械操纵系统的有人驾驶飞机中需要采用以操纵杆位移作为输入的数学模型外,在电传操纵系统或自动飞行控制系统中,都是使用以舵面偏角作为输入的数学模型。

对舵面的操纵运动也称为飞机的内部运动,当然这里还应包括油门杆对发动机油门的操纵运动。下面给出具有操纵机构的运动极性定义,这样更具有一般性和全面性。注意驾驶杆和脚蹬的运动方向均是从驾驶员处观察,而舵面偏转和飞机运动方向则是从机尾观察的结果。

(1)驾驶杆前推位移 $W_e$ 为正,引起升降舵后缘向下偏转,升降舵偏转角 $\delta_e$ 为正,此时产生负的低头俯仰力矩,使飞机低头;反之,则产生正的抬头俯仰力矩,使飞机抬头,如图 3-12(a)所示。

(2)驾驶杆左倾位移 $W_a$ 为正,引起右副翼后缘向下偏转(左副翼后缘同步向上偏转),副翼偏转角 $\delta_a$(左右副翼偏转角绝对值相加后除以 2)为正,产生负的左滚转力矩,使飞机向左滚转;反之,产生正的右滚转力矩,使飞机向右滚转,如图 3-12(b)所示。

(3)左脚蹬向前位移 $W_r$ 为正,引起方向舵后缘向左偏转,方向舵偏转角 $\delta_r$ 为正,此时产生负的左偏航力矩,使飞机机头向左转动(左偏航);反之,产生正的右偏航力矩,使飞机向右运动(右偏航),如图 3-12(b)所示。

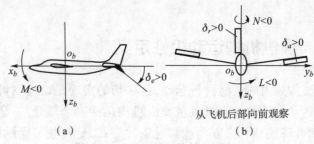

图 3 - 12　飞机舵面偏转极性定义

（4）油门杆前推位移 $\delta_T$ 为正，则为加油门，发动机功率增加；油门杆后拉位移为负，则为收油门，发动机功率减小。

（5）若右扰流板打开，则偏转角 $\delta_s$ 为负，产生正的右滚转力矩，使飞机向右滚转；反之，左扰流板打开，则偏转角为正，产生负的左滚转力矩，使飞机向左滚转，如图 3 - 13 所示。

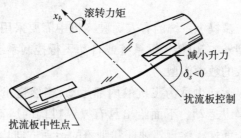

图 3 - 13　扰流板控制滚转运动

（6）在上述操纵变量中，驾驶杆位移单位是 m，而各舵面偏转角和油门杆位移的单位为 rad。

在上述的定义中，关于飞机运动方向参见图 3 - 10。

## 3.5　飞机运动自由度和分类

作为刚体飞机，其在地面坐标系（或惯性坐标系）内具有六个自由度运动，即绕飞机质心的三个转动自由度运动以及质心的三个平移自由度运动。具体来说，三个转动自由度运动是飞机的俯仰、滚转和偏航运动，三个平移自由度运动则是飞机沿速度方向的前后、左右和上下的位移运动。

飞机的几何对称面即机体坐标系的 $o_b x_b z_b$ 平面，一般假定这个对称面不仅是几何对称的,而且是飞机内部质量分布的对称面。利用这个假设条件,同时飞机进行直线水平飞行(这是飞机大部分时间的飞行状态),就可以依据飞机的几何对称面将上述六个自由度运动分成两组不同的运动,即纵向运动和横侧向运动。

(1)纵向运动,包括质心(或重心)的前后和上下的平移运动自由度以及俯仰运动自由度,是由两个平移运动和一个角度运动所组成的,这三个自由度运动的运动平面是与机体坐标系的 $o_b x_b z_b$ 纵向对称平面重合的,因此被称为纵向运动。

(2)横侧向运动,包括质心(或重心)的左右平移运动自由度以及滚转和偏航运动自由度,是由一个平移运动和两个角度运动组成的,这三个自由度运动的运动平面是与机体坐标系的 $o_b x_b y_b$ 横侧向平面重合的,因此被称为横侧向运动。

从飞行动力学研究的角度来看,在每一组运动的内部其空气动力耦合非常强烈,而两组之间的空气动力耦合相对较弱,如果对飞机的运动加以限制,这种弱耦合几乎可以忽略不计。将飞机运动分为两组后,就为飞机动力学方程的降阶简化或解耦做了准备。

##  3.6　飞机气动力和力矩的计算公式

本节主要讨论空气动力和力矩的计算公式,而关于空气动力和力矩的产生机制可参见文献[13,14]。

到目前为止,飞机在一定的高度和速度下飞行时,其空气动力和力矩数据主要还是通过风洞试验获得,还没有一个可通过理论上数学推导的方法来得到满足工程需要的计算公式。因此,空气动力和力矩的计算公式主要是来自风洞试验方法,一般情况下,其空气动力和力矩表示为飞机的动压以及升力(或侧力)和力矩系数与飞机几何特征参数的乘积。

关于气动力和力矩在坐标系下的定义可参见图 3 – 10 和图 3 – 11。

必须指出的是,下面有关气动力和力矩的计算公式只适用于满足以下两个条件的飞机:

(1)飞机具有对称平面(气动外形和质量分布均对称),且略去机体内部转动部件的陀螺力矩效应。

(2)飞机运动时,对称平面处于铅垂位置($\phi = 0$),且运动所在平面与飞机对称平面重合($\beta = 0$)。

### 3.6.1 升力

升力是飞机在大气层内飞行的重要条件,也是飞机设计的必然。升力是分布在飞机上大气压力的合力,升力的主要作用是使飞机克服重力离开地面以及在大气层内平衡重力。试验和理论研究表明,升力的计算公式可以表示为

$$L = \frac{1}{2}\rho V^2 S_w C_L \tag{3-14}$$

式中,$L$ 为升力(单位:N);$\rho$ 为飞机所处高度的空气密度(单位:kg/m$^3$);$V$ 为飞行速度(单位:m/s);$S_w$ 为机翼面积(单位:m$^2$),为常数;$C_L$ 为升力系数(量纲为1)。

影响升力系数的主要因素一般可以表示为

$$C_L = C_{L0} + C_{L\alpha}\alpha + C_{L\delta_e}\delta_e \tag{3-15}$$

式中,$C_{L0}$ 为零升力系数,量纲为 1,是速度或马赫数的函数 $C_{L0}(M)$,$M$ 为马赫数(以下同);$C_{L\alpha}$ 为升力系数对迎角 $\alpha$(单位:rad)的导数,$C_{L\alpha} = \partial C_L/\partial\alpha$(单位:1/rad 或 1/(°)),是速度或马赫数的函数 $C_{L\alpha}(M)$,该导数也被称为气动导数,以下同;$C_{L\delta_e}$ 为升力系数对升降舵偏角 $\delta_e$(单位:rad)的导数,$C_{L\delta_e} = \partial C_L/\partial\delta_e$(单位:1/rad 或 1/(°)),是速度或马赫数的函数$C_{L\delta_e}(M)$。

实际上,在 $M < 5$ 的情况下,在有效的线性迎角范围内,以下的升力公式精度也是足够的:

$$C_L = C_{L\alpha}\alpha$$

但在风洞试验数据中,往往并不使用式(3-15)这种简单的形式来表示升力系数,而只给出在飞机基准运动(平衡状态)处的升力系数 $C_L$ 与相关运动变量的函数曲线数据,这实际上是将式(3-14)所表示的升力系数作为多变量的函数,如下述形式:

$$C_L = C_L(V, \alpha, \dot{\alpha}, q, H, \delta_e) \tag{3-16}$$

式中,$\dot{\alpha} = d\alpha/dt$,$t$ 为时间;$H = -z_e$ 为高度(单位:m)。

对于多变量函数的升力系数,使用式(3-16)来表示更为灵活,容易表示为单个运动变量的函数,因此适用于风洞试验数据的处理和表示,所以在飞行动力学中常常用以下公式来计算升力。

$$L = \frac{1}{2}\rho V^2 S_w C_L(V,\alpha,\dot{\alpha},q,H,\delta_e) \tag{3-17}$$

以下的空气动力和力矩将按上述方法给出。

## 3.6.2 阻力

飞机在大气层内飞行,就会受到大气对它的阻力。阻力的来源相比升力更为复杂,一般通过风洞试验确定。飞行动力学中一般认为阻力是由两部分组成的,一部分称为零升阻力,它是由摩擦阻力、黏性压差阻力和零升波阻所引起的;另外一部分称为升致阻力,是产生升力所伴随出现的阻力,是为了获得升力而必须付出的代价。阻力计算公式为

$$D = \frac{1}{2}\rho V^2 S_w C_D(V,\alpha,H,\delta_e) \tag{3-18}$$

式中,阻力 $D$ 的单位为 N,阻力系数 $C_D$ 是量纲为 1 的系数,其具体表达式为

$$C_D = C_{D0} + C_{Di} \tag{3-19}$$

式中,$C_{D0}$ 为零升阻力系数,$C_{Di}$ 为升致阻力系数。

## 3.6.3 侧力

如果大气相对于飞机几何对称面产生不对称的流动(侧滑角不为零),那么将产生侧力,对于传统布局的飞机来说,侧力主要是由垂(或立)尾(为几何对称翼型)和机身产生。我们应该注意到,在飞机运动过程中,这种不对称的大气流动是经常出现的,例如飞机转弯时,相对于转弯前的大气流动而言,显然会出现不对称的流动。

如果方向舵出现偏转,在垂尾相对于几何对称面出现不对称,那么气流流过这个不对称几何体的垂尾时将会产生侧力,这个侧力相对于质心形成偏航力矩,而使飞机的航向出现变化。

并且飞机在进行滚转或偏航运动时,由于滚转和偏航角速度,将引起机翼、平尾和垂尾沿展向的气流速度大小和方向的变化,从而使飞机各部件的压强发生改变,从而产生侧力。

因此,侧力的计算公式如下:

$$C = \frac{1}{2}\rho V^2 S_w C_y(\beta,p,r,\delta_r) \tag{3-20}$$

式中,$C$ 为侧力(单位:N),$C_y$ 为量纲为 1 的侧力系数。

### 3.6.4　推力(或拉力)

飞机推力或拉力主要由发动机产生,一般认为,推力或拉力与阻力是作用在同一个 $o_a x_a$ 轴上的,且方向相反。发动机推力一般与飞机速度、高度和油门杆位置 $\delta_T$ 等因素有关,因此关于推力的计算公式为

$$T = \frac{1}{2}\rho V^2 S_w C_T(V, H, \delta_T) \qquad (3-21)$$

式中,$T$ 为推(拉)力(单位:N),$C_T$ 为量纲为 1 的推(拉)力系数。

### 3.6.5　俯仰力矩

俯仰力矩主要是由五部分贡献的。一是在全机各部件上的分布压力;二是平尾的贡献,平尾所产生力矩具有特殊性,不仅要产生飞机纵向配平的力矩,而且要产生使飞机飞行状态发生变化的纵向操纵力矩;三是由迎角变化率 $\mathrm{d}\alpha/\mathrm{d}t \neq 0$ 在平尾处引起一个随迎角变化的下洗角,从而使平尾产生附加的力矩;四是由于俯仰转动引起机体轴 $o_b y_b$ 的转动而形成角速度 $q$,该角速度使得飞机部件(机翼、平尾和机身)上的局部气流方向在俯仰转动时发生变化,从而产生与 $q$ 有关的阻止俯仰转动运动的力矩,阻尼力矩的主要贡献来自力臂较长的平尾;最后一部分则是升降舵转动角速度不为零时的贡献,这相当于平尾的弯度对时间的变化率不为零,因此将会产生一定的俯仰力矩,这个俯仰力矩计算比较复杂,在此只说明这个贡献或导数的存在性。

因此俯仰力矩的计算公式为

$$M = \frac{1}{2}\rho V^2 S_w c_A C_m(V, \alpha, \dot{\alpha}, q, H, \delta_e) \qquad (3-22)$$

式中,俯仰力矩 $M$ 的单位为 N·m,俯仰力矩系数 $C_m$ 的量纲为 1。

### 3.6.6　滚转力矩

滚转力矩是由五部分所贡献的。一是由侧滑角引起,是试图消除侧滑角的滚转力矩,该力矩也称为滚转静稳定性力矩,受机翼的上(下)反角影响较大,如果该力矩较大将会影响副翼的滚转操纵效能;二是副翼偏转和扰流片开启所引起的滚转操纵力矩;三是方向舵偏转所引起的滚转力矩,垂尾焦点一般在飞机重心之上而形成滚转力矩;四是机体轴 $o_b x_b$ 转动角速度 $p$ 所引起的滚转力矩,该力矩是试图阻止滚转运动的,因此是滚转阻尼力矩;五是

机体轴 $o_b z_b$ 转动角速度 $r$ 引起的滚转角速度,这是由于 $r$ 引起了左右两侧机翼上气流速度增加和减小,从而两侧机翼上形成升力差,因而产生滚转力矩。因此滚转力矩的计算公式为

$$L = \frac{1}{2}\rho V^2 S_w b C_l (\beta, p, r, \delta_a, \delta_r) \qquad (3-23)$$

式中,滚转力矩 $L$ 的单位为 N·m,滚转力矩系数 $C_l$ 的量纲为 1。注意滚转力矩和升力符号是相同的,因此在应用计算公式时要加以注意。

## 3.6.7　偏航力矩

偏航力矩也是由五部分组成的。一是侧滑角所引起的力矩,称为航向静稳定力矩或者风标稳定力矩;二是副翼偏转引起的力矩——操纵交叉力矩;三是方向舵偏转引起的力矩——航向操纵力矩;四是角速度 $p$ 引起的力矩——交叉动态力矩;五是角速度 $r$ 引起的力矩——偏航阻尼力矩。偏航力矩的计算公式如下:

$$N = \frac{1}{2}\rho V^2 S_w b C_n (\beta, p, r, \delta_a, \delta_r) \qquad (3-24)$$

式中,偏航力矩 $N$ 的单位是 N·m,偏航力矩系数 $C_n$ 的量纲为 1。

# 第4章

# 飞机运动方程的推导和建立

 ## 4.1 建立飞机运动方程的考虑

飞机运动方程主要由动力学方程、运动学方程和几何关系方程三部分组成。动力学方程,描述了作用于飞机的合力与合力矩所引起的质点平移运动和绕质心的转动,是按牛顿第二定律建立的方程。运动学方程,是将飞机动力学方程所描述的运动变换到地面坐标系内,来表示飞机相对于地面坐标系的欧拉角和位置。几何关系方程,描述飞机角运动变量之间的几何关系。其中动力学方程和运动学方程是微分方程,几何关系方程则是代数方程。

为建立飞机运动方程,需要考虑以下几个问题:

(1)到目前为止,建立用于飞行控制系统设计或操纵性和稳定性分析的飞机运动方程时是将飞机作为刚体来考虑的,这样理论力学中有关刚体运动的理论均可以得到应用。

(2)按照习惯,飞机受到的力被定义或描述(或分解和投影)在速度坐标系的坐标轴上,这就需要将惯性坐标系下的速度、加速度转换(或分解和投影)到速度坐标系各轴上的分量表示,以建立关于力的动力学方程,这一过程相当于将惯性坐标系的力方程转换到速度坐标系下表示。

(3)同样,对于力矩来说习惯定义在机体坐标系的各轴上,因此也需要将惯性坐标系下的动量矩转换(或分解和投影)到机体坐标系各轴上的分量表示,以建立关于力矩的动力学方程,同样这一过程就是将惯性坐标系的力矩方程转换到机体坐标系下表示。

(4)动力学方程只能给出定义在速度坐标系和机体坐标系下的运动变量的解,因此需要通过运动学方程将以上变量转换到地面坐标系下来表达。

(5)为了使方程组封闭,从角运动变量之间几何关系的代数方程作为补充是必要的。

(6)关于力和力矩的两组动力学方程完整地描述了飞机作为刚体的六个自由度运动。

## 4.2　刚体飞机运动的假设条件

对于真实飞机运动来说,刚体飞机运动是在一定假设条件下对真实飞机运动的近似,刚体飞机运动的假设条件如下:

(1)飞机不仅是刚体,而且不考虑飞机结构的弹性变形和旋转部件(如发动机转子和螺旋桨)的陀螺效应。

(2)飞机质量是常数,即忽略飞机燃料质量随飞行时间增加而减小所导致飞机质量的变化,对于关注短时间飞行的研究,这种近似是成立的。

(3)不考虑飞机内部操纵的动力学过程,由于操纵系统或电传操纵系统及自动飞行控制系统的响应要远快于飞机的响应,因此可以认为驾驶杆的位移将立即导致舵面偏转。

(4)假设飞机内部质量相对于飞机几何对称面(机体坐标系的 $o_b x_b z_b$ 平面)的分布也是对称的,这样可以认为惯性积 $I_{xy} = I_{yz} = 0$。

(5)发动机推(或拉)力线处于机体坐标系的几何对称面内。

(6)忽略地球自转和公转的影响,将地面坐标系和惯性坐标系认为是一致的。

(7)忽略地球表面曲率,视地面为平面。

(8)假设大气是平静的,即不考虑风的作用。

(9)重力加速度不随飞行高度的改变而变化。

上述假设条件中,(1)~(5)是对飞机本身的假设,其余则是对飞行环境的假设。设定假设条件的目的就是在简化方程复杂性的条件下,还能尽量准确地反映飞机运动的关键因素。

##  4.3 刚体飞机运动的动力学方程

### 4.3.1 刚体飞机运动的动力学方程形式

刚体飞机(或飞行器)六自由度运动的动力学方程可由牛顿第二定律导出,其描述在惯性坐标系(或地面坐标系)下的方程矢量形式为

$$F = m\frac{\mathrm{d}V}{\mathrm{d}t} \tag{4-1}$$

$$M = \frac{\mathrm{d}H}{\mathrm{d}t} \tag{4-2}$$

式中,$F$ 为作用于飞机的合外力,$m$ 为飞机质量,$V$ 为飞机质心速度,$M$ 为作用于飞机的合外力矩,$H$ 为飞机动量矩,$t$ 为时间。

上述变量除飞机质量和时间以外,均是在惯性坐标系(或地面坐标系)下定义的变量。

式(4-1)和式(4-2)是推导刚体飞机运动动力学方程的基础方程。但由于惯性坐标系下的飞机所受外力和外力矩习惯用其分解或投影在机体坐标系和速度坐标系的坐标轴上的分量来表示(如图 3-10 和图 3-11 中的 $(X,Y,Z)$,$(L,M,N)$ 和 $(D,C,L)$),同时其运动变量也大多在这两个坐标系所定义(如图 3-10 和图 3-11 中的 $(u,v,w)$,$(p,q,r)$ 和 $(\alpha,\beta)$),这就意味着,飞机运动方程将按速度坐标系和机体坐标系来建立,也就是将惯性坐标系下的力和力矩方程转换到速度坐标系和机体坐标系下表示。因此需要将式(4-1)和式(4-2)的惯性坐标系下的加速度 $\mathrm{d}V/\mathrm{d}t$ 和动量矩对时间的导数 $\mathrm{d}H/\mathrm{d}t$ 分解或投影到机体坐标系和速度坐标系的坐标轴上后才能建立动力学方程,也就是需要将式(4-1)和式(4-2)转换为在机体坐标系和速度坐标系下的形式。

由于相对于惯性坐标系(或地面坐标系)而言,机体坐标系和速度坐标系均是在其上运动的坐标系,也就是动坐标系,因此上述问题就转换为:惯性坐标系(或地面坐标系)下的 $\mathrm{d}V/\mathrm{d}t$ 和 $\mathrm{d}H/\mathrm{d}t$ 在动坐标系下的表示问题。

### 4.3.2　质点速度、加速度在动坐标系下的表示

本节主要研究惯性坐标系(或地面坐标系)下质点速度和加速度在动坐标系内的投影或分解问题。此处动坐标系主要是指机体坐标系和速度坐标系。

动坐标系相对于惯性坐标系存在两种运动方式,即平移运动和转动。假设动坐标系 $M(oxyz)$ 相对于惯性坐标系的平移速度为 $V_i$(也就是动坐标系原点相对于惯性坐标系的绝对速度),而动坐标系绕其原点转动、相对惯性坐标系的角速度为 $\omega_i$。根据理论力学,与动坐标系固连的质点在动坐标系下的合速度 $V_M$ 为

$$V_M = V_i + \omega_i \times r \qquad (4-3)$$

式中,$V_i$ 为用其在动坐标系各轴上的分量或投影($V_x, V_y, V_z$)所表示的、在惯性坐标系下的动坐标系平移速度,即 $V_i = V_x i + V_y j + V_z k$,$(i, j, k)$ 是动坐标系的单位正交矢量(以下同);$\omega_i$ 为用其在动坐标系各轴上的分量或投影($\omega_x, \omega_y, \omega_z$)所表示的、在惯性坐标系下的动坐标转动角速度矢量,即 $\omega_i = \omega_x i + \omega_y j + \omega_z k$;$r$ 为质点在动坐标系中的位置矢量,$r = xi + yj + zk$,$(x, y, z)$ 是质点在动坐标系内的坐标;$\omega_i \times r$ 为牵连速度,其具体计算公式为

$$\omega_i \times r = \begin{bmatrix} i & j & k \\ \omega_x & \omega_y & \omega_z \\ x & y & z \end{bmatrix} \qquad (4-4)$$

将式(4-4)代入式(4-3)中并写出标量形式,这样质点合速度 $V_M$ 在动坐标系各轴上的速度分量为

$$\left.\begin{aligned} V_{Mx} &= V_x + z\omega_y - y\omega_z \\ V_{My} &= V_y + x\omega_z - z\omega_x \\ V_{Mz} &= V_z + y\omega_x - x\omega_y \end{aligned}\right\} \qquad (4-5)$$

质点在动坐标系下的加速度为

$$a_M = \frac{dV_M}{dt} = \frac{dV_i}{dt} + \frac{d\omega_i}{dt} \times r + \omega_i \times \frac{dr}{dt} \qquad (4-6)$$

如果质点位置和动坐标系的原点重合,那么在式(4-6)中有 $r=0$。(注意:机体坐标系或速度坐标系的原点均选择在飞机的质心位置上的,该质心的平移运动可视为质点运动,因此上述假设 $r=0$ 符合飞机的情况。)从而

$$\frac{d\omega_i}{dt} \times r = 0$$

$$\boldsymbol{\omega}_i \times \frac{\mathrm{d}\boldsymbol{r}}{\mathrm{d}t} = 0$$

从而式(4-6)可改写为

$$\boldsymbol{a}_M = \frac{\mathrm{d}\boldsymbol{V}_M}{\mathrm{d}t} = \frac{\mathrm{d}\boldsymbol{V}_i}{\mathrm{d}t} \qquad (4-7)$$

在式(4-7)中,$\boldsymbol{V}_i$ 是动坐标系(旋转坐标轴)下的矢量(旋转矢量),因此按旋转矢量微分法,有

$$\frac{\mathrm{d}\boldsymbol{V}_i}{\mathrm{d}t} = \frac{\delta \boldsymbol{V}_i}{\delta t} + \boldsymbol{\omega}_i \times \boldsymbol{V}_i \qquad (4-8)$$

于是质点位于动坐标系原点的加速度为

$$\boldsymbol{a}_M = \frac{\delta \boldsymbol{V}_i}{\delta t} + \boldsymbol{\omega}_i \times \boldsymbol{V}_i \qquad (4-9)$$

式(4-9)中,$\delta \boldsymbol{V}_i/\delta t$ 是局部导数,它是坐标轴不旋转时矢量 $\boldsymbol{V}_i$ 对时间 $t$ 的导数,其表达式为

$$\frac{\delta \boldsymbol{V}_i}{\delta t} = \frac{\mathrm{d}V_x}{\mathrm{d}t}\boldsymbol{i} + \frac{\mathrm{d}V_y}{\mathrm{d}t}\boldsymbol{j} + \frac{\mathrm{d}V_z}{\mathrm{d}t}\boldsymbol{k}$$

且

$$\boldsymbol{\omega}_i \times \boldsymbol{V}_i = \begin{bmatrix} \boldsymbol{i} & \boldsymbol{j} & \boldsymbol{k} \\ \omega_x & \omega_y & \omega_z \\ V_x & V_y & V_z \end{bmatrix}$$

将上述两式代入式(4-9)中,并经整理后得到动坐标系各轴上的加速度分量(或惯性加速度在动坐标系各轴上的投影)为

$$\left. \begin{array}{l} a_{Mx} = \dot{V}_x + V_z\omega_y - V_y\omega_z \\ a_{My} = \dot{V}_y + V_x\omega_z - V_z\omega_x \\ a_{Mz} = \dot{V}_z + V_y\omega_x - V_x\omega_y \end{array} \right\} \qquad (4-10)$$

式中,$(\dot{\ }) = \mathrm{d}(\cdot)/\mathrm{d}t$,表示变量"$(\cdot)$"对时间 $t$ 的导数。

式(4-10)即动坐标系(原点和质点重合)相对于惯性坐标系,以速度 $\boldsymbol{V}_i$ 平移和角速度 $\boldsymbol{\omega}_i$ 转动时,其惯性加速度在动坐标系各轴上的分量或投影。

### 4.3.3　刚体转动角动量在动坐标系下的表示

设与刚体固连的动坐标系为 $M(oxyz)$,并且刚体的质心与动坐标系的

原点重合。刚体绕质心或动坐标系原点转动时,其相对于惯性坐标系的角速度为 $\boldsymbol{\omega}_i$,那么转动刚体单元质量 $\mathrm{d}m$ 因角速度 $\boldsymbol{\omega}_i$ 引起的角动量为

$$\mathrm{d}\boldsymbol{H} = \boldsymbol{r} \times (\boldsymbol{\omega}_i \times \boldsymbol{r})\,\mathrm{d}m$$

式中,$\boldsymbol{\omega}_i$ 为用其在动坐标系各轴上的分量或投影($\omega_x, \omega_y, \omega_z$)所表示的、在惯性坐标系下的动坐标转动角速度矢量,$\boldsymbol{\omega}_i = \omega_x\boldsymbol{i} + \omega_y\boldsymbol{j} + \omega_z\boldsymbol{k}$;$\boldsymbol{r}$ 为单元质量 $\mathrm{d}m$ 至动坐标系原点的位置矢量,$\boldsymbol{r} = x\boldsymbol{i} + y\boldsymbol{j} + z\boldsymbol{k}$,$(x,y,z)$ 是其坐标。

上式在动坐标系内对刚体所有质量进行积分,就可以得到在动坐标系下所表示的总动量矩为

$$\boldsymbol{H} = H_x\boldsymbol{i} + H_y\boldsymbol{j} + H_z\boldsymbol{k} \tag{4-11}$$

式中

$$\left.\begin{aligned}
H_x &= \omega_x I_x - \omega_y I_{xy} - \omega_z I_{xz} \\
H_y &= \omega_y I_y - \omega_z I_{yz} - \omega_x I_{xy} \\
H_z &= \omega_z I_z - \omega_x I_{xz} - \omega_y I_{yz}
\end{aligned}\right\} \tag{4-12}$$

且

$$\left.\begin{aligned}
I_x &= \int (y^2 + z^2)\,\mathrm{d}m \\
I_y &= \int (x^2 + z^2)\,\mathrm{d}m \\
I_z &= \int (x^2 + y^2)\,\mathrm{d}m
\end{aligned}\right\} \tag{4-13}$$

分别是刚体绕动坐标系 $ox$、$oy$ 和 $oz$ 轴的转动惯量,以及

$$\left.\begin{aligned}
I_{xy} &= \int (xy)\,\mathrm{d}m \\
I_{xz} &= \int (xz)\,\mathrm{d}m \\
I_{yz} &= \int (yz)\,\mathrm{d}m
\end{aligned}\right\} \tag{4-14}$$

是刚体对动坐标系 $ox$ 和 $oy$ 轴、$ox$ 和 $oz$ 轴及 $oy$ 和 $oz$ 轴的惯性积。

若动坐标系的 $oxz$ 平面是刚体的几何及质量分布对称面,那么有 $I_{xy} = I_{yz} = 0$,从而式(4-12)变为

$$\left.\begin{aligned}
H_x &= \omega_x I_x - \omega_z I_{xz} \\
H_y &= \omega_y I_y \\
H_z &= \omega_z I_z - \omega_x I_{xz}
\end{aligned}\right\} \tag{4-15}$$

由于式(4-11)所表示的总角动量是在动坐标系下的旋转矢量,因此其

对时间的微分为

$$\frac{\mathrm{d}\boldsymbol{H}}{\mathrm{d}t} = \frac{\delta\boldsymbol{H}}{\delta t} + \boldsymbol{\omega}_i \times \boldsymbol{H}$$

按旋转矢量微分的计算方法,则有

$$\frac{\delta\boldsymbol{H}}{\delta t} = \frac{\mathrm{d}H_x}{\mathrm{d}t}\boldsymbol{i} + \frac{\mathrm{d}H_y}{\mathrm{d}t}\boldsymbol{j} + \frac{\mathrm{d}H_z}{\mathrm{d}t}\boldsymbol{k}$$

以及

$$\boldsymbol{\omega}_i \times \boldsymbol{H} = \begin{bmatrix} \boldsymbol{i} & \boldsymbol{j} & \boldsymbol{k} \\ \omega_x & \omega_y & \omega_z \\ H_x & H_y & H_z \end{bmatrix}$$

将式(4-15)中的动量矩分量代入上述两式后,得到总动量矩对时间的导数在动坐标系各轴上的分量形式为

$$\left. \begin{aligned} \left(\frac{\mathrm{d}\boldsymbol{H}}{\mathrm{d}t}\right)_x &= \dot{\omega}_x I_x - \dot{\omega}_z I_{xz} + \omega_y \omega_z (I_z - I_y) - \omega_x \omega_y I_{xz} \\ \left(\frac{\mathrm{d}\boldsymbol{H}}{\mathrm{d}t}\right)_y &= \dot{\omega}_y I_y + \omega_x \omega_z (I_x - I_z) + (\omega_x^2 - \omega_z^2) I_{xz} \\ \left(\frac{\mathrm{d}\boldsymbol{H}}{\mathrm{d}t}\right)_z &= \dot{\omega}_z I_z - \dot{\omega}_x I_{xz} + \omega_x \omega_y (I_y - I_x) - \omega_y \omega_z I_{xz} \end{aligned} \right\} \qquad (4-16)$$

式中,$(\dot{\ })= \mathrm{d}(\cdot)/\mathrm{d}t$,表示变量"$(\cdot)$"对时间 $t$ 的导数。

式(4-16)是刚体相对惯性坐标系旋转时,其总动量矩对时间的导数在动坐标系各轴上的分量。

## 4.4　飞机运动方程的推导

### 4.4.1　惯性加速度在速度坐标系和机体坐标系下的表示

刚体质心平移运动在惯性坐标系的加速度,投影或分解到速度坐标系和机体坐标系各轴上的分量,可用于在这两个动坐标系内建立力的方程。

相对于惯性坐标系,速度坐标系和机体坐标系就是动坐标系,因此将式(4-10)应用于这两个坐标系中,就可以得到这两个坐标系各轴上的加速度分量。

**1. 惯性加速度在速度坐标系各轴上的投影分量**

按速度坐标系的定义,设来流速度为 $V$,则在无风条件下由相对性原理,速度坐标系在惯性坐标系内的平移速度 $V$,在其速度坐标系各轴上的分量为 $V_i = Vi + 0j + 0k$,即式(4 − 10)中的 $V_x = V, V_y = V_z = 0$。

并且,速度坐标系相对于惯性坐标系的旋转角速度 $\boldsymbol{\omega}_i$,在速度坐标系各轴上的分量为 $\boldsymbol{\omega}_i = p_a i + q_a j + r_a k$,即式(4 − 10)中的 $\omega_x = p_a, \omega_y = q_a$ 和 $\omega_z = r_a$。

这样由式(4 − 10)得到惯性加速度在速度坐标系各轴上的投影分量为

$$\boldsymbol{a}_a = \begin{bmatrix} a_{ax} \\ a_{ay} \\ a_{az} \end{bmatrix} = \begin{bmatrix} \dot{V} \\ Vr_a \\ -Vq_a \end{bmatrix} \tag{4-17}$$

**2. 惯性加速度在机体坐标系各轴上的投影分量**

机体坐标系在惯性坐标系内的飞行速度,可用在机体坐标系各轴上的分量表示为:$V_i = ui + vj + wk$;而机体坐标系相对于惯性坐标系的转动角速度也用其机体轴上的分量表示为:$\boldsymbol{\omega}_i = pi + qj + rk$。仿照上述做法,利用式(4 − 10)就可得到惯性加速度在机体坐标系各轴上的分量

$$\boldsymbol{a}_b = \begin{bmatrix} a_{bx} \\ a_{by} \\ a_{bz} \end{bmatrix} = \begin{bmatrix} \dot{u} + wq - vr \\ \dot{v} + ur - wp \\ \dot{w} + vp - uq \end{bmatrix} \tag{4-18}$$

### 4.4.2　机体坐标系各轴上动量矩及其对时间导数的分量

机体坐标系相对于惯性坐标系的转动角速度用机体轴上的分量表示为:$\boldsymbol{\omega}_i = pi + qj + rk$。因此,按式(4 − 15)得到总动量矩在机体坐标系各轴上的分量为

$$\boldsymbol{H}_b = \begin{bmatrix} H_x \\ H_y \\ H_z \end{bmatrix} = \begin{bmatrix} pI_x - rI_{xz} \\ qI_y \\ rI_z - pI_{xz} \end{bmatrix} \tag{4-19}$$

按式(4 − 16)得到总动量矩对时间的导数在机体坐标系各轴上的分量为

$$\frac{\mathrm{d}\boldsymbol{H}_b}{\mathrm{d}t} = \begin{bmatrix} \left(\dfrac{\mathrm{d}\boldsymbol{H}_b}{\mathrm{d}t}\right)_x \\[2mm] \left(\dfrac{\mathrm{d}\boldsymbol{H}_b}{\mathrm{d}t}\right)_y \\[2mm] \left(\dfrac{\mathrm{d}\boldsymbol{H}_b}{\mathrm{d}t}\right)_z \end{bmatrix} = \begin{bmatrix} \dot{p}I_x - \dot{r}I_{xz} + qr(I_z - I_y) - pqI_{xz} \\[2mm] \dot{q}I_y + pr(I_x - I_z) + (p^2 - r^2)I_{xz} \\[2mm] \dot{r}I_z - \dot{p}I_{xz} + pq(I_y - I_x) - qrI_{xz} \end{bmatrix} \quad (4-20)$$

### 4.4.3　速度坐标系下的力方程

刚体飞机不但受到气动力的作用,还受到重力和发动机推(拉)力的作用,因此需要求出其合力分别在速度坐标系的分量后才能建立动力学方程。

在速度坐标系下合力为

$$\sum \boldsymbol{F}_a = \boldsymbol{T}_a + \boldsymbol{F}_a + \boldsymbol{G}_a \quad (4-21)$$

式中,$\boldsymbol{T}_a$为推(拉)力在速度坐标系内的矢量,$\boldsymbol{F}_a$为空气动力,$\boldsymbol{G}_a$为重力在速度坐标系内的矢量。以下研究上述三个力在速度坐标系下的表示。

1. 推(拉)力 $\boldsymbol{T}_a$

按刚体飞机运动的假设,推力矢量将始终处于飞机的对称平面内。假设飞机的推(拉)力线处于飞机重心的下方时重心到推力线的垂直距离$z_T$为正,并且飞机推力线与机体轴存在安装夹角为$\varphi_T$,如图 4 – 1 所示。

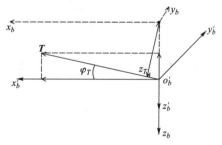

图 4 – 1　推力矢量在机体坐标下的投影

按图 4 – 1 得到推力矢量在机体坐标系下的投影矢量为

$$\boldsymbol{T}_b = T\cos\varphi_T \boldsymbol{i} - T\sin\varphi_T \boldsymbol{k} \quad (4-22)$$

以下为方便起见,用列向量表示矢量,那么式(4 – 22)为

$$\boldsymbol{T}_b = \begin{bmatrix} T\cos\varphi_T \\ 0 \\ -T\sin\varphi_T \end{bmatrix} \quad (4-23)$$

于是用表 3 - 3 将机体坐标系下的推力转换到速度坐标系下,并整理后得

$$\boldsymbol{T}_a = \begin{bmatrix} T\cos(\alpha + \varphi_T)\cos\beta \\ -T\cos(\alpha + \varphi_T)\sin\beta \\ -T\sin(\alpha + \varphi_T) \end{bmatrix} \qquad (4-24)$$

**2. 空气动力 $\boldsymbol{F}_a$**

空气动力 $(D,C,L)$ 作用在速度坐标系的各轴上(见图 3 - 11 和表 3 - 5),因此空气动力 $\boldsymbol{F}_a$ 表示为

$$\boldsymbol{F}_a = -\begin{bmatrix} D \\ C \\ L \end{bmatrix} \qquad (4-25)$$

**3. 飞机重力 $\boldsymbol{G}_a$**

飞机重力是定义在地面坐标系下的,因此需要通过坐标系转换矩阵将重力变换为速度坐标系下表示。在地面坐标系下重力被表示为

$$\boldsymbol{G}_e = \begin{bmatrix} 0 \\ 0 \\ mg \end{bmatrix}$$

按表 3 - 2,由 $\boldsymbol{G}_e$ 得到速度坐标系下的重力 $\boldsymbol{G}_a$ 为

$$\boldsymbol{G}_a = \begin{bmatrix} -mg\sin\gamma \\ mg\cos\gamma\sin\mu \\ mg\cos\gamma\cos\mu \end{bmatrix} \qquad (4-26)$$

将式(4 - 24)、式(4 - 25)和式(4 - 26)代入式(4 - 21)后,得到速度坐标系下的合力为

$$\sum \boldsymbol{F}_a = \begin{bmatrix} T\cos(\alpha + \varphi_T)\cos\beta - D - mg\sin\gamma \\ -T\cos(\alpha + \varphi_T)\sin\beta - C + mg\cos\gamma\sin\mu \\ -T\sin(\alpha + \varphi_T) - L + mg\cos\gamma\cos\mu \end{bmatrix} \qquad (4-27)$$

牛顿第二定律在速度坐标系下的表达式为

$$\sum \boldsymbol{F}_a = m\boldsymbol{a}_a$$

将式(4 - 17)速度坐标系下的加速度和式(4 - 27)所表示的合外力代入上式,即得到速度坐标系下的力方程为

$$\left.\begin{aligned}
m\dot{V} &= T\cos(\alpha + \varphi_T)\cos\beta - D - mg\sin\gamma & \text{(a)}\\
mVr_a &= -T\cos(\alpha + \varphi_T)\sin\beta - C + mg\cos\gamma\sin\mu & \text{(b)}\\
-mVq_a &= -T\sin(\alpha + \varphi_T) - L + mg\cos\gamma\cos\mu & \text{(c)}
\end{aligned}\right\} \quad (4-28)$$

式中,按飞行动力学的习惯,将加速度项写在等号的左边,而等号的右边为合外力。

## 4.4.4　机体坐标系下的力和力矩方程

关于机体坐标系下的气动力、力矩的定义如图 3 - 10 和表 3 - 4 所示,即

$$\boldsymbol{F}_{ab} = \begin{bmatrix} X_b \\ Y_b \\ Z_b \end{bmatrix}, \boldsymbol{M}_{ab} = \begin{bmatrix} L \\ M \\ N \end{bmatrix} \quad (4-29)$$

此外,还受到发动机推(拉)力和重力在机体坐标系下的力,同时发动机推(拉)力线不经过重心而对力矩有贡献,因此在机体坐标系下的合力为

$$\sum \boldsymbol{F}_b = \boldsymbol{T}_b + \boldsymbol{F}_{ab} + \boldsymbol{G}_b \quad (4-30)$$

合力矩为

$$\sum \boldsymbol{M}_b = \boldsymbol{M}_{Tb} + \boldsymbol{M}_{ab} \quad (4-31)$$

式中,$\boldsymbol{M}_{Tb}$ 为推(拉)力产生的力矩。

首先写出上式中关于合力和合力矩矢量的具体形式。

1. 发动机推(拉)力在机体坐标系下的力和力矩矢量

式(4-23)已经给出推力在机体坐标系下的力矢量形式,由于推力矢量始终在飞机几何对称面上,因此仅仅对俯仰力矩有贡献,从图 4 - 1 可以求出其力矩矢量为

$$\boldsymbol{M}_{Tb} = \begin{bmatrix} 0 \\ T \cdot z_T \\ 0 \end{bmatrix} \quad (4-32)$$

2. 空气动力 $\boldsymbol{F}_a$ 在机体坐标系下的矢量 $\boldsymbol{F}_{ab}$

由式(4-25)以及表 3 - 3,将速度坐标系下的 $\boldsymbol{F}_a$ 转换到机体坐标系下的 $\boldsymbol{F}_{ab}$ 为

$$F_{ab} = \begin{bmatrix} X_b \\ Y_b \\ Z_b \end{bmatrix} = \begin{bmatrix} -D\cos\alpha\cos\beta + C\cos\alpha\sin\beta + L\sin\alpha \\ -D\sin\beta - C\cos\beta \\ -D\sin\alpha\cos\beta + C\sin\alpha\sin\beta - L\cos\alpha \end{bmatrix} \qquad (4-33)$$

### 3. 重力在机体坐标系下的矢量 $G_b$

根据前述在地面坐标系下定义的重力矢量,按照表 3-1 就可以得到重力在机体坐标系下的矢量 $G_b$ 为

$$G_b = \begin{bmatrix} -mg\sin\theta \\ mg\cos\theta\sin\phi \\ mg\cos\theta\cos\phi \end{bmatrix} \qquad (4-34)$$

### 4. 机体坐标系下的合力

将式(4-23)、式(4-33)和式(4-34)代入式(4-30)就得到机体坐标系下的合力为

$$\sum F_b = \begin{bmatrix} T\cos\varphi_T - D\cos\alpha\cos\beta + C\cos\alpha\sin\beta + L\sin\alpha - mg\sin\theta \\ -D\sin\beta - C\cos\beta + mg\cos\theta\sin\phi \\ -T\sin\varphi_T - D\sin\alpha\cos\beta + C\sin\alpha\sin\beta - L\cos\alpha + mg\cos\theta\cos\phi \end{bmatrix} \qquad (4-35)$$

### 5. 机体坐标系下的合力矩

将式(4-29)中的气动力矩和式(4-32)代入式(4-31),就可得到机体坐标系下的合力矩为

$$\sum M_b = \begin{bmatrix} L \\ M + T \cdot z_T \\ N \end{bmatrix} \qquad (4-36)$$

### 6. 机体坐标系下的力方程

按牛顿第二定律,机体坐标系下的力方程为

$$\sum F_b = ma_b$$

分别将式(4-18)所表示的加速度和式(4-35)所表示的合外力,分别代入上式即得到机体坐标系下力方程的具体形式为

$$m(\dot{u} + wq - vr) = T\cos\varphi_T - D\cos\alpha\cos\beta + C\cos\alpha\sin\beta + L\sin\alpha - mg\sin\theta \qquad \text{(a)}$$

$$m(\dot{v} + ur - wp) = -D\sin\beta - C\cos\beta + mg\cos\theta\sin\phi \qquad \text{(b)}$$

$$m(\dot{w} + vp - uq) = -T\sin\varphi_T - D\sin\alpha\cos\beta + C\sin\alpha\sin\beta - L\cos\alpha + mg\cos\theta\cos\phi \qquad \text{(c)}$$

$$(4-37)$$

7. 机体坐标系下的力矩方程

机体坐标系下的力矩方程为

$$\sum \boldsymbol{M}_b = \frac{\mathrm{d}\boldsymbol{H}_b}{\mathrm{d}t}$$

将式(4-20)和式(4-36)代入上式,即得到机体坐标系下力矩方程的具体形式为

$$\left. \begin{aligned} \dot{p}I_x - \dot{r}I_{xz} + qr(I_z - I_y) - pqI_{xz} &= L &\quad (\mathrm{a}) \\ \dot{q}I_y + pr(I_x - I_z) + (p^2 - r^2)I_{xz} &= M + T \cdot z_T &\quad (\mathrm{b}) \\ \dot{r}I_z - \dot{p}I_{xz} + pq(I_y - I_x) - qrI_{xz} &= N &\quad (\mathrm{c}) \end{aligned} \right\} \quad (4-38)$$

## 4.4.5　运动学方程

运动学方程主要是建立欧拉角与坐标系轴转动角速度之间以及速度与位置的关系。关于角度的运动学方程,包括机体坐标系欧拉角与机体坐标系转动角速度方程,以及速度坐标系轨迹角与速度坐标系转动角速度之间的关系;关于位置的运动学方程,则建立机体坐标系和速度坐标系内速度和地面位置的关系。

1. 机体坐标系欧拉角($\phi,\theta,\psi$)与机体坐标系转动角速度($p,q,r$)之间的运动学方程

由式(3-12)就可以得到运动学方程为

$$\left. \begin{aligned} \dot{\phi} &= p + (q\sin\phi + r\cos\phi)\tan\theta &\quad (\mathrm{a}) \\ \dot{\theta} &= q\cos\phi - r\sin\phi &\quad (\mathrm{b}) \\ \dot{\psi} &= (q\sin\phi + r\cos\phi)/\cos\theta &\quad (\mathrm{c}) \end{aligned} \right\} \quad (4-39)$$

2. 速度坐标系轨迹角($\mu,\gamma,\chi$)与速度坐标系转动角速度($p_a,q_a,r_a$)之间的运动学方程

由式(3-13)就可以得到轨迹角和速度坐标系转动角速度之间的关系:

$$\left. \begin{aligned} \dot{\mu} &= p_a + (q_a\sin\mu + r_a\cos\mu)\tan\gamma &\quad (\mathrm{a}) \\ \dot{\gamma} &= q_a\cos\mu - r_a\sin\mu &\quad (\mathrm{b}) \\ \dot{\chi} &= (q_a\sin\mu + r_a\cos\mu)/\cos\gamma &\quad (\mathrm{c}) \end{aligned} \right\} \quad (4-40)$$

### 3. 机体坐标系速度与速度坐标系关于速度的运动学方程

机体坐标系下的速度是 $\boldsymbol{V}_b = u\boldsymbol{i} + v\boldsymbol{j} + w\boldsymbol{k}$，速度坐标系下的速度为 $\boldsymbol{V}_a = V\boldsymbol{i} + 0\boldsymbol{j} + 0\boldsymbol{k}$，由表 3 - 3 就可以得到这两个速度之间的关系：

$$\left.\begin{aligned}
u &= V\cos\alpha\cos\beta &\text{(a)}\\
v &= V\sin\beta &\text{(b)}\\
w &= V\sin\alpha\cos\beta &\text{(c)}
\end{aligned}\right\} \tag{4-41}$$

### 4. 地面坐标系速度与速度坐标系关于速度的运动学方程

速度坐标系下的速度是 $\boldsymbol{V}_a = V\boldsymbol{i} + 0\boldsymbol{j} + 0\boldsymbol{k}$，地面坐标系下的速度为 $\boldsymbol{V}_e = \dot{x}_e\boldsymbol{i} + \dot{y}_e\boldsymbol{j} + \dot{z}_e\boldsymbol{k}$，$(x_e, y_e, x_e)$ 是飞机在地面坐标系的位置。由表 3 - 2 得到这两个坐标系速度之间的关系为

$$\left.\begin{aligned}
\dot{x}_e &= (\cos\gamma\cos\chi)V &\text{(a)}\\
\dot{y}_e &= (\cos\gamma\sin\chi)V &\text{(b)}\\
\dot{z}_e &= (-\sin\gamma)V &\text{(c)}
\end{aligned}\right\} \tag{4-42}$$

## 4.4.6 几何关系方程

几何关系方程是指角度之间的几何关系，将气动角 $(\alpha, \beta)$ 与轨迹角 $(\mu, \gamma, \chi)$ 及欧拉角 $(\phi, \theta, \psi)$ 建立起联系，作为补充方程使运动方程封闭。利用坐标系之间变换矩阵的等效关系就可以得到几何关系方程：

$$\left.\begin{aligned}
&\sin\gamma = \cos\alpha\cos\beta\sin\theta - (\sin\alpha\cos\beta\cos\phi + \sin\beta\sin\phi)\cos\theta &\text{(a)}\\
&\sin\chi\cos\gamma = \cos\alpha\cos\beta\cos\theta\sin\psi + (\sin\psi\sin\theta\cos\phi - \cos\psi\sin\phi)\cdot\\
&\qquad\qquad \sin\alpha\cos\beta + \sin\beta(\sin\phi\sin\theta\sin\psi + \cos\psi\cos\phi) &\text{(b)}\\
&\sin\mu\cos\gamma = \cos\alpha\sin\beta\sin\theta - (\sin\alpha\sin\beta\cos\phi - \cos\beta\sin\phi)\cos\theta &\text{(c)}
\end{aligned}\right\}$$

$$\tag{4-43}$$

## 4.4.7 关于方程的讨论

以上推导出了刚体飞机的运动方程，并不是将所有的方程进行联立就可以解出六自由度运动的所有变量，而是需要根据一定的使用条件从中进行选择，来组成封闭的运动方程组，对飞机的运动进行求解或简化。

### 1. 固定翼飞机

按照飞行动力学研究习惯，一般选择速度坐标系下的力方程(式(4 - 28))和机体坐标系下的力矩方程(式(4 - 38))来组成六自由度的动力学方

程组,运动学方程为式(4 – 39)、式(4 – 40)以及式(4 – 42),并加上几何关系方程(4 – 43),共 18 个方程所组成的方程组,而实际未知量为 16 个,所以这一方程组是能封闭求解的。

2. 旋翼机或倾转旋翼机

选择机体坐标系下的力方程和力矩方程作为旋翼机机体六自由度动力学,对旋翼机来说还需要增加有关旋翼挥舞动力学方程。

3. 力矩方程的讨论

对于力矩方程而言,只有选择在机体坐标系下建立才是合理的。其原因是,对于刚体来说,转动惯量只有在机体坐标系中是常量,采用其他坐标系则增加了不必要的复杂性。这也是在速度坐标系中不建立力矩方程的原因。因为速度坐标系相对于刚体随着质心速度方向而转动,这就意味着相对于各坐标轴的质量分布也是变化的,那么转动惯量将是迎角和侧滑角的函数,并且这个函数是难以表示的,这是由飞机内设备安装位置的离散性所决定的。

4. 力方程的讨论

对于力方程来说,采用速度坐标系来建立具有最为简单的形式,通过式(4 – 28)和式(4 – 37)的比较就可以明显得到这一结论。由于在力方程中,速度坐标系的转动角速度$(p_a,q_a,r_a)$是不常用的变量,因此需要通过运动学方程将转动角速度$(p_a,q_a,r_a)$转换为轨迹角变量$(\mu,\gamma,\chi)$。

5. 固定翼飞机运动方程的特点

固定翼飞机的运动方程是非定常的非线性微分方程,具有纵向和横侧向运动耦合的特征,因此一般来说可以得到数值解;而若需解析解,就需要对运动方程进行简化处理,才能对运动方程进行求解。

6. 固定翼飞机运动方程的常用状态变量

对于固定翼飞机来说,习惯用两组状态向量来表示纵向运动和横侧向运动。

纵向运动状态向量为$[V \quad \alpha \quad q \quad \theta \quad x_e \quad H]^T$,输入向量为$[\delta_e \quad \delta_T]^T$,状态向量中 $H$ 是飞机高度,且 $H = -z_e$。

横侧向运动状态向量为$[\beta \quad p \quad r \quad \phi \quad \psi \quad y_e]^T$,输入向量为$[\delta_a \quad \delta_r]^T$ 或$[\delta_a \quad \delta_r \quad \delta_s]^T$。

在飞行动力学研究中,状态向量也往往作为输出向量,通过对上述状态向量中变量的定义就可以得出这个结论,因为这些状态向量不仅描述了飞机运动,而且变量都是可以测量的。

对飞机运动方程来说,真正需要求解的共有 12 个变量,因此微分方程组最终是由 12 个方程所组成的封闭方程组。这 12 个变量的各自组合具有以下物理意义:

$(V,\alpha,\beta)$ 表示来流相对于机体的方向和大小,直接决定了气动力的大小,用大气数据系统测量。

$(p,q,r)$ 表示飞机力矩操纵后的效应,表明了操纵力矩的大小,可以用单自由度陀螺测量。

$(\phi,\theta,\psi)$ 表示飞机相对于地面的姿态,可用姿态陀螺或惯性平台测量。

$(x_e,y_e,z_e)$ 表示飞机相对于地球的位置,高度可以通过大气数据系统测量,地面位置可以通过惯性导航系统或 GPS 测量得到,飞机高度 $H = -z_e$。

# 第5章

## 飞机小扰动
## 运动线性化方程
## 和传递函数模型

 ## 5.1 运动方程简化处理的假设和方法

### 5.1.1 运动方程简化处理和目标

在第 4 章中所得到的飞机运动方程具有一般非线性、时变（非定常）和变量之间耦合强烈的特征，对这种微分方程可以求得数值解，但很难得到解析解。而解析解是飞行动力学研究的重要手段，能对飞机设计和试验飞行提供有针对性的解决方案和途径。

因此，为了得到运动方程的解和降低方程的复杂性，需要对非线性的飞行运动方程进行简化处理。简化处理的第一步，是在适当的假设条件或运动约束条件下，用数学方法将运动方程简化或处理为线性微分方程；第二步，也是在一定假设条件或运动约束条件下，将飞机运动按纵向和横侧向运动进行解耦处理，也就是把飞机运动分为纵向和横侧向两个互不耦合的运动，这样纵向和横侧向运动就可以分别建立运动方程了。

### 5.1.2 运动方程线性化方法和条件

之所以将第 4 章中的飞机运动方程称为非线性微分方程，主要是因为在

这些方程中含有非线性性质的函数以及关于运动变量的非线性表达式。以俯仰力矩方程(式(4-38)(b)举例:

$$\dot{q}I_y + pr(I_x - I_z) + (p^2 - r^2)I_{xz} = M + T \cdot z_T$$

在上式中,气动力矩是关于速度、高度以及角度的非线性函数,即

$$M = \frac{1}{2}\rho V^2 S_w c_A C_m(V, \alpha, \dot{\alpha}, q, \delta_e)$$

运动变量的非线性表达式为$(p^2 - r^2)$和$pr$,同时$(p^2 - r^2)$和$pr$也是横侧向运动对纵向运动的耦合影响作用。

因此,只要将非线性函数和表达式通过适当的数学工具处理为近似的线性函数和线性表达式后,上述非线性的俯仰力矩微分方程也就近似为线性微分方程了。

显然,无论是非线性函数还是表达式$f(x)$,通过泰勒级数进行展开后,如果在适当的假设条件下,使得泰勒级数中二次项以上的项都是可以略去的无穷小量,那么非线性函数或表达式的展开级数中只保留了常数项和一次项,这样非线性函数或表达式即可用近似的线性函数或表达式来表示,即$f(x) \approx f(x_0) + f'(x_0)\Delta x$,此式成立的条件是$\Delta x \to 0$。这一条件表明,如果将非线性函数或表达式近似为线性函数或表达式,那么其条件是:函数或表达式中的变量只能进行小量变化[9]。

同理,飞机非线性微分方程若近似为线性微分方程,也只有在运动变量发生小量变化时才能成立,这种运动变量的小量变化被称为小扰动运动。

如果非线性微分方程可用下述状态方程组描述:

$$\dot{x} = F(x, u), x \in \mathbf{R}^n, u \in \mathbf{R}^r, \dot{x} = \mathrm{d}x/\mathrm{d}t$$

并设$x = x_0 + \Delta x, u = u_0 + \Delta u$,且满足$\dot{x}_0 = F(x_0, u_0)$,将上述方程等号右边的非线性函数用泰勒级数进行展开,仅保留一次项,其余高次项均略去,等号左边的微分用$x$的表达式代入计算,并代入$\dot{x}_0 = F(x_0, u_0)$进行化简后,运动方程就变为

$$\Delta\dot{x} = (\partial F/\partial x)_0 \Delta x + (\partial F/\partial u)_0 \Delta u$$

上述关于$\Delta x$的微分方程,从运动的观点讨论[9]:

(1)$x_0$、$u_0$是运动$x$、$u$的出发点,并且运动对出发点的偏离$\Delta x$是由小量输入$\Delta u$所引起的。

(2)如果这种偏离是小量,那么从$x_0$、$u_0$出发的运动完全可以近似地

由以上线性微分方程来描述,且 $\Delta x$ 是关于 $x$ 相对于 $x_0$ 的小偏离运动,因此又称为小扰动运动,而上述关于 $\Delta x$ 的微分方程也称为小扰动运动方程。

(3)如果运动出发点是满足牛顿第一定律的平衡点,那么 $\dot{x}_0 = 0$,则代数方程 $F(x_0, u_0) = 0$,表示平衡点的约束条件,同时它的解 $x_0$ 和 $u_0$ 将是常向量,从而 $(\partial F/\partial x)_0$ 与 $(\partial F/\partial u)_0$ 也是常矩阵。如此,上述线性微分方程将变为线性、定常微分方程。

从飞行动力学的观点来看:

(1)运动的出发点 $x_0$、$u_0$ 称为基准运动变量(以下内容中变量下标为"0"都表示基准运动变量),$\Delta x$ 称为小扰动运动,所以飞机运动是基准运动与小扰动运动叠加而成的,$x = x_0 + \Delta x$。

(2)基准运动满足约束条件 $\dot{x}_0 = F(x_0, u_0)$,若基准运动满足牛顿第一定律(对飞机来说应为匀速直线运动),则 $\dot{x} = 0$,那么约束条件为代数方程 $F(x_0, u_0) = 0$,其方程的解 $x_0$ 和 $u_0$ 是常数,把这种条件下的基准运动称为定常运动[5,6]。反之,若 $\dot{x} \neq 0$,则把基准运动称为非定常运动,此时方程的解 $x_0$ 和 $u_0$ 是关于时间的函数。

(3)小扰动运动方程描述了飞机从基准运动(匀速直线运动)出发的小偏离运动,其小扰动运动方程是线性常系数微分方程。

(4)代数方程 $F(x_0, u_0) = 0$,也是飞机平衡运动方程,通过它可以研究飞行动力学中有关"静操纵性"以及配平(平衡)条件等问题。

(5)由李雅普诺夫稳定性理论,基准运动也是小扰动运动的平衡点,小扰动运动是否稳定则完全取决于这个平衡点的性质。

因此,为了得到描述小扰动运动的线性常系数微分方程,只要满足如下条件:基准运动是定常运动或者是匀速直线运动。

## 5.1.3 运动解耦和条件

运动解耦的目的就是将纵向运动和横侧向运动分为互不影响且独立的两组运动,使得纵向运动和横侧向运动可以分开进行研究。

4.4.7 节中已经定义了常用的纵向和横侧向运动变量形式。因此,纵向运动和横侧向运动的解耦就是:关于纵向运动的方程只与纵向运动变量有关,而横侧向运动方程只与横侧向运动变量有关,如果具备了这样的形式,就实现了纵向和横侧向运动之间的解耦和分组。为此需要满足下列纵向和横侧向运动解耦条件：

(1) 飞机具有对称平面(气动外形尺寸和质量分布都按此平面对称)，且略去机体内转动部件的陀螺力矩效应。

(2) 在基准运动中，飞机对称平面处于铅垂位置($\phi_0 = 0$)，且运动所在平面与飞机对称平面重合($\beta_0 = 0$)。

第一个条件已经包含在 4.2 节的刚体运动飞机假设条件中，因此如果考虑刚体运动的飞机，那么该条件将自动满足。

根据第二个条件，可以得到在基准运动状态下的两个重要结论：

(1) 纵向气动力和力矩($D, L, M$)$_0$与横侧向运动变量无关，即纵向气动力和力矩对横侧向运动变量的导数为零。

(2) 横侧向气动力和力矩($C, L, N$)$_0$与纵向运动变量无关，即横侧向气动力和力矩对纵向运动变量的导数为零。

因此，基准运动中飞机对称平面只有在处于铅垂位置且与运动平面重合时，才能实现运动的解耦，故而可推出：当飞机在此基准运动处做小扰动运动时，其纵向和横侧向小扰动运动也是解耦的。这样就可以将纵向和横侧向小扰动运动进行分开处理，各自独立地建立其运动方程。

另一方面，满足上述第二个条件后，在第 3 章中描述的关于气动力和力矩的计算公式也适用于基准运动的气动力和力矩的计算。

## 5.1.4　基准运动条件及基准运动变量和方程

为了达到对运动方程简化处理的目标，即线性化以及纵向与横侧向运动的解耦，除了满足刚体运动飞机的假设条件外，还需要对基准运动进行严格限制。基准运动需要满足以下条件：基准运动中，飞机对称平面处于铅垂位置($\phi_0 = 0$)，且运动所在平面与对称平面重合($\beta_0 = 0$)，同时飞机只进行等速直线飞行。

把满足这种条件的基准运动也称为"对称定常直线飞行"，或简称为"对称定直飞行"。显然在此种基准条件下，可以对方程进行线性化处理进而得到小扰动方程，同时在满足刚体飞机运动的假设下，还可以将纵向和横侧向运动进行解耦。根据以上分析可以得出基准运动为对称定直飞行时的有关结论。

### 1. 基准运动的变量

根据对称定直飞行基准运动的条件，可以得出在该运动时运动变量的定义：

纵向运动变量 $q_0 = 0$，在其余运动变量中，$V_0$ 是不为零的常数，而 $\alpha_0, \theta_0$，$x_{e0}, z_{e0}$ 一般不为零，$\delta_{e0}, \delta_{T0}$ 也不为零，且航迹倾斜角为：$\gamma_0 = \theta_0 - \alpha_0$。

横侧向运动变量 $\phi_0 = \psi_0 = \beta_0 = y_{e0} = p_0 = r_0 = 0$ 及 $\delta_{a0} = \delta_{r0} = 0$，航迹方位角 $\chi_0 = \psi_0 = 0$，而航迹滚转角 $\mu_0 = 0$。

### 2. 基准运动的力方程和力矩方程

根据上述基准运动时的变量定义，并且 $q_{a0}, r_{a0}$ 也为零，则由式（4 - 28）得到基准运动时的力方程为

$$\left.\begin{aligned}
T_0 \cos(\alpha_0 + \varphi_T) - D_0 - mg\sin\gamma_0 &= 0 \quad (a) \\
C_0 &= 0 \quad (b) \\
- T_0 \sin(\alpha_0 + \varphi_T) - L_0 + mg\cos\gamma_0 &= 0 \quad (c)
\end{aligned}\right\} \quad (5-1)$$

式（5 - 1）是代数方程，说明基准运动是做匀速直线运动的平衡运动，其中 $C_0 = 0$ 表示飞机基准运动平面与对称平面重合，也说明飞机需具有面对称的几何特点。

由式（4 - 38）得到基准运动时的力矩方程为

$$\left.\begin{aligned}
L_0 &= 0 \quad (a) \\
M_0 + T_0 \cdot z_T &= 0 \quad (b) \\
N_0 &= 0 \quad (c)
\end{aligned}\right\} \quad (5-2)$$

显然力矩方程也是代数方程，它反映了基准运动进行直线飞行时力矩平衡这一运动特征。

### 3. 基准运动的运动学方程

显然由于基准运动飞机无转动运动发生，因此所有角速度均为零。由式（4 - 41）和式（4 - 42）得到

$$\left.\begin{aligned}
u &= V_0 \cos\alpha_0 \quad (a) \\
v &= 0 \quad\quad\quad (b) \\
w &= V_0 \sin\alpha_0 \quad (c)
\end{aligned}\right\} \quad (5-3)$$

$$\left.\begin{aligned}
\dot{x}_{e0} &= \cos\gamma_0 V_0 \quad (a) \\
\dot{y}_{e0} &= 0 \quad\quad\quad (b) \\
\dot{z}_{e0} &= -\sin\gamma_0 V_0 \quad (c)
\end{aligned}\right\} \quad (5-4)$$

### 4.基准运动的几何关系方程

由式(4-43)很容易得到关于轨迹角的结论:

$$\left.\begin{aligned} \mu_0 &= 0 &\text{(a)}\\ \gamma_0 &= \theta_0 - \alpha_0 &\text{(b)}\\ \chi_0 &= 0 &\text{(c)} \end{aligned}\right\} \tag{5-5}$$

上述方程不仅表示了飞机基准运动时所受力、力矩和运动之间的关系,也是飞机进行平衡(或配平)运动时的方程,从这些方程出发就可以解出飞机平衡或配平所需要的条件,也能对飞行性能进行计算,它们是研究"静"或"稳态"问题的基础方程。

## 5.1.5　用基准运动和小扰动运动表示运动变量

根据基准运动的变量定义,用基准运动和小扰动运动来表示飞机完整的运动变量,为方程的简化做好准备。这个完整的运动变量也称为全面运动变量。

### 1.纵向运动变量

用基准运动和小扰动运动表示的纵向运动变量如表5-1所示。

表5-1　用基准运动和小扰动运动表示的纵向运动变量

| 状态变量 | $V = V_0 + \Delta V$ | $\alpha = \alpha_0 + \Delta\alpha$ | $q = \Delta q$ | $\theta = \theta_0 + \Delta\theta$ | $x_e = x_{e0} + \Delta x_e$ | $z_e = z_{e0} + \Delta z_e$ |
| --- | --- | --- | --- | --- | --- | --- |
| 输入变量 | $\delta_e = \delta_{e0} + \Delta\delta_e$ | $\delta_T = \delta_{T0} + \Delta\delta_T$ | | | | |
| 其他变量 | $\gamma = \gamma_0 + \Delta\gamma$ | $u = u_0 + \Delta u$ | $w = w_0 + \Delta w$ | | | |

### 2.横侧向运动变量

用基准运动和小扰动运动表示的横侧向运动变量如表5-2所示。

表5-2　用基准运动和小扰动运动表示的横侧向运动变量

| 状态变量 | $\beta = \Delta\beta$ | $p = \Delta p$ | $r = \Delta r$ | $\phi = \Delta\phi$ | $\psi = \Delta\psi$ | $y_e = \Delta y_e$ |
| --- | --- | --- | --- | --- | --- | --- |
| 输入变量 | $\delta_a = \Delta\delta_a$ | $\delta_r = \Delta\delta_r$ | | | | |
| 其他变量 | $\mu = \Delta\mu$ | $\chi = \Delta\chi$ | $v = \Delta v$ | | | |

## 5.1.6　气动力和力矩计算公式的线性化

同样气动力和力矩计算公式也可以进行线性化,在第3章中已经给出了气动力和力矩的计算公式,同时也指出空气动力学试验数据往往给出的是量纲为 1 的气动力和力矩系数,因此需要推导出基准运动处的气动力和力矩与风洞试验数据参数之间的关系公式,才能进行气动力和力矩的线性化。以下以阻力计算公式在基准运动处的线性化为例进行说明。

由式(3 - 18)阻力计算公式可知阻力分别是 $(V, \alpha, H, \delta_e)$ 的函数,因此对式(3 - 18)在基准运动处展开为泰勒级数,并仅保留级数到线性一次项,就可得到如下形式:

$$D = D_0 + \Delta D$$

式中

$$D_0 = \frac{1}{2} \rho_0 V_0^2 S_w C_D (V_0, \alpha_0, H_0, \delta_{e0})$$

$$\Delta D = (\partial D / \partial V)_0 \Delta V + (\partial D / \partial \alpha)_0 \Delta \alpha + (\partial D / \partial H)_0 \Delta H + (\partial D / \partial \delta_e)_0 \Delta \delta_e$$

显然,通过这样处理后非线性的阻力公式(3 - 18)已经近似为线性化的阻力公式。将 $(\partial D / \partial V)_0$, $(\partial D / \partial \alpha)_0$, $(\partial D / \partial H)_0$ 和 $(\partial D / \partial \delta_e)_0$ 分别称为阻力对速度、迎角、高度和升降舵偏角在基准运动处的导数,这些导数是有因次导数。它们是用式(3 - 18)对上述变量求导后,代入在基准运动处变量的数值后得到的,这些有因次导数建立在飞机运动方程的已知数据或运动条件的基础上。

往往采用以下符号来表示以上有因次导数,同时省略表示基准运动的下标"0",即

$$(\partial D / \partial V)_0 = D_V, (\partial D / \partial \alpha)_0 = D_\alpha$$
$$(\partial D / \partial H)_0 = D_H, (\partial D / \partial \delta_e)_0 = D_{\delta_e}$$

使用同样的方法,对第 3 章中有关力和力矩的计算公式进行线性化处理,就可以得到其线性化表达式,如表 5 - 3 和表 5 - 4 所示。

表 5 - 3　纵向力和力矩的线性化表达式

| 名称 | 线性化表达式 |
| --- | --- |
| 推(拉)力 | $T = T_0 + \Delta T = T_0 + T_V \Delta V + T_H \Delta H + T_{\delta_T} \Delta \delta_T$ |
| 升力 | $L = L_0 + \Delta L = L_0 + L_V \Delta V + L_\alpha \Delta \alpha + L_{\dot\alpha} \Delta \dot\alpha + L_q \Delta q + L_H \Delta H + L_{\delta_e} \Delta \delta_e$ |
| 阻力 | $D = D_0 + \Delta D = D_0 + D_V \Delta V + D_\alpha \Delta \alpha + D_H \Delta H + D_{\delta_e} \Delta \delta_e$ |
| 俯仰力矩 | $M = M_0 + \Delta M = M_0 + M_V \Delta V + M_\alpha \Delta \alpha + M_{\dot\alpha} \Delta \dot\alpha + M_q \Delta q + M_H \Delta H + M_{\delta_e} \Delta \delta_e$ |

表 5 - 4　横侧向力和力矩的线性化表达式

| 名称 | 线性化表达式 |
|---|---|
| 侧力 | $C = C_0 + \Delta C = -(Y_0 + \Delta Y) = -(Y_0 + Y_\beta \Delta\beta + Y_p \Delta p + Y_r \Delta r + Y_{\delta_r} \Delta\delta_r)$ |
| 滚转力矩 | $L = L_0 + \Delta L = L_0 + L_\beta \Delta\beta + L_p \Delta p + L_r \Delta r + L_{\delta_a} \Delta\delta_a + L_{\delta_r} \Delta\delta_r$ |
| 偏航力矩 | $N = N_0 + \Delta N = N_0 + N_\beta \Delta\beta + N_p \Delta p + N_r \Delta r + N_{\delta_a} \Delta\delta_a + N_{\delta_r} \Delta\delta_r$ |

在侧力 $C$ 线性化过程中需要注意，由于风洞试验中侧力 $Y$ 方向与速度坐标系的 $o_a y_a$ 轴一致，而侧力数据来自风洞试验，因此需要将第 4 章中有关飞机运动方程中的侧力按 $C = -Y$（见图 3 - 11）进行转换。

 ## 5.2　线性化力和力矩表达式中的导数计算

实际上，风洞试验数据并不按表 5 - 3 和表 5 - 4 直接给出有因次导数，而只给出了关于力或力矩系数对运动变量的无因次导数。因此表 5 - 3 和表 5 - 4 中的有因次导数，需要由无因次导数数据通过适当的公式计算后才能得到，以下将讨论关于线性化力和力矩中有因次导数的计算方法。

（1）以导数 $D_V$ 的计算为例，来说明如何由速度的无因次导数计算出有因次的速度导数。根据此导数定义以及式（3 - 18）可得到

$$D_V = \left(\frac{\partial D}{\partial V}\right)_0 = \rho_0 V_0 S_w C_{D0} + \frac{1}{2}\rho_0 V_0^2 S_w \left(\frac{\partial C_D}{\partial V}\right)_0$$

式中，$C_{D0} = C_D(V_0, \alpha_0, H_0, \delta_{e0})$。

由于在风洞试验数据中一般给出阻力系数 $C_D$ 对马赫数 $M$ 的无因次导数，$C_{DM} = (\partial C_D/\partial M)_0$，因此需要将 $(\partial C_D/\partial V)_0$ 表示为如下形式：

$$\left(\frac{\partial C_D}{\partial V}\right)_0 = \left(\frac{\partial C_D}{\partial M}\right)_0 \left(\frac{\partial M}{\partial V}\right)_0$$

由于 $M = V/a$，$a$ 是当时当地的声速，则 $(\partial M/\partial V)_0 = 1/a$。从而

$$\left(\frac{\partial C_D}{\partial V}\right)_0 = \frac{1}{a}\left(\frac{\partial C_D}{\partial M}\right)_0$$

并引入无因次导数的符号，$(\partial C_D/\partial M)_0 = C_{DM}$，一并代入 $D_V$ 表达式，经整理后得到

$$D_V = \left(\frac{\partial D}{\partial V}\right)_0 = \frac{1}{V_0}\left(\frac{1}{2}\rho_0 V_0^2\right) S_w (2C_{D0} + M_0 C_{DM})$$

式中，$C_{DM}$ 为通过风洞试验所给出的数据，它们是阻力系数对马赫数的无因次导数，也是真正已知的数据形式；$C_{D0}$ 为基准运动时的阻力系数，近似地有

$$C_{D0} = \frac{T_0}{\left(\frac{1}{2}\rho_0 V_0^2 S_w\right)}$$

（2）还需要说明关于对角速度变量的有因次导数的计算。在风洞试验数据中，角速度变量一般是以无因次形式来表示的。以俯仰力矩对机体轴 $o_b y_b$ 转动角速度 $q$ 的导数 $M_q$ 计算来说明，由式（3-22）得到

$$M_q = \left(\frac{\partial M}{\partial q}\right)_0 = \frac{1}{2}\rho_0 V_0^2 S_w c_A \left(\frac{\partial C_m}{\partial q}\right)_0$$

式中，$(\partial C_m/\partial q)_0$ 为基准运动处俯仰力矩系数对机体轴 $o_b y_b$ 转动角速度的无因次导数。但在风洞试验数据中，是将 $q$ 转化为无因次量 $\bar{q} = (qc_A)/(2V_0)$ 的形式后进行计算的，即无因次导数是以形式 $C_{m\bar{q}} = (\partial C_m/\partial \bar{q})_0$ 给出的，因此必须将上式转换为下述形式，才能进行有因次导数计算：

$$M_q = \left(\frac{\partial M}{\partial q}\right)_0 = \left(\frac{1}{2}\rho_0 V_0^2\right)S_w\left(\frac{c_A^2}{2V_0}\right)\left(\frac{\partial C_m}{\partial \bar{q}}\right)_0 = \left(\frac{1}{2}\rho_0 V_0^2\right)S_w\left(\frac{c_A^2}{2V_0}\right)C_{m\bar{q}}$$

在其他导数的计算中是类似的，即风洞试验数据一般是给出系数对无因次的角速度导数形式，因此需要进行转换后才能得到力和力矩对有因次角速度的导数。

在纵向小扰动运动中，角速度变量的无因次量与有因次量之间的关系为[6]

$$\bar{q} = q\frac{c_A}{2V_0}$$

$$\bar{\alpha} = \dot{\alpha}\frac{c_A}{2V_0}$$

在横侧向小扰动运动中，角速度变量的无因次量与有因次量之间的关系为[6]

$$\bar{p} = p\frac{b}{2V_0}$$

$$\bar{r} = r\frac{b}{2V_0}$$

$$\bar{\dot{\beta}} = \dot{\beta}\frac{b}{2V_0}$$

(3) 对高度导数 $D_H$ 的计算。关于该导数,其风洞试验数据也不直接给出,而是通过无因次导数 $C_{DM}$ 间接给出。以 $D_H$ 的计算为例说明,根据该导数定义及式(3-18)得到

$$D_H = \left(\frac{\partial D}{\partial H}\right)_0 = \frac{1}{2}\left(\frac{\partial \rho}{\partial H}\right)V_0^2 S_w C_{D0} + \frac{1}{2}\rho_0 V_0^2 S_w \left(\frac{\partial C_D}{\partial H}\right)_0$$

式中,$(\partial \rho/\partial H)_0$ 可以通过标准大气表求得,风洞试验并不直接给出 $(\partial C_D/\partial H)_0$ 数据,因此该数据需要通过风洞试验数据 $C_{DM}$ 进行转换,即

$$\left(\frac{\partial C_D}{\partial H}\right)_0 = \left(\frac{\partial C_D}{\partial M}\right)_0 \left(\frac{\partial M}{\partial H}\right)_0 = C_{DM}\left(\frac{\partial M}{\partial H}\right)_0$$

又由于马赫数 $M = V/a$,其中 $V$ 在求导中是常数,因此上式需要改写成如下形式:

$$\left(\frac{\partial C_D}{\partial H}\right)_0 = C_{DM}\left(\frac{\partial M}{\partial a}\right)_0 \left(\frac{\partial a}{\partial H}\right)_0$$

根据马赫数的定义,求得 $(\partial M/\partial a)_0 = -M_0/a_0$,而 $(\partial a/\partial H)_0$ 也可以通过标准大气表得到,从而可以得到 $D_H$ 的计算公式为

$$D_H = \left(\frac{1}{2}\rho_0 V_0^2\right)S_w \left[\frac{1}{\rho_0}\left(\frac{\partial \rho}{\partial H}\right)_0 C_{D0} - \frac{M_0}{a_0}\left(\frac{\partial a}{\partial H}\right)_0 C_{DM}\right]$$

式中,在同温层飞行时,则有 $(\partial a/\partial H)_0 = 0$。

其他线性化力和力矩中的有因次导数计算是类似的,这里不进行公式的推导,有关推导过程可以参见文献[5,6]。所有常用的无因次导数被列在表 5-5[2] 中,表中用"( )"表示的无因次导数,其数值的绝对值都比较小,计算时一般可以忽略,这些导数也称为小导数,而其余的则称为大导数。导数按纵向和横侧向运动的力和力矩性质进行分类,并表明了是对哪个运动变量的导数,表中的 $S_f$ 为襟翼偏转角。

表 5-6 和表 5-7 是表 5-3 及表 5-4 中常用的有因次导数的计算公式,也就是将风洞试验所得到的如表 5-5 中的无因次导数数据,按这些计算公式进行计算后就可以得到有因次导数,从而可以建立像表 5-3 和表 5-4 形式的、关于力和力矩的线性化表达式。在这些导数计算公式中,除了风洞试验数据以外,还需要飞机基准运动以及几何尺寸参数,才能计算出线性化力和力矩中的有因次导数,最后就能得到小扰动线性化运动方程。

表 5 – 5　常用的无因次导数及分类

| 导数＼运动变量<br>力和力矩 | $M$ | $\alpha$ | $\dot{\bar\alpha}$ | $\bar q$ | $\delta_e$ | $\delta_f$ | $\beta$ | $\bar{\dot\beta}$ | $\bar p$ | $\bar r$ | $\delta_a$ | $\delta_r$ |
|---|---|---|---|---|---|---|---|---|---|---|---|---|
| 阻力 $D$ | $C_{DM}$ | $C_{D\alpha}$ | $(C_{D\dot{\bar\alpha}})$ | $(C_{D\bar q})$ | $(C_{D\delta_e})$ | $C_{D\delta_f}$ | $(C_{D\beta})$ | | | | | |
| 升力 $L$ | $C_{LM}$ | $C_{L\alpha}$ | $(C_{L\dot{\bar\alpha}})$ | $(C_{L\bar q})$ | $C_{L\delta_e}$ | $C_{L\delta_f}$ | | | | | | |
| 俯仰力矩 $M$ | $C_{mM}$ | $C_{m\alpha}$ | $C_{m\dot{\bar\alpha}}$ | $C_{m\bar q}$ | $C_{m\delta_e}$ | $C_{m\delta_f}$ | | | | | | |
| 侧力 $Y$ | | $(C_{y\alpha})$ | | | | | $C_{y\beta}$ | $(C_{y\dot{\bar\beta}})$ | $(C_{y\bar p})$ | $(C_{y\bar r})$ | $(C_{y\delta_a})$ | $C_{y\delta_r}$ |
| 滚转力矩 $L$ | | | | | | | $C_{l\beta}$ | $(C_{l\dot{\bar\beta}})$ | $C_{l\bar p}$ | $C_{l\bar r}$ | $C_{l\delta_a}$ | $C_{l\delta_r}$ |
| 偏航力矩 $N$ | | | | | | | $C_{n\beta}$ | $(C_{n\dot{\bar\beta}})$ | $C_{n\bar p}$ | $C_{n\bar r}$ | $C_{n\delta_a}$ | $C_{n\delta_r}$ |

表5-6　纵向力和力矩的有因次导数计算公式（按无因次导数）

| 名称 | 计算公式 | | |
|---|---|---|---|
| 推力 $T$ 导数 | $T_V$，$T_H$ 和 $T_{\delta_T}$ 可由发动机特性曲线求得，满足 5.1.4 节基准运动条件及小扰动运动：$T_H=0$ | | |
| 阻力 $D$ 导数 | $D_V=\dfrac{1}{V_0}\left(\dfrac{1}{2}\rho_0 V_0^2\right)S_w(2C_{D0}+M_0 C_{DM})$ | $D_\alpha=\left(\dfrac{1}{2}\rho_0 V_0^2\right)S_w C_{D\alpha}$ | $D_{\delta_e}=\left(\dfrac{1}{2}\rho_0 V_0^2\right)S_w C_{D\delta_e}$<br>该导数数值不大，常可忽略：$D_{\delta_e}=0$ |
| | $D_H=\left(\dfrac{1}{2}\rho_0 V_0^2\right)S_w\left[\dfrac{1}{\rho_0}\left(\dfrac{\partial\rho}{\partial H}\right)_0 C_{D0}-\dfrac{M_0}{a_0}\left(\dfrac{\partial a}{\partial H}\right)_0 C_{DM}\right]$<br>满足 5.1.4 节基准运动条件及小扰动运动：$D_H=0$ | | |
| 升力 $L$ 导数 | $L_V=\dfrac{1}{V_0}\left(\dfrac{1}{2}\rho_0 V_0^2\right)S_w(2C_{L0}+M_0 C_{LM})$ | $L_\alpha=\left(\dfrac{1}{2}\rho_0 V_0^2\right)S_w C_{L\alpha}$ | $L_q=\left(\dfrac{1}{2}\rho_0 V_0^2\right)S_w\left(\dfrac{c_A}{2V_0}\right)C_{L\bar q}$<br>该导数数值不大，常可忽略 $L_q=0$ |
| | $L_{\dot\alpha}=\left(\dfrac{1}{2}\rho_0 V_0^2\right)S_w\left(\dfrac{c_A}{2V_0}\right)C_{L\dot\alpha}$<br>满足 5.1.4 节基准运动条件及小扰动运动：$L_{\dot\alpha}\approx0$ | | $L_{\delta_e}=\left(\dfrac{1}{2}\rho_0 V_0^2\right)S_w C_{L\delta_e}$ |
| | $L_H=\left(\dfrac{1}{2}\rho_0 V_0^2\right)S_w\left[\dfrac{1}{\rho_0}\left(\dfrac{\partial\rho}{\partial H}\right)_0 C_{L0}-\dfrac{M_0}{a_0}\left(\dfrac{\partial a}{\partial H}\right)_0 C_{LM}\right]$<br>满足 5.1.4 节基准运动条件及小扰动运动：$L_H\approx0$ | | |
| 俯仰力矩 $M$ 导数 | $M_V=\dfrac{1}{V_0}\left(\dfrac{1}{2}\rho_0 V_0^2\right)S_w c_A(2C_{m0}+M_0 C_{mM})$ | $M_\alpha=\left(\dfrac{1}{2}\rho_0 V_0^2\right)S_w c_A C_{m\alpha}$ | $M_q=\left(\dfrac{1}{2}\rho_0 V_0^2\right)S_w\left(\dfrac{c_A^2}{2V_0}\right)C_{m\bar q}$ |
| | $M_{\dot\alpha}=\left(\dfrac{1}{2}\rho_0 V_0^2\right)S_w\left(\dfrac{c_A^2}{2V_0}\right)C_{m\dot\alpha}$<br>满足 5.1.4 节基准运动条件及小扰动运动：$M_{\dot\alpha}\approx0$ | | $M_{\delta_e}=\left(\dfrac{1}{2}\rho_0 V_0^2\right)S_w c_A C_{m\delta_e}$ |
| | $M_H=\left(\dfrac{1}{2}\rho_0 V_0^2\right)S_w c_A\left[\dfrac{1}{\rho_0}\left(\dfrac{\partial\rho}{\partial H}\right)_0 C_{m0}-\dfrac{M_0}{a_0}\left(\dfrac{\partial a}{\partial H}\right)_0 C_{mM}\right]$<br>满足 5.1.4 节基准运动条件及小扰动运动：$C_{m0}=0$，$M_H=0$；同温层飞行时：$\partial a/\partial H=0$ | | |

注：力的单位是 N，力矩的单位是 N·m，角度的单位是 rad，角速度的单位是 rad/s，速度的单位是 m/s。

表 5 - 7　横侧向力和力矩的有因次导数计算公式(按无因次导数)

| 名称 | 计算公式 | | | | |
| --- | --- | --- | --- | --- | --- |
| 侧力 $Y(-C)$ 导数 | $Y_\beta = \left(\dfrac{1}{2}\rho_0 V_0^2\right)S_w C_{y\beta}$ | $Y_p = \left(\dfrac{1}{2}\rho_0 V_0^2\right)S_w \left(\dfrac{b}{2V_0}\right)C_{y\bar{p}}$ 该导数可以忽略:$Y_p \approx 0$ | $Y_r = \left(\dfrac{1}{2}\rho_0 V_0^2\right)S_w \left(\dfrac{b}{2V_0}\right)C_{y\bar{r}}$ 该导数可以忽略:$Y_r \approx 0$ | | $Y_{\delta_r} = \left(\dfrac{1}{2}\rho_0 V_0^2\right)S_w C_{y\delta_r}$ |
| 滚转力矩 $L$ 导数 | $L_\beta = \left(\dfrac{1}{2}\rho_0 V_0^2\right)S_w b C_{l\beta}$ | $L_p = \left(\dfrac{1}{2}\rho_0 V_0^2\right)S_w \left(\dfrac{b^2}{2V_0}\right)C_{l\bar{p}}$ | $L_r = \left(\dfrac{1}{2}\rho_0 V_0^2\right)S_w \left(\dfrac{b^2}{2V_0}\right)C_{l\bar{r}}$ | $L_{\delta_a} = \left(\dfrac{1}{2}\rho_0 V_0^2\right)S_w b C_{l\delta_a}$ | $L_{\delta_r} = \left(\dfrac{1}{2}\rho_0 V_0^2\right)S_w b C_{l\delta_r}$ |
| 偏航力矩 $N$ 导数 | $N_\beta = \left(\dfrac{1}{2}\rho_0 V_0^2\right)S_w b C_{n\beta}$ | $N_p = \left(\dfrac{1}{2}\rho_0 V_0^2\right)S_w \left(\dfrac{b^2}{2V_0}\right)C_{n\bar{p}}$ | $N_r = \left(\dfrac{1}{2}\rho_0 V_0^2\right)S_w \left(\dfrac{b^2}{2V_0}\right)C_{n\bar{r}}$ | $N_{\delta_a} = \left(\dfrac{1}{2}\rho_0 V_0^2\right)S_w b C_{n\delta_a}$ | $N_{\delta_r} = \left(\dfrac{1}{2}\rho_0 V_0^2\right)S_w b C_{n\delta_r}$ |

注:力的单位是 N,力矩的单位是 N·m,角度的单位是 rad,角速度的单位是 rad/s,速度的单位是 m/s。

## 5.3　小扰动运动线性化方程的推导

### 5.3.1　推导方法

对在第 4 章中已经建立非线性、非定常的飞机运动方程,使用本章中关于线性化的假设条件以及所得到的线性化力、力矩和运动变量表达式(表5-1～表5-4),并进行:

(1)将表5-1～表5-4 中有关力、力矩和运动变量表达式分别代入上述方程。

(2)将三角函数用线性化表达式来替换,即

$$\sin x = \sin x_0 + \cos x_0 \Delta x; \cos x = \cos x_0 - \sin x_0 \Delta x;$$

$$\tan x = \tan x_0 + (1 + \tan^2 x_0) \Delta x$$

(3)将 5.1.4 节中基准运动时的变量定义代入,展开方程并略去二阶以上的高阶小扰动量。

(4)将 5.1.4 节中基准运动时的方程代入并化简。

这样就可以得到在对称定常直线飞行基准运动处的小扰动线性化运动方程。当然,如果对运动方程等号两边的表达式也可以直接用泰勒级数展开,并略去包括二阶和二阶以上的高阶小扰动量后,也可以得到线性方程,其结果与上述方法是一致的。

### 5.3.2　速度坐标系下的力方程线性化

式(4-28)为速度坐标系下的力方程,使用上述方法对该力方程进行线性化处理。注意到在式(4-28)中的 $q_a$ 和 $r_a$ 在基准运动时,$q_{a0} = 0$ 和 $r_{a0} = 0$,于是 $q_a = \Delta q_a$ 和 $r_a = \Delta r_a$。

(1)将表5-1～表5-4 和三角函数线性化表达式分别代入式(4-28)得到

$$m\Delta \dot{V} = (T_0 + \Delta T)[\cos(\alpha_0 + \varphi_T) - \sin(\alpha_0 + \varphi_T)\Delta \alpha](\cos\beta_0 - \sin\beta_0\Delta\beta) - (D_0 + \Delta D) - mg(\sin\gamma_0 + \cos\gamma_0\Delta\gamma)$$

$$m(V_0 + \Delta V)\Delta r_a = -(T_0 + \Delta T)[\cos(\alpha_0 + \varphi_T) - \sin(\alpha_0 + \varphi_T)\Delta \alpha] \cdot (\sin\beta_0 + \cos\beta_0\Delta\beta) - (C_0 + \Delta C) + mg \cdot$$

$$(\cos\gamma_0 - \sin\gamma_0\Delta\gamma)(\sin\mu_0 + \cos\mu_0\Delta\mu)$$
$$-m(V_0 + \Delta V)\Delta q_a = -(T_0 + \Delta T)[\sin(\alpha_0 + \varphi_T) + \cos(\alpha_0 + \varphi_T)\Delta\alpha] -$$
$$(L_0 + \Delta L) + mg(\cos\gamma_0 - \sin\gamma_0\Delta\gamma)\cdot$$
$$(\cos\mu_0 - \sin\mu_0\Delta\mu)$$

（2）在上式中，基准运动时变量分别是 $\beta_0 = \mu_0 = 0$，代入上式中，展开方程并略去高阶小扰动量后得到

$$m\Delta\dot{V} = [T_0\cos(\alpha_0 + \varphi_T) - D_0 - mg\sin\gamma_0] +$$
$$[\cos(\alpha_0 + \varphi_T)\Delta T - \Delta D - T_0\sin(\alpha_0 + \varphi_T)\Delta\alpha - mg\cos\gamma_0\Delta\gamma]$$
$$mV_0\Delta r_a = -C_0 + [-\Delta C - T_0\cos(\alpha_0 + \varphi_T)\Delta\beta + mg\cos\gamma_0\Delta\mu]$$
$$-mV_0\Delta q_a = [-T_0\sin(\alpha_0 + \varphi_T) - L_0 + mg\cos\gamma_0] +$$
$$[-\sin(\alpha_0 + \varphi_T)\Delta T - \Delta L - T_0\cos(\alpha_0 + \varphi_T)\Delta\alpha - mg\sin\gamma_0]$$

（3）将基准运动时的平衡方程（5-1）以及侧力 $\Delta C = -\Delta Y$ 代入上述方程后，就得到关于力的小扰动方程为

$$m\Delta\dot{V} = \cos(\alpha_0 + \varphi_T)\Delta T - \Delta D - T_0\sin(\alpha_0 + \varphi_T)\Delta\alpha - mg\cos\gamma_0\Delta\gamma \quad (a)$$
$$mV_0\Delta r_a = \Delta Y - T_0\cos(\alpha_0 + \varphi_T)\Delta\beta + mg\cos\gamma_0\Delta\mu \quad (b)$$
$$-mV_0\Delta q_a = -\sin(\alpha_0 + \varphi_T)\Delta T - \Delta L - T_0\cos(\alpha_0 + \varphi_T)\Delta\alpha - mg\sin\gamma_0\Delta\gamma \quad (c)$$

$$(5-6)$$

### 5.3.3　机体坐标系下力矩方程线性化

仿照上述方法，将表 5-1~表 5-4 中的有关表达式代入式（4-38）后得到

$$\Delta\dot{p}I_x - \Delta\dot{r}I_{xz} + \Delta q\Delta r(I_z - I_y) - \Delta p\Delta qI_{xz} = L_0 + \Delta L$$
$$\Delta\dot{q}I_y + \Delta p\Delta r(I_x - I_z) + (\Delta p^2 - \Delta r^2)I_{xz} = M_0 + \Delta M + (T_0 + \Delta T)\cdot z_T$$
$$\Delta\dot{r}I_z - \Delta\dot{p}I_{xz} + \Delta p\Delta q(I_y - I_x) - \Delta q\Delta rI_{xz} = N_0 + \Delta N$$

略去以上诸式中的高阶小扰动量，并代入式（5-2）基准运动的力矩平衡方程后，得到线性化方程为

$$\Delta\dot{p}I_x - \Delta\dot{r}I_{xz} = \Delta L \quad (a)$$
$$\Delta\dot{q}I_y = \Delta M + \Delta T \cdot z_T \quad (b)$$
$$\Delta\dot{r}I_z - \Delta\dot{p}I_{xz} = \Delta N \quad (c)$$

$$(5-7)$$

### 5.3.4　运动学方程的线性化

（1）类似地，将表 5 – 1 和表 5 – 2 中的有关变量代入式（4 – 39）中，并经化简就得到飞机姿态角与机体轴转动角速度小扰动量之间的关系：

$$
\left.
\begin{aligned}
\Delta\dot{\phi} &= \Delta p + \tan\theta_0 \Delta r & \text{(a)}\\
\Delta\dot{\theta} &= \Delta q & \text{(b)}\\
\Delta\dot{\psi} &= \Delta r / \cos\theta_0 & \text{(c)}
\end{aligned}
\right\}
\tag{5 – 8}
$$

（2）同样对式（4 – 40）线性化后得到轨迹角和速度轴转动角速度小扰动量之间的关系：

$$
\left.
\begin{aligned}
\Delta\dot{\mu} &= \Delta p_a + \tan\gamma_0 \Delta r_a & \text{(a)}\\
\Delta\dot{\gamma} &= \Delta q_a & \text{(b)}\\
\Delta\dot{\chi} &= \Delta r_a / \cos\gamma_0 & \text{(c)}
\end{aligned}
\right\}
\tag{5 – 9}
$$

（3）对式（4 – 41）线性化后，得到机体轴系与速度轴系速度小扰动量之间的关系：

$$
\left.
\begin{aligned}
\Delta u &= \cos\alpha_0 \Delta V - V_0 \sin\alpha_0 \Delta\alpha & \text{(a)}\\
\Delta v &= V_0 \Delta\beta & \text{(b)}\\
\Delta w &= \sin\alpha_0 \Delta V + V_0 \cos\alpha_0 \Delta\alpha & \text{(c)}
\end{aligned}
\right\}
\tag{5 – 10}
$$

（4）对式（4 – 42）线性化后，得到速度轴系和地轴系速度小扰动量之间的关系：

$$
\left.
\begin{aligned}
\Delta\dot{x}_e &= \cos\gamma_0 \Delta V - V_0 \sin\gamma_0 \Delta\gamma & \text{(a)}\\
\Delta\dot{y}_e &= V_0 \cos\gamma_0 \Delta\chi & \text{(b)}\\
\Delta\dot{z}_e &= -\sin\gamma_0 \Delta V - V_0 \cos\gamma_0 \Delta\gamma & \text{(c)}
\end{aligned}
\right\}
\tag{5 – 11}
$$

### 5.3.5　几何关系方程线性化

对式（4 – 43）线性化后，得到小扰动量之间的几何关系为

$$
\left.
\begin{aligned}
\Delta\gamma &= \Delta\theta - \Delta\alpha & \text{(a)}\\
\Delta\chi &= \Delta\psi + (1/\cos\gamma_0)\Delta\beta - (\sin\alpha_0/\cos\gamma_0)\Delta\phi & \text{(b)}\\
\Delta\mu &= \tan\gamma_0 \Delta\beta + (\cos\alpha_0/\cos\gamma_0)\Delta\phi & \text{(c)}
\end{aligned}
\right\}
\tag{5 – 12}
$$

# 5.4 等速直线平飞($\gamma_0 = 0$)时的小扰动运动线性化方程

## 5.4.1 关于小扰动运动方程的讨论

式(5-6)~式(5-12)所表示的小扰动方程,适用于任何基准运动为等速直线飞行时进行小扰动运动的飞机。若基准运动时等速直线平飞的话,那么 $\gamma_0 = 0$,将此条件代入式(5-6)~式(5-12)后就得到在该基准运动处进行小扰动运动的线性化微分方程。本书将主要研究基准运动为等速直线平飞的飞机运动方程和传递函数模型。如果需要研究非水平飞行基准运动(起飞、降落、爬升和下降)处的小扰动方程(见附录),则可在式(5-6)~式(5-12)的基础上进行推导,因此式(5-6)~式(5-12)具有一般性意义。

## 5.4.2 基准运动方程

只需要在式(5-1)和式(5-4)中,代入水平飞行的条件 $\gamma_0 = 0$,即可得到基准运动的平衡方程。即

$$\left.\begin{array}{r} T_0\cos(\alpha_0 + \varphi_T) - D_0 = 0 \quad (a) \\ C_0 = 0 \quad (b) \\ -T_0\sin(\alpha_0 + \varphi_T) - L_0 + mg = 0 \quad (c) \end{array}\right\} \quad (5-13)$$

以及

$$\left.\begin{array}{r} \dot{x}_{e0} = V_0 \quad (a) \\ \dot{y}_{e0} = 0 \quad (b) \\ \dot{z}_{e0} = 0 \quad (c) \end{array}\right\} \quad (5-14)$$

其他基准运动方程与式(5-2)、式(5-3)和式(5-5)是相同的。

由式(5-13),若 $\alpha_0 + \varphi_T \approx 0$,则描述了实现等速直线平飞基准运动的基本条件,即

$$T_0 = D_0$$
$$L_0 = mg$$

推力等于阻力,升力等于重力,它反映了飞机设计的基本要求。由此可见,飞机的纵向运动特性决定了飞机能否实现飞行,所以对纵向运动的研究

非常重要。

所有基准运动的变量主要是通过上述代数方程解出,需要指出的是,在这种情况下力和力矩系数就需要写成关于运动变量的解析形式,即线性表达式(如式(3-15)),然后才能进行求解。

### 5.4.3 小扰动运动线性化方程

对式(5-6)~式(5-12)分别代入 $\gamma_0=0$ 后,就可以得到基准运动为等速直线平飞的小扰动方程。同时注意到在 4.4.7 节中已经定义了纵向和横侧向运动的变量形式,因此只有式(5-6)需要进行变换,用所定义的变量来替换 $\Delta q_a$ 和 $\Delta r_a$。注意到,由式(5-9)(b)、(c),在 $\gamma_0=0$ 时有

$$\Delta \dot{\gamma} = \Delta q_a$$

$$\Delta \dot{\chi} = \Delta r_a$$

由式(5-12),代入 $\gamma_0=0$ 并考虑到 $\alpha_0 \approx 0$,因此

$$\left. \begin{array}{ll} \Delta \gamma = \Delta \theta - \Delta \alpha & \text{(a)} \\ \Delta \chi = \Delta \psi + \Delta \beta & \text{(b)} \\ \Delta \mu = \Delta \phi & \text{(c)} \end{array} \right\} \tag{5-15}$$

上述关系非常重要,它表明了轨迹角与姿态角及气动角的关系。关于 $\alpha_0 \approx 0$ 的假设,就实际问题而言,飞机着陆下滑时飞行速度较小,因此迎角较大。一般情况下,如巡航飞行则速度较快,迎角较小,而等速直线平飞则是巡航飞行时最常见的状态。

并由式(5-8),考虑到 $\theta_0 \approx 0$,则

$$\left. \begin{array}{ll} \Delta \dot{\phi} = \Delta p & \text{(a)} \\ \Delta \dot{\theta} = \Delta q & \text{(b)} \\ \Delta \dot{\psi} = \Delta r & \text{(c)} \end{array} \right\} \tag{5-16}$$

于是就得到

$$\Delta q_a = \Delta q - \Delta \dot{\alpha}$$

$$\Delta r_a = \Delta r + \Delta \dot{\beta}$$

将以上两式及式(5-15)代入式(5-6),同时将表5-3和表5-4中有关力扰动量的具体表达式一并代入,并考虑到以下简化条件:

(1)纵向运动中,$T_H=0$,$L_H=0$,$L_{\dot{\alpha}}=0$,$L_q=0$,$D_H=0$,$D_{\delta_e}=0$,则按表5-

3 有

$$\Delta T = T_V \Delta V + T_{\delta_T} \Delta \delta_T$$
$$\Delta L = L_V \Delta V + L_\alpha \Delta \alpha + L_{\delta_e} \Delta \delta_e$$
$$\Delta D = D_V \Delta V + D_\alpha \Delta \alpha$$

（2）横侧向运动中，$Y_p = 0$，$Y_r = 0$，则按表 5 - 4 有

$$\Delta C = -\Delta Y = -(Y_\beta \Delta \beta + Y_{\delta_r} \Delta \delta_r)$$

（3）$\gamma_0 = 0$，$\alpha_0 \approx 0$，以及发动机安装角 $\varphi_T$ 是一个非常小的角度，因此 $\varphi_T \approx 0$。

（4）由于 $mV_0 \gg T_0$，因此可以忽略式（5 - 6）等号右边表达式中关于 $T_0$ 的项。这个假定在等速直线平飞的基准运动时是合理的，因为此时的推力只需克服阻力，所以推力将远小于飞机质量而可以忽略。

整理后得到关于力的小扰动方程：

$$\left.\begin{array}{l}
\Delta \dot{V} = \dfrac{T_V - D_V}{m}\Delta V + \dfrac{mg - D_\alpha}{m}\Delta \alpha - g\Delta \theta + \dfrac{T_{\delta_T}}{m}\Delta \delta_T \quad (\text{a}) \\[3mm]
\Delta \dot{\beta} = \dfrac{Y_\beta}{mV_0}\Delta \beta - \Delta r + \dfrac{g}{V_0}\Delta \phi + \dfrac{Y_{\delta_r}}{mV_0}\Delta \delta_r \qquad\qquad (\text{b}) \\[3mm]
\Delta \dot{\alpha} = -\dfrac{L_V}{mV_0}\Delta V - \dfrac{L_\alpha}{mV_0}\Delta \alpha + \Delta q - \dfrac{L_{\delta_e}}{mV_0}\Delta \delta_e \quad\quad (\text{c})
\end{array}\right\} \quad (5-17)$$

对力矩方程（5-7）进行简化时，考虑到在表 5-3 $\Delta M$ 中的 $M_H = 0$ 以及将式（5-7）（a）和式（5-7）（c）联立求解，并将表 5-4 的横侧向力矩增量表达式代入后，则得到

$$\left.\begin{array}{l}
\Delta \dot{p} = \left(\dfrac{L_\beta}{I_x'} + I_{xz}'N_\beta\right)\Delta \beta + \left(\dfrac{L_p}{I_x'} + I_{xz}'N_p\right)\Delta p + \left(\dfrac{L_r}{I_x'} + I_{xz}'N_r\right)\Delta r + \\[3mm]
\qquad \left(\dfrac{L_{\delta_a}}{I_x'} + I_{xz}'N_{\delta_a}\right)\Delta \delta_a + \left(\dfrac{L_{\delta_r}}{I_x'} + I_{xz}'N_{\delta_r}\right)\Delta \delta_r \qquad (\text{a}) \\[3mm]
\Delta \dot{q} = \dfrac{1}{I_y}\left(M_V + T_V z_T - \dfrac{M_{\dot\alpha} L_V}{mV_0}\right)\Delta V + \dfrac{1}{I_y}\left(M_\alpha - \dfrac{M_{\dot\alpha} L_\alpha}{mV_0}\right)\Delta \alpha + \\[3mm]
\qquad \dfrac{1}{I_y}(M_q + M_{\dot\alpha})\Delta q + \dfrac{1}{I_y}\left(M_{\delta_e} - \dfrac{M_{\dot\alpha} L_{\delta_e}}{mV_0}\right)\Delta \delta_e + \dfrac{T_{\delta_T} z_T}{I_y}\Delta \delta_T \quad (\text{b}) \\[3mm]
\Delta \dot{r} = \left(\dfrac{N_\beta}{I_z'} + I_{xz}'L_\beta\right)\Delta \beta + \left(\dfrac{N_p}{I_z'} + I_{xz}'L_p\right)\Delta p + \left(\dfrac{N_r}{I_z'} + I_{xz}'L_r\right)\Delta r + \\[3mm]
\qquad \left(\dfrac{N_{\delta_a}}{I_z'} + I_{xz}'L_{\delta_a}\right)\Delta \delta_a + \left(\dfrac{N_{\delta_r}}{I_z'} + I_{xz}'L_{\delta_r}\right)\Delta \delta_r \qquad (\text{c})
\end{array}\right\} \quad (5-18)$$

式中，$I_x' = (I_x I_z - I_{xz}^2)/I_z$，$I_z' = (I_x I_z - I_{xz}^2)/I_x$，$I_{xz}' = I_{xz}/(I_x I_z - I_{xz}^2)$。

将 $\gamma_0 = 0$ 代入式(5-11)后得到

$$
\left.
\begin{aligned}
\Delta \dot{x}_e &= \Delta V & \text{(a)} \\
\Delta \dot{y}_e &= V_0 \Delta \chi & \text{(b)} \\
\Delta \dot{H} &= -\Delta \dot{z}_e = V_0 \Delta \gamma & \text{(c)}
\end{aligned}
\right\}
\qquad (5-19)
$$

式(5-15)~式(5-19)即基准运动为等速直线平飞时的小扰动方程,它是有因次方程并由 12 个微分方程和 3 个代数所组成的方程组,而需要求解的变量有 12 个,即

(1)速度向量:$(\Delta V, \Delta \alpha, \Delta \beta)$。

(2)姿态角:$(\Delta \phi, \Delta \theta, \Delta \psi)$。

(3)机体轴系转动角速度:$(\Delta p, \Delta q, \Delta r)$。

(4)质心位移:$(\Delta x_e, \Delta y_e, \Delta H)$。

因此方程可以封闭求解。同时观察上述方程组,可以发现在反映纵向运动的方程中,没有出现横侧向运动变量,同样在横侧向运动方程中只与本身的运动变量有关,表明小扰动运动在基准运动条件下,纵向和横侧向运动得到了解耦。

### 5.4.4　小扰动运动线性化方程的状态空间表达式

将飞机小扰动方程写成状态方程的形式,即成为控制系统数学模型常用的描述方法,并且这种数学模型的形式并没有失去飞行动力学的传统分析方法和手段,将飞机作为一个具有输入-状态-输出的系统就可用更多的数学方法来进行研究,不仅能进一步揭示飞行动力学的有关本质和机理,同时也非常有利于应用计算机辅助软件来进行计算和分析以及有关仿真试验。

1)纵向小扰动运动状态方程

设纵向运动状态为 $[\Delta V \quad \Delta \alpha \quad \Delta q \quad \Delta \theta]^{\mathrm{T}}$,输入向量为 $[\Delta \delta_e \quad \Delta \delta_T]^{\mathrm{T}}$,则式(5-17)(a)、(c),式(5-18)(b)及式(5-16)(b)可按所定义的状态和输入向量组成式(5-20)所示的纵向运动小扰动状态方程。式(5-19)(a)、(c)和式(5-15)(a)则为运动学和几何关系方程,用于建立航程和高度的运动学数学模型。

2)横侧向小扰动运动状态方程

设横侧向运动状态为 $[\Delta \beta \quad \Delta p \quad \Delta r \quad \Delta \phi]^{\mathrm{T}}$,输入向量为 $[\Delta \delta_a \quad \Delta \delta_r]^{\mathrm{T}}$,

则式(5-17)(b),式(5-18)(a)、(c)及式(5-16)(a)可按所定义的状态和输入向量组成如式(5-21)所示的纵向运动小扰动状态方程。式(5-19)(b)、式(5-16)(c)和式(5-15)(b)则为运动学和几何关系方程,用于建立偏航距离的运动学数学模型。

从式(5-20)和式(5-21)中可以看出,状态方程是主要的运动方程,运动学方程依赖于状态方程的解,因此状态方程反映了飞机小扰动运动的本质。

另一方面,两组状态方程是四阶的,因此有四个特征根分别描述了纵向和横侧向运动的基本模态运动,对这些基本模态运动的分析研究可以简化其运动方程,并在合理的条件下应用这些简化的数学模型,也可以使得飞行控制系统的设计更为容易和简单。

式(5-20)为纵向小扰动状态方程,基准运动为等速直线水平飞行($\gamma_0 = 0, \alpha_0 \approx 0$ 和 $\varphi_T \approx 0$ 及忽略 $T_0$)。

$$
\begin{bmatrix} \Delta \dot{V} \\ \Delta \dot{\alpha} \\ \Delta \dot{q} \\ \Delta \dot{\theta} \end{bmatrix} = \begin{bmatrix} \dfrac{T_V - D_V}{m} & \dfrac{mg - D_\alpha}{m} & 0 & -g \\[2mm] -\dfrac{L_V}{mV_0} & -\dfrac{L_\alpha}{mV_0} & 1 & 0 \\[2mm] \dfrac{1}{I_y}\left(M_V + T_V z_T - \dfrac{M_{\dot{\alpha}} L_V}{mV_0}\right) & \dfrac{1}{I_y}\left(M_\alpha - \dfrac{M_{\dot{\alpha}} L_\alpha}{mV_0}\right) & \dfrac{1}{I_y}(M_q + M_{\dot{\alpha}}) & 0 \\[2mm] 0 & 0 & 1 & 0 \end{bmatrix} \cdot
$$

$$
\begin{bmatrix} \Delta V \\ \Delta \alpha \\ \Delta q \\ \Delta \theta \end{bmatrix} + \begin{bmatrix} 0 & \dfrac{T_{\delta_T}}{m} \\[2mm] -\dfrac{L_{\delta_e}}{mV_0} & 0 \\[2mm] \dfrac{1}{I_y}\left(M_{\delta_e} - \dfrac{M_{\dot{\alpha}} L_{\delta_e}}{mV_0}\right) & \dfrac{T_{\delta_T} z_T}{I_y} \\[2mm] 0 & 0 \end{bmatrix} \begin{bmatrix} \Delta \delta_e \\ \Delta \delta_T \end{bmatrix} \qquad (5-20a)
$$

运动学和几何关系方程:

$$\Delta \dot{x}_e = \Delta V \qquad (5-20b)$$

$$\Delta \dot{H} = V_0 \Delta \gamma \qquad (5-20c)$$

$$\Delta \gamma = \Delta \theta - \Delta \alpha \qquad (5-20d)$$

式中,$\Delta \alpha, \Delta \theta, \Delta \gamma, \Delta \delta_e, \Delta \delta_T$ 的单位为 rad;$\Delta H$ 的单位为 m;$\Delta q$ 的单位为 rad/s;$\Delta V, \Delta \dot{x}_e$ 的单位为 m/s。

式(5-21)为横侧向小扰动状态方程,基准运动为等速直线水平飞行
($\gamma_0 = 0, \alpha_0 \approx 0$ 和 $\varphi_T \approx 0$ 及忽略$T_0$)。

$$
\begin{bmatrix} \Delta\dot\beta \\ \Delta\dot p \\ \Delta\dot r \\ \Delta\dot\phi \end{bmatrix} = \begin{bmatrix} \dfrac{Y_\beta}{mV_0} & 0 & -1 & \dfrac{g}{V_0} \\ \dfrac{L_\beta}{I'_x}+I'_{xz}N_\beta & \dfrac{L_p}{I'_x}+I'_{xz}N_p & \dfrac{L_r}{I'_x}+I'_{xz}N_r & 0 \\ \dfrac{N_\beta}{I'_z}+I'_{xz}L_\beta & \dfrac{N_p}{I'_z}+I'_{xz}L_p & \dfrac{N_r}{I'_z}+I'_{xz}L_r & 0 \\ 0 & 1 & 0 & 0 \end{bmatrix} \begin{bmatrix} \Delta\beta \\ \Delta p \\ \Delta r \\ \Delta\phi \end{bmatrix} +
$$

$$
\begin{bmatrix} 0 & \dfrac{Y_{\delta_r}}{mV_0} \\ \dfrac{L_{\delta_a}}{I'_x}+I'_{xz}N_{\delta_a} & \dfrac{L_{\delta_r}}{I'_x}+I'_{xz}N_{\delta_r} \\ \dfrac{N_{\delta_a}}{I'_z}+I'_{xz}L_{\delta_a} & \dfrac{N_{\delta_r}}{I'_z}+I'_{xz}L_{\delta_r} \\ 0 & 0 \end{bmatrix} \begin{bmatrix} \Delta\delta_a \\ \Delta\delta_r \end{bmatrix} \tag{5-21a}
$$

运动学和几何关系方程:

$$\Delta\dot y_e = V_0\Delta\chi \tag{5-21b}$$

$$\Delta\dot\psi = \Delta r \tag{5-21c}$$

$$\Delta\chi = \Delta\psi + \Delta\beta$$

其中　　$I'_x = (I_xI_z - I_{xz}^2)/I_z,\quad I'_z = (I_xI_z - I_{xz}^2)/I_x,\quad I'_{xz} = I_{xz}/(I_xI_z - I_{xz}^2)$

式中,$\Delta\beta, \Delta\phi, \Delta\psi, \Delta\chi, \Delta\delta_a, \Delta\delta_r$的单位为 rad;$\Delta p, \Delta r$ 的单位为 rad/s;$V_0, \Delta\dot y_e$的单位为 m/s。

### 5.4.5　一架喷气飞机小扰动运动方程推导算例

**1.喷气飞机的有关参数**

1)质量和质心参数

质量:$m = 7\,393.68$ kg;质心位置:7%$c_A$。

转动惯量:$I_x = 4\,811.64$ kg·m$^2$,$I_y = 79\,463.23$ kg·m$^2$,$I_z = 80\,897.64$ kg·m$^2$,$I_{xz} = 0$。

2）几何尺寸

机翼面积：$S_w = 18.22\ \text{m}^2$；翼展：$b = 6.69\ \text{m}$；平均气动弦长：$c_A = 2.91\ \text{m}$，以及 $z_T = 0$。

3）纵向气动导数的基准运动状态

高度：$H_0 = 16\ 764\ \text{m}$；马赫数：$M_0 = 1$；进行等速直线平飞。

4）横侧向导数的基准运动状态

高度：$H_0 = 16\ 764\ \text{m}$；马赫数：$M_0 = 1.8$；进行等速直线平飞。

5）气动导数（风洞试验数据，见表 5-8）

表 5-8　风洞试验数据

| | $C_{L0}$ | $C_{D0}$ | $C_{L\alpha}$ | $C_{D\alpha}$ | $C_{m\alpha}$ | $C_{L\dot{\alpha}}$ | $C_{m\dot{\alpha}}$ | $C_{Lq}$ |
|---|---|---|---|---|---|---|---|---|
| 纵向 | 0.2 | 0.055 | 2.0 | 0.38 | -1.3 | 0 | -2.0 | 0 |
| | $C_{y\beta}$ | $C_{l\beta}$ | $C_{n\beta}$ | $C_{l\bar{p}}$ | $C_{n\bar{p}}$ | $C_{l\bar{r}}$ | $C_{n\bar{r}}$ | $C_{l\delta_a}$ |
| 横侧向 | -1.0 | -0.09 | 0.24 | -0.27 | -0.09 | 0.15 | -0.65 | -0.017 |
| | $C_{m\bar{q}}$ | $C_{LM}$ | $C_{DM}$ | $C_{mM}$ | $C_{L\delta_e}$ | $C_{D\delta_e}$ | $C_{m\delta_e}$ | |
| 纵向 | -4.8 | -0.2 | 0 | -0.01 | 0.52 | 0 | -1.0 | |
| | $C_{n\delta_a}$ | $C_{y\delta_r}$ | $C_{l\delta_r}$ | $C_{n\delta_r}$ | | | | |
| 横侧向 | 0.002 5 | 0.05 | 0.008 | -0.14 | | | | |

6）喷气发动机推力导数

$T_H = 0$，$T_V = 0$（喷气发动机推力一般不随速度变化）。

7）由基准运动状态得出大气参数和速度

由飞行高度 $H = 16\ 764\ \text{m}$，查标准大气表得到。

空气密度：$\rho_0 = 0.148\ \text{kg/m}^3$；声速：$a_0 = 295.07\ \text{m/s}$；重力加速度：$g = 9.75\ \text{m/s}^2$；基准运动为等速直线平飞：$\gamma_0 = 0$；同时假设 $\theta_0 = \alpha_0 = 0$，以及 $C_{m0} = 0$ 和忽略 $T_0$。

2. 计算纵向运动方程参数

1）关于基准运动的系数计算

基准运动速度：$V_0 = M_0 a_0 = 1 \times 295.07 = 295.07 \ (\text{m/s})$。

由飞行高度查标准大气表,得到其空气密度 $\rho = 0.148\ \text{kg/m}^3$,那么动压为

$$\frac{1}{2}\rho_0 V_0^2 = 0.5 \times 0.148 \times 295.07^2 = 6\ 442.91\ (\text{N/m}^2)$$

从而

$$\left(\frac{1}{2}\rho_0 V_0^2\right)S_w = 6\ 442.91 \times 18.22 = 117\ 389.82\ (\text{N})$$

$$\left(\frac{1}{2}\rho_0 V_0^2\right)S_w c_A = 117\ 389.82 \times 2.91 = 341\ 604.38(\text{N}\cdot\text{m})$$

以及无因次系数:

$$\frac{c_A}{2V_0} = \frac{2.91}{2 \times 295.07} = 0.005(\text{s})$$

转动惯量:

$$I_y = 79\ 463.23\ \text{kg}\cdot\text{m}^2$$

2)按表 5 – 6 计算关于纵向力和力矩的导数

升力导数:

$$L_V = \frac{1}{V_0}\left(\frac{1}{2}\rho_0 V_0^2\right)S_w(2C_{L0} + M_0 C_{LM})$$

$$= \frac{1}{295.07} \times 117\ 389.82 \times [2 \times 0.2 + 1 \times (-0.2)]$$

$$= 79.57(\text{N/(m}\cdot\text{s)})$$

$$L_\alpha = \left(\frac{1}{2}\rho_0 V_0^2\right)S_w C_{L\alpha} = 117\ 389.82 \times 2.0 = 234\ 779.64(\text{N/rad})$$

$$L_{\dot\alpha} = 0$$

$$L_q = 0$$

$$L_{\delta_e} = \left(\frac{1}{2}\rho_0 V_0^2\right)S_w C_{L\delta_e} = 117\ 389.82 \times 0.52 = 61\ 042.71\ (\text{N/rad})$$

阻力导数:

$$D_V = \frac{1}{V_0}\left(\frac{1}{2}\rho_0 V_0^2\right)S_w(2C_{D0} + M_0 C_{DM})$$

$$= \frac{1}{295.07} \times 117\ 389.82 \times (2 \times 0.055 + 1 \times 0) = 43.76[\text{N/(m}\cdot\text{s})]$$

$$D_\alpha = \left(\frac{1}{2}\rho_0 V_0^2\right)S_w C_{D\alpha} = 117\ 389.82 \times 0.38 = 44\ 608.13(\text{N/rad})$$

$$D_{\delta_e} = \left(\frac{1}{2}\rho_0 V_0^2\right) S_w C_{D\delta_e} = 117\ 389.82 \times 0 = 0$$

俯仰力矩导数：

$$M_V = \frac{1}{V_0}\left(\frac{1}{2}\rho_0 V_0^2\right) S_w c_A (2C_{m0} + M_0 C_{mM})$$

$$= \frac{1}{295.07} \times 341\ 604.38 \times [2 \times 0 + 1 \times (-0.01)]$$

$$= -11.58[\,\mathrm{N \cdot m/(m \cdot s)}\,]$$

$$M_\alpha = \left(\frac{1}{2}\rho_0 V_0^2\right) S_w c_A C_{m\alpha} = 341\ 604.38 \times (-1.3)$$

$$= -444\ 085.70(\,\mathrm{N \cdot m/rad})$$

$$M_{\dot\alpha} = \left(\frac{1}{2}\rho_0 V_0^2\right) S_w \left(\frac{c_A^2}{2V_0}\right) C_{m\dot\alpha} = 341\ 604.38 \times 0.005 \times (-2.0)$$

$$= -3\ 416.04[\,\mathrm{N \cdot m/(rad \cdot s)}\,]$$

$$M_q = \left(\frac{1}{2}\rho_0 V_0^2\right) S_w \left(\frac{c_A^2}{2V_0}\right) C_{mq} = 341\ 604.38 \times 0.005 \times (-4.8)$$

$$= -8\ 198.51[\,\mathrm{N \cdot m/(rad \cdot s)}\,]$$

$$M_{\delta_e} = \left(\frac{1}{2}\rho_0 V_0^2\right) S_w c_A C_{m\delta_e} = 341\ 604.38 \times (-1.0)$$

$$= -341\ 604.38(\,\mathrm{N \cdot m/rad})$$

3）按式（5－20）计算纵向运动状态方程的矩阵元素

计算系统矩阵元素：

$$\frac{T_V - D_V}{m} = \frac{0 - 43.76}{7\ 393.68} = -0.005\ 9(\,\mathrm{s^{-1}})$$

$$\frac{mg - D_\alpha}{m} = 9.75 - \frac{44\ 608.13}{7\ 393.68} = 3.72[\,\mathrm{m/(rad \cdot s^2)}\,]$$

$$-\frac{L_V}{mV_0} = -\frac{79.57}{7\ 393.68 \times 295.07} = -0.000\ 04(\,\mathrm{rad/m})$$

$$-\frac{L_\alpha}{mV_0} = -\frac{234\ 779.64}{7\ 393.68 \times 295.07} = -0.11(\,\mathrm{s^{-1}})$$

$$\frac{1}{I_y}\left(M_V + T_V z_T - \frac{M_{\dot\alpha} L_V}{mV_0}\right) = \frac{1}{79\ 463.23} \times$$

$$\left(-11.58 + 0 - \frac{-3\ 416.04 \times 79.57}{7\ 393.68 \times 295.07}\right)$$

$$= -0.000\ 1[\,\mathrm{rad/(m \cdot s)}\,]$$

$$\frac{1}{I_y}\left(M_\alpha - \frac{M_{\dot\alpha} L_\alpha}{mV_0}\right) = \frac{1}{79\,463.23} \times$$

$$\left(-444\,085.70 - \frac{-3\,416.04 \times 234\,779.64}{7\,393.68 \times 295.07}\right) = -5.58(\mathrm{s}^{-2})$$

$$\frac{1}{I_y}(M_q + M_{\dot\alpha}) = \frac{1}{79\,463.23}(-8\,198.51 - 3\,416.04) = -0.15(\mathrm{s}^{-1})$$

计算输入矩阵元素(只计算关于升降舵的输入矩阵):

$$-\frac{L_{\delta_e}}{mV_0} = -\frac{61\,042.71}{7\,393.68 \times 295.07} = -0.028(\mathrm{s}^{-1})$$

$$\frac{1}{I_y}\left(M_{\delta_e} - \frac{M_{\dot\alpha} L_{\delta_e}}{mV_0}\right) = \frac{1}{79\,463.23}\left(-341\,604.38 - \frac{-3\,416.04 \times 61\,042.71}{7\,393.68 \times 295.07}\right)$$

$$= -4.3(\mathrm{s}^{-2})$$

4)按式(5−20)写出纵向小扰动状态方程

$$\begin{bmatrix} \Delta\dot{V} \\ \Delta\dot{\alpha} \\ \Delta\dot{q} \\ \Delta\dot{\theta} \end{bmatrix} = \begin{bmatrix} -0.005\,9 & 3.72 & 0 & -9.75 \\ -0.000\,04 & -0.11 & 1 & 0 \\ -0.000\,1 & -5.58 & -0.15 & 0 \\ 0 & 0 & 1 & 0 \end{bmatrix} \begin{bmatrix} \Delta V \\ \Delta\alpha \\ \Delta q \\ \Delta\theta \end{bmatrix} + \begin{bmatrix} 0 \\ -0.028 \\ -4.3 \\ 0 \end{bmatrix} \Delta\delta_e$$

$$(5-22\mathrm{a})$$

以及运动学方程

$$\Delta\dot{H} = 295.07\Delta\gamma = 295.07(\Delta\theta - \Delta\alpha) \qquad (5-22\mathrm{b})$$

$$\Delta\dot{x}_e = \Delta V \qquad (5-22\mathrm{c})$$

**3. 计算横侧向运动方程的参数**

1)关于基准运动的参数计算

基准运动状态速度:$V_0 = M_0 a_0 = 1.8 \times 295.07 = 531.13(\mathrm{m/s})$。

由飞行高度查标准大气表,得到其空气密度为 $\rho_0 = 0.148\ \mathrm{kg/m^3}$,那么动压为

$$\frac{1}{2}\rho_0 V_0^2 = 0.5 \times 0.148 \times 531.13^2 = 20\,875.33(\mathrm{N/m^2})$$

从而

$$\left(\frac{1}{2}\rho_0 V_0^2\right)S_w = 20\,875.33 \times 18.22 = 380\,348.51(\mathrm{N})$$

$$\left(\frac{1}{2}\rho_0 V_0^2\right)S_w b = 380\,348.51 \times 6.69 = 2\,544\,531.55(\mathrm{N \cdot m})$$

以及无因次系数

$$\frac{b}{2V_0} = \frac{6.69}{2 \times 531.13} = 0.006\ 3(s)$$

转动惯量

$$I'_x = I_x = 4\ 811.64\ \text{kg} \cdot \text{m}^2,\ I'_z = I_z = 80\ 897.64\ \text{kg} \cdot \text{m}^2,\ I'_{xz} = 0_\circ$$

2）按表 5 - 7 计算横侧向力及力矩的导数

侧力导数：

$$Y_\beta = \left(\frac{1}{2}\rho_0 V_0^2\right)S_w C_{y\beta} = 380\ 348.51 \times (-1.0) = -380\ 348.51(\text{N/rad})$$

$$Y_{\delta_r} = \left(\frac{1}{2}\rho_0 V_0^2\right)S_w C_{y\delta_r} = 380\ 348.51 \times 0.05 = 19\ 017.43(\text{N/rad})$$

滚转力矩导数：

$$L_\beta = \left(\frac{1}{2}\rho_0 V_0^2\right)S_w b C_{l\beta} = 2\ 544\ 531.55 \times (-0.09)$$

$$= -229\ 007.84(\text{N} \cdot \text{m/rad})$$

$$L_p = \left(\frac{1}{2}\rho_0 V_0^2\right)S_w \left(\frac{b^2}{2V_0}\right)C_{l\bar{p}} = 2\ 544\ 531.55 \times 0.006\ 3 \times (-0.27)$$

$$= -4\ 328.25[\text{N} \cdot \text{m/(rad} \cdot \text{s)}]$$

$$L_r = \left(\frac{1}{2}\rho_0 V_0^2\right)S_w \left(\frac{b^2}{2V_0}\right)C_{lr} = 2\ 544\ 531.55 \times 0.006\ 3 \times 0.15$$

$$= 2\ 404.58[\text{N} \cdot \text{m/(rad} \cdot \text{s)}]$$

$$L_{\delta_a} = \left(\frac{1}{2}\rho_0 V_0^2\right)S_w b C_{l\delta_a} = 2\ 544\ 531.55 \times (-0.017)$$

$$= -43\ 257.04(\text{N} \cdot \text{m/rad})$$

$$L_{\delta_r} = \left(\frac{1}{2}\rho_0 V_0^2\right)S_w b C_{l\delta_r} = 2\ 544\ 531.55 \times 0.008$$

$$= 20\ 356.25(\text{N} \cdot \text{m/rad})$$

偏航力矩导数：

$$N_\beta = \left(\frac{1}{2}\rho_0 V_0^2\right)S_w b\ C_{n\beta} = 2\ 544\ 531.55 \times 0.24$$

$$= 610\ 687.57(\text{N} \cdot \text{m/rad})$$

$$N_p = \left(\frac{1}{2}\rho_0 V_0^2\right)S_w \left(\frac{b^2}{2V_0}\right)C_{n\bar{p}} = 2\ 544\ 531.55 \times 0.006\ 3 \times (-0.09)$$

$$= -1\ 442.75[\text{N} \cdot \text{m/(rad} \cdot \text{s)}]$$

$$N_r = \left(\frac{1}{2}\rho_0 V_0^2\right) S_w \left(\frac{b^2}{2V_0}\right) C_{n_{\bar{r}}} = 2\ 544\ 531.55 \times 0.006\ 3 \times (-0.65)$$

$$= -10\ 419.86 [\,N \cdot m/(\text{rad} \cdot s)\,]$$

$$N_{\delta_a} = \left(\frac{1}{2}\rho_0 V_0^2\right) S_w b C_{n_{\delta_a}} = 2\ 544\ 531.55 \times 0.002\ 5$$

$$= 6\ 361.33 (\,N \cdot m/\text{rad})$$

$$N_{\delta_r} = \left(\frac{1}{2}\rho_0 V_0^2\right) S_w b C_{n_{\delta_r}} = 2\ 544\ 531.55 \times (-0.04)$$

$$= -101\ 781.26 (\,N \cdot m/\text{rad})$$

3)按式(5-21)计算横侧向运动状态方程的矩阵元素

计算系统矩阵元素:

$$\frac{Y_\beta}{mV_0} = \frac{-380\ 348.51}{7\ 393.68 \times 531.13} = -0.097 (\,s^{-1})$$

$$\frac{g}{V_0} = \frac{9.75}{531.13} = 0.018 (\,s^{-1})$$

$$\frac{L_\beta}{I'_x} + I'_{xz} N_\beta = \frac{-229\ 007.84}{4\ 811.64} + 0 \times 610\ 687.57 = -47.59 (\,s^{-2})$$

$$\frac{L_p}{I'_x} + I'_{xz} N_p = \frac{-4\ 328.25}{4\ 811.64} + 0 \times (-1\ 442.75) = -0.9 (\,s^{-1})$$

$$\frac{L_r}{I'_x} + I'_{xz} N_r = \frac{2\ 404.58}{4\ 811.64} + 0 \times (-10\ 419.86) = 0.5 (\,s^{-1})$$

$$\frac{N_\beta}{I'_z} + I'_{xz} L_\beta = \frac{610\ 687.57}{80\ 897.64} + 0 \times (-229\ 007.84) = 7.54 (\,s^{-2})$$

$$\frac{N_p}{I'_z} + I'_{xz} L_p = \frac{-1\ 442.75}{80\ 897.64} + 0 \times (-4\ 328.25) = -0.017\ 8 (\,s^{-1})$$

$$\frac{N_r}{I'_z} + I'_{xz} L_r = \frac{-10\ 419.86}{80\ 897.64} + 0 \times 2\ 404.58 = -0.128\ 8 (\,s^{-1})$$

计算输入矩阵元素:

$$\frac{Y_{\delta_r}}{mV_0} = \frac{19\ 017.43}{7\ 393.68 \times 531.13} = 0.004\ 8 (\,s^{-1})$$

$$\frac{L_{\delta_a}}{I'_x} + I'_{xz} N_{\delta_a} = \frac{-43\ 257.04}{4\ 811.64} + 0 \times 6\ 361.33 = -8.99 (\,s^{-2})$$

$$\frac{L_{\delta_r}}{I'_x} + I'_{xz} N_{\delta_r} = \frac{20\ 356.25}{4\ 811.64} + 0 \times (-101\ 781.26) = 4.23 (\,s^{-2})$$

$$\frac{N_{\delta_a}}{I_z'} + I_{xz}'L_{\delta_a} = \frac{6\ 361.33}{80\ 897.64} + 0 \times 43\ 257.04 = 0.078\ 6\,(\mathrm{s}^{-2})$$

$$\frac{N_{\delta_r}}{I_z'} + I_{xz}'L_{\delta_r} = \frac{-101\ 781.26}{80\ 897.64} + 0 \times 20\ 356.25 = -1.258\,(\mathrm{s}^{-2})$$

4）按式（5 - 21）写出横侧向小扰动状态方程

$$\begin{bmatrix} \Delta\dot\beta \\ \Delta\dot p \\ \Delta\dot r \\ \Delta\dot\phi \end{bmatrix} = \begin{bmatrix} -0.097 & 0 & -1 & 0.018 \\ -47.59 & -0.9 & 0.5 & 0 \\ 7.54 & -0.017\ 8 & -0.128\ 8 & 0 \\ 0 & 1 & 0 & 0 \end{bmatrix} \cdot$$

$$\begin{bmatrix} \Delta\beta \\ \Delta p \\ \Delta r \\ \Delta\phi \end{bmatrix} + \begin{bmatrix} 0 & 0.004\ 8 \\ -8.99 & 4.23 \\ 0.078\ 6 & -1.258 \\ 0 & 0 \end{bmatrix} \begin{bmatrix} \Delta\delta_a \\ \Delta\delta_r \end{bmatrix} \qquad (5-23\mathrm{a})$$

以及运动学方程:

$$\Delta\dot\psi = \Delta r \qquad (5-23\mathrm{b})$$

$$\Delta\dot y_e = 531.13\Delta\chi = 531.13(\Delta\psi + \Delta\beta) \qquad (5-23\mathrm{c})$$

## 5.5　小扰动运动和全量运动及其线性化方程

式（5 - 20）和式（5 - 21）是增量形式的小扰动方程,因此它并不反映飞机实际的运动变量,而对于飞行控制系统来说,其传感器测量的是飞机的实际运动变量,所以在系统半物理仿真和数学仿真使用这些数学模型时必须加以注意。

飞机的实际运动变量应该是飞机在基准状态下运动变量与小扰动量（增量）之和,也就是所谓的飞机运动的全量。考虑到等速直线平飞基准运动时的条件,纵向运动的全量定义为

$$\begin{bmatrix} V & \alpha & q & \theta \end{bmatrix}^{\mathrm{T}} = \begin{bmatrix} V_0 & \alpha_0 & 0 & \theta_0 \end{bmatrix}^{\mathrm{T}} + \begin{bmatrix} \Delta V & \Delta\alpha & \Delta q & \Delta\theta \end{bmatrix}^{\mathrm{T}}$$

$$\begin{bmatrix} \delta_e & \delta_T \end{bmatrix}^{\mathrm{T}} = \begin{bmatrix} \delta_{e0} & \delta_{T0} \end{bmatrix}^{\mathrm{T}} + \begin{bmatrix} \Delta\delta_e & \Delta\delta_T \end{bmatrix}^{\mathrm{T}}$$

式中,因 $\gamma_0 = 0$,故 $\alpha_0 = \theta_0$。

横侧向运动的全量定义为

$$\begin{bmatrix} \beta & p & r & \phi \end{bmatrix}^{\mathrm{T}} = \begin{bmatrix} \Delta\beta & \Delta p & \Delta r & \Delta\phi \end{bmatrix}^{\mathrm{T}}$$

$$\left[\delta_a \quad \delta_r\right]^{\mathrm{T}} = \left[\Delta\delta_a \quad \Delta\delta_r\right]^{\mathrm{T}}$$

因此,全量可以通过两个途径来得到:一是先解出运动变量的增量,然后与基准运动变量相加;二是通过上述关系,将增量与全量的关系式代入式(5-20)和式(5-21)而得到全量运动方程。在数学仿真(应用 Simulink 仿真)中使用第一种方式比较方便。

## 5.6　线性微分方程特征值和运动模态

根据模态分析法,线性微分方程的特征根表示了基本运动模式,即微分方程所描述的运动是这些基本运动模式的线性组合。如果模态之间在时间尺度上有非常明显的差异,那么不但可以揭示运动的本质,而且可以将运动方程进一步进行简化。所谓时间尺度,就是运动模态关于时间的收敛或发散速度的快慢。

运动模态特性是由特征根的形式所决定的,一般特征根具有两种形式,即实数根 $\lambda$ 和复数根 $n \pm \mathrm{j}\omega$(式中,$\mathrm{j} = \sqrt{-1}$),前者代表非周期模态,后者则为周期运动模态,其模态特性可以用下述定量指标来描述。

1)半衰时间 $T_{1/2}$ 或倍增时间 $T_2$

半衰(或倍增)时间是其特征根所代表响应的包络线幅值减至初始幅值一半(或增加初始幅值 1 倍)所经过的时间。对于实数根来说,包络线与随时间变化的响应曲线一致。

实数根的半衰时间或倍增时间:

$$T_{1/2} \text{或} T_2 = \frac{0.693}{|\lambda|}$$

复数根的半衰时间或倍增时间:

$$T_{1/2} \text{或} T_2 = \frac{0.693}{|n|}$$

因此,半衰时间和倍增时间描述了模态的收敛或发散的速度。

2)周期 $T$ 或频率 $f$

这两个指标主要用于周期模态,分别为周期模态变化一次所需时间和单位时间内的变化次数。

$$T = \frac{2\pi}{\omega}, f = \frac{1}{T}$$

3) 半衰时间或倍增时间内的振荡次数 $N_{1/2}$ 或 $N_2$

这两个指标也只应用于周期模态, 它反映了振动时阻尼和频率之间的关系。

$$N_{1/2}(\text{或} N_2) = \frac{T_{1/2}}{T}\left(\text{或} \frac{T_2}{T}\right) \approx 0.11\frac{\omega}{|n|}$$

# 5.7　纵向小扰动运动近似方程

## 5.7.1　纵向运动模态和特性

所谓近似方程, 就是对式(5-20)所表示的纵向小扰动运动方程的进一步简化。其方法是, 通过对纵向运动方程(5-20)的模态特性进行分析, 确定纵向模态特征并研究其形成机理, 从而可得出近似方程的建立原则和方法。首先通过喷气飞机例子的数据来进行模态特性的分析研究, 并归纳出一般性的结论。由式(5-22a)纵向小扰动状态方程中的系统矩阵, 可以得到其矩阵的特征根, 其特征根分别为两对共轭复数根:

$$\lambda_{sp} = -0.1301 \pm 2.3621\mathrm{j}$$
$$\lambda_{p} = -0.0029 \pm 0.0190\mathrm{j}$$

这两对共轭复数根表示了纵向运动的两个基本模态。从根的数值上观察, 两个模态的运动形式都是周期性振荡收敛的, 但收敛过程的差异比较大。对两个模态的特性分析如下:

绝对值较大的根 $\lambda_{sp}$ 所对应模态的半衰期为

$$T_{1/2sp} = \frac{0.693}{|n|} = \frac{0.693}{0.1301} = 5.33(\mathrm{s})$$

振荡周期时间及半衰期内的振荡次数为

$$T_{sp} = \frac{2\pi}{2.3621} = 2.66(\mathrm{s}),\ N_{1/2p} = \frac{T_{1/2p}}{T_p} = \frac{5.33}{2.66} = 2$$

绝对值较小的根 $\lambda_{p}$ 所对应模态的半衰期为

$$T_{1/2p} = \frac{0.693}{|n|} = \frac{0.693}{0.0029} = 238.97(\mathrm{s})$$

振荡周期时间及半衰期内的振荡次数为

$$T_{p} = \frac{2\pi}{0.019} = 330.53(\mathrm{s}),\ N_{1/2p} = \frac{T_{1/2p}}{T_p} = \frac{238.97}{330.53} = 0.72$$

显然，$\lambda_{sp}$ 所代表的模态具有收敛快和周期时间短的特征，运动经过两次振荡其幅值就衰减了一半，表明运动变化快；而 $\lambda_p$ 所代表的模态收敛慢以及周期时间长，当幅值衰减到一半时，还没有完成一个周期的运动，表明运动变化很慢。

因此，$\lambda_{sp}$ 所表示的模态的运动形式具有周期短、收敛快和变化快的特点；而 $\lambda_p$ 的模态的运动形式则周期长、收敛慢（有时甚至是发散的）和变化慢。

一般把 $\lambda_{sp}$ 所代表的模态称为短周期运动模态，而把 $\lambda_p$ 所代表的模态称为长周期运动模态。对于固定翼飞机的纵向运动来说，基本上都存在这两个模态。

通过对式(5－22a)的求解，就可以了解短周期和长周期模态对运动变量的影响，而这些变量的性质也就反映了其基本模态的形成机理，也就能清晰地了解纵向运动的基本特性。

式(5－22a)在初始条件 $\Delta\alpha(0) = 5°$ 时的零输入响应或解为

$$\Delta V(t) = -44.65\,e^{-0.002\,9t}\sin(0.019t - 0.04) +$$
$$0.222\,e^{-0.130\,1t}\sin(2.362\,1t - 7.81)(m/s)$$

$$\Delta\alpha(t) = -0.03\,e^{-0.002\,9t}\sin(0.019t + 0.55) +$$
$$5.0\,e^{-0.130\,1t}\sin(2.362\,1t + 89.52)(°)$$

$$\Delta q(t) = -0.23\,e^{-0.002\,9t}\sin(0.019t - 0.72) +$$
$$11.81\,e^{-0.130\,1t}\sin(2.362\,1t - 0.01)((°)/s)$$

$$\Delta\theta(t) = -5.04\,e^{-0.002\,9t}\sin(0.019t + 81.47) +$$
$$5.0\,e^{-0.130\,1t}\sin(2.362\,1t + 86.84)(°)$$

以上解的表达式是由两项关于时间的周期性函数所组成的，根据线性微分方程解和特征根的关系可以得出，第一项是由长周期运动模态（绝对值较小的根）所决定的，而第二项则是由短周期运动模态（绝对值较大的根）引起的。说明纵向运动中任何一个变量所代表的运动，总是由长、短周期运动模态所组成的，但由于两个函数项前的幅值对于不同的变量是不同的，就说明这个长、短周期对每个变量所表示运动的影响程度是有差异的。

$\Delta V(t)$ 中，长周期运动模态项的幅值远远大于短周期运动模态项的幅值，说明 $\Delta V(t)$ 是由长周期运动模态所引起的，或者说在长周期运动主要表现为 $\Delta V(t)$ 的变化。

$\Delta\alpha(t)$ 和 $\Delta q(t)$ 则正好相反，意味着 $\Delta\alpha(t)$ 和 $\Delta q(t)$ 主要是由短周期运动模态所激发的，或者说短周期运动主要表现为 $\Delta\alpha(t)$ 和 $\Delta q(t)$ 的显著变化。

而在 $\Delta\theta(t)$ 中,两个模态的幅值比较均衡,说明在长、短周期运动中 $\Delta\theta(t)$ 都出现变化。如果考虑到两个模态的收敛快慢的差异性,那么从整个运动的时间轴上进行观察,就可以得到以下结论:

在纵向运动的初期,$\Delta\alpha(t)$ 和 $\Delta q(t)$ 有显著的变化,而速度 $\Delta V(t)$ 改变很小或几乎不变,所以纵向运动初期主要表现为短周期运动;而随着时间的增加,$\Delta V(t)$ 的变化开始明显,$\Delta\alpha(t)$ 和 $\Delta q(t)$ 基本上已经收敛到稳态而几乎没有变化,则纵向运动主要表现为长周期运动。俯仰角则在整个纵向运动过程中都有变化,这一结论从响应的数据上可以明显看出。表 5 – 9 所示为 $t$ =2 s和 $t$ =120 s 时的各变量响应的数值。

表 5 – 9　各变量响应数值

| 数值　　　　运动变量　　　　时间 | $\Delta V(t)$ | $\Delta\alpha(t)$ | $\Delta q(t)$ | $\Delta\theta(t)$ |
|---|---|---|---|---|
| $t$ =2 s | – 0.007 7 | 3.843 6 | 0.751 0 | 8.808 0 |
| $t$ =120 s | – 1.232 3 | – 0.001 0 | – 0.004 4 | 3.495 6 |

因此当飞机受扰后,在纵向小扰动运动的初期其运动主要表现为:以 $\Delta\alpha(t)$ 和 $\Delta q(t)$ 有显著变化、$\Delta V(t)$ 几乎没有变化为标志的短周期运动。因此,短周期运动的特征是:由于飞机受扰后俯仰力矩不平衡($\Delta q(t)$ 变化明显)所引起的、绕机体轴 $o_b y_b$ 的转动运动。

随着时间的增加,在纵向小扰动运动的后期,其运动主要表现为:以 $\Delta V(t)$ 显著变化、$\Delta\alpha(t)$ 和 $\Delta q(t)$ 已收敛为标志的长周期运动。长周期运动的特征是:飞机受扰后,在俯仰力矩基本平衡后,$\Delta V(t)$ 的变化使得飞机的力不平衡(升力和沿纵向轨迹的切向力的交替变化)所引起的质心的平移运动或纵向轨迹运动。

从而纵向小扰动运动可以在时间尺度上,按运动的前期和后期分为两个性质不同的运动来进行研究。这种时间尺度上的特征对于固定翼飞机来说是固有的,它反映了固定翼飞机受扰后纵向运动的特点。这种特点的成因解释如下:

当飞机在基准运动状态下受到扰动(气流或升降舵、襟翼等舵面的偏转)后,一般气动外形的飞机通常具有较大的纵向静稳定性($|C_{m\alpha}|$ 值较大)。相对来说,飞机绕机体 $o_b y_b$ 轴的转动惯量显得不大,受扰后所产生的恢复力矩 $M_\alpha\Delta\alpha(0)$ 比较大,就会产生较大的绕机体 $o_b y_b$ 轴的角加速度 $\Delta\dot{q}$,使得迎角

和俯仰角迅速发生变化。同时,由于飞机一般还具有较大的气动阻尼力矩 $(M_q + M_{\dot{\alpha}})\Delta q$,又使 $\Delta\alpha$、$\Delta q$ 和 $\Delta\theta$ 的变化很快衰减(见式(5-18)(b)),往往在几秒钟或在较短时间内就基本消失。这一模态显著存在的过程中,速度一般来不及有明显的变化。所以可以认为短周期运动模态主要反映了受扰后力矩重趋平衡的过程。

短周期运动模态常常具有频率高、阻尼大的特点。但某些近代飞机由于气动外形的演变和飞行范围的扩大,在某些飞行状态下短周期运动模态特性也出现明显的变化,有时甚至蜕变为两个非周期模态,从而失去了上述周期模态的特征。

飞机受扰后,除上述因力矩不平衡而出现角加速度 $\Delta\dot{q}$ 外,还因力的平衡同时受到破坏而出现质心的线加速度运动,使纵向航迹和飞行速度发生变化。这种运动在力矩平衡后,一般仍要持续相当长的时间。由于不平衡力相对于飞机质量而言通常是小量,因而所引起的质心加速度数值不大,飞机在受扰的开始阶段响应不明显。将式(5-17)(c)写成零输入方程形式,并利用 $\Delta\dot{\gamma} = \Delta q - \Delta\dot{\alpha}$ 得到

$$\Delta\dot{\gamma} = \frac{L_V}{mV_0}\Delta V + \frac{L_\alpha}{mV_0}\Delta\alpha = \frac{\Delta L}{mV_0} \qquad (5-24)$$

式中,$\Delta L = L_V\Delta V + L_\alpha\Delta\alpha$,随着时间的增加,质心加速度的变化逐渐增加,使升力 $\Delta L$ 发生相应改变。升力 $\Delta L$ 逐渐增加将使飞机出现不大的、向上的法向加速度,这从式(5-24)中可以明显看出,纵向航迹将出现缓慢地上弯,$\Delta\dot{\gamma} > 0$,由于此时短周期运动已经收敛,因此有 $\Delta\alpha \approx 0$,$\Delta\gamma \approx \Delta\theta$,故而从式(5-17)(a)的零输入方程

$$\Delta\dot{V} = \frac{T_V - D_V}{m}\Delta V + \frac{mg - D_\alpha}{m}\Delta\alpha - g\Delta\theta \qquad (5-25)$$

中可以得到,$\Delta\gamma$ 的增加也导致 $\Delta\theta$ 的同步增加,这样又将产生重力在速度(纵向航迹切线)方向上的投影($g\Delta\theta$)而使速度减小,从而又导致升力变小。当升力逐渐减小到小于重力在升力方向的分量时(从式(5-25)中看到主要表现为速度和迎角增量的减小),$\Delta\dot{\gamma} < 0$,纵向航迹将下弯。当航迹持续下弯而出现 $\Delta\gamma < 0$($\Delta\theta < 0$)时,由式(5-25)速度又开始增加,即重力的分量又使飞机增速,飞机的升力又逐渐加大,这样又开始重复以上的过程,如此反复即形成了速度和俯仰角的长周期振荡形式。长周期运动模态实际反映了飞机在力矩平衡后力的重新平衡过程,其模态阻尼与导数 $\partial(T-D)/\partial V$ 等参数有关,但阻尼通常都较小,因此长周期运动模态表现为缓慢地收敛或发散的

运动过程,驾驶员易于控制这种缓慢的运动。由于在长周期运动模态中纵向轨迹角做周期性变化,所以飞机在向前运动的同时伴随着时升时降的运动形式,故又称为沉浮模态。因此,长周期运动模态是在飞机受扰后,纵向航迹的切向力(与速度方向一致)与法向力(垂直于速度方向)本身不平衡以及两者之间互相耦合影响所引起的一种运动。

## 5.7.2　短周期运动近似方程与传递函数

由以上分析,飞机在受扰后,其纵向运动的初期主要表现为力矩重趋平衡的运动过程,而速度几乎没有明显变化。因而在短周期运动期间可以认为 $\Delta V \approx 0$,以及速度方程是平衡的,这样在式(5-20)中,删去第一个关于速度的方程,同时在另外两个方程中代入 $\Delta V \approx 0$ 的条件,就可以得到短周期运动的近似小扰动方程:

$$
\begin{bmatrix} \Delta \dot{\alpha} \\ \Delta \dot{q} \end{bmatrix} = \begin{bmatrix} -\dfrac{L_\alpha}{mV_0} & 1 \\ \dfrac{1}{I_y}\left( M_\alpha - \dfrac{M_{\dot{\alpha}} L_\alpha}{mV_0} \right) & \dfrac{1}{I_y}\left( M_q + M_{\dot{\alpha}} \right) \end{bmatrix} \begin{bmatrix} \Delta \alpha \\ \Delta q \end{bmatrix} +
$$

$$
\begin{bmatrix} -\dfrac{L_{\delta_e}}{mV_0} & 0 \\ \dfrac{1}{I_y}\left( M_{\delta_e} - \dfrac{M_{\dot{\alpha}} L_{\delta_e}}{mV_0} \right) & \dfrac{T_{\delta_T} z_T}{I_y} \end{bmatrix} \begin{bmatrix} \Delta \delta_e \\ \Delta \delta_T \end{bmatrix} \qquad (5-26)
$$

代入上例中的喷气飞机数据,则短周期运动的近似小扰动方程为

$$
\begin{bmatrix} \Delta \dot{\alpha} \\ \Delta \dot{q} \end{bmatrix} = \begin{bmatrix} -0.11 & 1 \\ -5.58 & -0.15 \end{bmatrix} \begin{bmatrix} \Delta \alpha \\ \Delta q \end{bmatrix} + \begin{bmatrix} -0.028 \\ -4.3 \end{bmatrix} \Delta \delta_e \qquad (5-27)
$$

上述状态方程系统矩阵的特征根为

$$
\bar{\lambda}_{sp} = -0.130\,0 \pm 2.362\,1\mathrm{j}
$$

与前述 5.7.1 节中的短周期运动特征根比较,其根的虚部完全一致,而实部的相对误差为 0.077%,这一误差几乎可以忽略不计。这个例子说明,短周期运动的近似小扰动方程具有足够的精度,也说明在短周期运动中假设速度方程是平衡的以及 $\Delta V \approx 0$ 的近似方法是准确的,所以式(5-26)反映了短周期运动中的核心参数作用。

式(5-26)所描述的小扰动运动出发点($t=0$)是在基准运动处,显然此时所有的小扰动量为零,故而式(5-26)满足零初始条件,因此可以通过拉

普拉斯变换得到传递函数模型。

1)升降舵偏转 $\Delta\delta_e$ 输入的传递函数模型

$$\frac{\Delta\alpha}{\Delta\delta_e} = \frac{b_{\delta_e}^{\alpha}s + b_{\alpha}}{s^2 + a_1 s + a_0} \tag{5-28}$$

$$\frac{\Delta q}{\Delta\delta_e} = \frac{b_{\delta_e}^{q}(s + b_q)}{s^2 + a_1 s + a_0} \tag{5-29}$$

$$\frac{\Delta\theta}{\Delta\delta_e} = \frac{b_{\delta_e}^{q}(s + b_q)}{s(s^2 + a_1 s + a_0)} \tag{5-30}$$

纵向轨迹角 $\Delta\gamma = \Delta\theta - \Delta\alpha$,因此

$$\frac{\Delta\gamma}{\Delta\delta_e} = \frac{-b_{\delta_e}^{\alpha}s^2 + (b_{\delta_e}^{q} - b_{\alpha})s + b_{\delta_e}^{q}b_q}{s(s^2 + a_1 s + a_0)} \tag{5-31}$$

在小扰动且 $\Delta V \approx 0$ 条件下,法向过载增量定义为

$$\Delta n_z = \frac{V_0}{g}\Delta\dot{\gamma}$$

在基准运动处的过载为

$$n_{z0} = 1$$

所以飞机法向过载为

$$n_z = n_{z0} + \Delta n_z$$

注意法向过载方向与升力 $L$ 方向一致为正。因此,在升降舵偏转输入下的法向过载传递函数为

$$\frac{\Delta n_z}{\Delta\delta_e} = \frac{V_0}{g}s\left(\frac{\Delta\gamma}{\Delta\delta_e}\right) = -\frac{V_0}{g}\left[\frac{-b_{\delta_e}^{\alpha}s^2 + (b_{\delta_e}^{q} - b_{\alpha})s + b_{\delta_e}^{q}b_q}{s^2 + a_1 s + a_0}\right] \tag{5-32}$$

式(5-32)仅仅描述了在升降舵偏转后,飞机在短周期运动或在最初运动期间的过载,这个传递函数非常重要,对操纵性来说最主要的就是考察飞机最初的响应能力。同时也应该注意到,式(5-32)将存在一个正的零点,因此它也是一个非最小相位系统。

2)油门杆角度 $\Delta\delta_T$ 输入的传递函数模型

$$\frac{\Delta\alpha}{\Delta\delta_T} = \frac{c_{\delta_T}^{\alpha}}{s^2 + a_1 s + a_0} \tag{5-33}$$

$$\frac{\Delta q}{\Delta\delta_T} = \frac{c_{\delta_T}^{q}(s + c_q)}{s^2 + a_1 s + a_0} \tag{5-34}$$

$$\frac{\Delta\theta}{\Delta\delta_T} = \frac{c_{\delta_T}^{q}(s + c_q)}{s(s^2 + a_1 s + a_0)} \tag{5-35}$$

$$\frac{\Delta \gamma}{\Delta \delta_T} = \frac{(c_{\delta_T}^q - c_{\delta_T}^\alpha)s + c_{\delta_T}^q c_q}{s(s^2 + a_1 s + a_0)} \qquad (5-36)$$

$$\frac{\Delta n_z}{\Delta \delta_T} = \frac{V_0}{g}\left[\frac{(c_{\delta_T}^q - c_{\delta_T}^\alpha)s + c_{\delta_T}^q c_q}{s^2 + a_1 s + a_0}\right] \qquad (5-37)$$

上述各式的传递函数中的系数如表 5 - 10 所示。

表 5 - 10　短周期运动传递函数模型中系数定义

| | |
|---|---|
| $a_1 = \dfrac{L_\alpha}{mV_0} - \dfrac{1}{I_y}(M_q + M_{\dot\alpha})$ | $a_0 = -\dfrac{1}{I_y}\left(\dfrac{L_\alpha}{mV_0}M_q + M_\alpha\right)$ |
| $b_{\delta_e}^\alpha = -\dfrac{L_{\delta_e}}{mV_0}$ | $b_\alpha = \dfrac{1}{I_y}\left(\dfrac{L_{\delta_e}}{mV_0}M_q + M_{\delta_e}\right)$ |
| $b_{\delta_e}^q = \dfrac{1}{I_y}\left(M_{\delta_e} - \dfrac{L_{\delta_e}}{mV_0}M_{\dot\alpha}\right)$ | $b_q = \dfrac{[L_\alpha/(mV_0)]M_{\delta_e} - [L_{\delta_e}/(mV_0)]M_\alpha}{M_{\delta_e} - [L_{\delta_e}/(mV_0)]M_{\dot\alpha}}$ |
| $c_{\delta_T}^\alpha = \dfrac{1}{I_y}T_{\delta_T}z_T$ | |
| $c_{\delta_T}^q = \dfrac{1}{I_y}T_{\delta_T}z_T$ | $c_q = \dfrac{L_\alpha}{mV_0}$ |

3）短周期运动的阻尼和自然频率

式（5 - 28）和式（5 - 29）都是在标准二阶环节上增加了一个负零点，这个零点仅仅使式（5 - 28）和式（5 - 29）与标准二阶环节响应中的超调有所差异，而且零点的绝对值越大，这种差异就越小，然而两者之间的调节时间是没有差异的，完全一致。

因此，采用标准二阶环节中阻尼比和无阻尼自然频率的定义来研究式（5 - 28）和式（5 - 29）所表示的短周期运动时有足够精度，特别是对于收敛时间的影响是完全相同的。

由于短周期运动的特征方程为

$$s^2 + a_1 s + a_0 = 0$$

利用表 5 - 10，短周期运动的自然频率为

$$\omega_{ns} = \sqrt{a_0} = \sqrt{-\frac{1}{I_y}\left(\frac{L_\alpha}{mV_0}M_q + M_\alpha\right)}$$

式中，一般飞机都有 $|M_\alpha/I_y| \gg [L_\alpha/(mV_0)]|M_q/I_y|$，代入喷气飞机的数据则有 $|M_\alpha/I_y| = 5.589$，$[L_\alpha/(mV_0)]|M_q/I_y| = 0.011$，因此完全满足上述条件，从而上式近似为

$$\omega_{ns} \approx \sqrt{-\frac{1}{I_y}M_\alpha} = \left(\sqrt{-\frac{1}{2I_y}S_w c_A C_{m\alpha}}\right)\sqrt{\rho}V_0$$

从上式可知,短周期运动随着高度的增加,振荡频率减小,运动的周期增加;随着速度的增加,振荡频率也增加,周期减小;同时,马赫数 $M$ 增加后焦点将离开机翼前缘向后移动,使得 $|C_{m\alpha}|$ 随着 $M$ 而增加,因此在 $V_0$ 和 $C_{m\alpha}$ 双重作用下,振荡频率的增加非常显著。

特别是,如果 $C_{m\alpha} \to 0$,则上述特征方程的特征根为一个零根和一个非零的实数根,那么短周期运动模态的周期特性将不复存在;若 $C_{m\alpha} > 0$,则上述特征方程中 $a_0 < 0$,那么特征方程将存在实部大于零的复数根(或大于零的实数根),表明短周期运动是不稳定的。

阻尼比为

$$\xi_s = \frac{a_1}{2\sqrt{a_0}} = \frac{\dfrac{L_\alpha}{mV_0} - \dfrac{1}{I_y}(M_q + M_{\dot\alpha})}{2\sqrt{-\dfrac{1}{I_y}M_\alpha}}$$

$$= \frac{\left[\dfrac{C_{L\alpha}}{m} - \dfrac{1}{2I_y}c_A^2(C_{m\bar q} + C_{m\dot{\bar\alpha}})\right]\sqrt{S_w}}{4\left(\sqrt{-\dfrac{1}{2I_y}c_A C_{m\alpha}}\right)}\sqrt{\rho}$$

由上式,短周期运动阻尼比与高度成反比,也就是随着高度的增加,阻尼比将减小;在速度不变的条件下, $|C_{m\alpha}|$ 的增加也将使短周期阻尼比下降。但由于 $|C_{m\alpha}|$ 随着马赫数 $M$ 而增加,而 $C_{L\alpha}$、$C_{m\bar q}$、$C_{m\dot{\bar\alpha}}$ 是先随速度增加,在超声速阶段时又减小,所以在超声速阶段阻尼比总体上也是减小的。

### 5.7.3　短周期运动传递函数的进一步简化($L_{\delta_e} \ll L_\alpha$)及算例

如果飞机的 $L_{\delta_e} \ll L_\alpha$,那么在工程上可认为 $L_{\delta_e}/(mV_0) \approx 0$,将此条件代入表 5-10 后,传递函数可以得到进一步简化。因此,关于升降舵偏转 $\Delta\delta_e$ 输入下、简化后的传递函数模型为

$$\frac{\Delta\alpha}{\Delta\delta_e} = \frac{\dfrac{M_{\delta_e}}{I_y}}{s^2 + a_1 s + a_0} \tag{5-38}$$

$$\frac{\Delta q}{\Delta\delta_e} = \frac{\dfrac{M_{\delta_e}}{I_y}\left(s + \dfrac{L_\alpha}{mV_0}\right)}{s^2 + a_1 s + a_0} \tag{5-39}$$

$$\frac{\Delta \theta}{\Delta \delta_e} = \frac{\dfrac{M_{\delta_e}}{I_y}\left(s + \dfrac{L_\alpha}{mV_0}\right)}{s(s^2 + a_1 s + a_0)} \tag{5-40}$$

$$\frac{\Delta \gamma}{\Delta \delta_e} = \frac{\dfrac{M_{\delta_e}}{I_y}\dfrac{L_\alpha}{mV_0}}{s(s^2 + a_1 s + a_0)} \tag{5-41}$$

$$\frac{\Delta n_z}{\Delta \delta_e} = \frac{V_0}{g}\left(\frac{\dfrac{M_{\delta_e}}{I_y}\dfrac{L_\alpha}{mV_0}}{s^2 + a_1 s + a_0}\right) \tag{5-42}$$

对于喷气飞机,短周期运动传递函数模型分别为:

由式(5-27),应用 MATLAB 就可以方便地得到其传递函数:

$$\frac{\Delta \alpha}{\Delta \delta_e} = \frac{-0.028s - 4.304}{s^2 + 0.26s + 5.597}$$

和

$$\frac{\Delta q}{\Delta \delta_e} = \frac{-4.3(s + 0.073\ 7)}{s^2 + 0.26s + 5.597}$$

由于式(5-27)并没有忽略 $L_{\delta_e}/(mV_0)$,因此结果与式(5-28)和式(5-29)是一致的。

从以上喷气飞机的数据中可以看出,$L_{\delta_e}/(mV_0) \approx 0.028$,$L_\alpha/(mV_0) \approx 0.11$,满足条件 $L_{\delta_e}/(mV_0) \ll L_\alpha/(mV_0)$。因此根据式(5-38)~式(5-42)就可以得到简化模型,并利用 5.4.5 节中的数据,则 $M_{\delta_e}/I_y = -4.3$,$L_\alpha/(mV_0) = 0.11$。忽略了 $L_{\delta_e}/(mV_0)$ 后的近似传递函数为

$$\frac{\Delta \alpha}{\Delta \delta_e} = \frac{-4.3}{s^2 + 0.26s + 5.597} \tag{5-43}$$

和

$$\frac{\Delta q}{\Delta \delta_e} = \frac{-4.3(s + 0.11)}{s^2 + 0.26s + 5.597} \tag{5-44}$$

对照上述两组传递函数,对于迎角的传递函数来说,在没有忽略 $L_{\delta_e}/(mV_0)$ 的传递函数中,由于存在一个绝对值很大的零点,因此从响应的时域特性上来说与近似传递函数是基本一致的;对于俯仰角速度的传递函数来说,它们的误差主要来自零点,由于这两个零点都是绝对值较小的且比较接近的负零点,它们之间的主要差异是:响应超调量有较小的误差,但调节时间是相同的(见第 2 章)。

尽管这两种传递函数模型之间有误差,但简化后的短周期运动传递函

数却更为简洁,便于设计计算,所以本书中一般采用这种简化的传递函数模型进行电传操纵系统设计,然后采用精确的全面运动方程进行数学仿真来检查设计结果能否满足要求。

喷气飞机其余的近似传递函数为

$$\frac{\Delta \gamma}{\Delta \delta_e} = \frac{-0.473}{s(s^2 + 0.26s + 5.597)} \qquad (5-45)$$

$$\frac{\Delta n_z}{\Delta \delta_e} = \frac{295.07}{9.75} \frac{-0.473}{s^2 + 0.26s + 5.597} = \frac{-14.31}{s^2 + 0.26s + 5.597} \qquad (5-46)$$

### 5.7.4 $C^*$ 准则数学模型

$C^*$ 准则是对纵向短周期运动飞行品质进行评价的一种指标,有关该准则的一些问题可参见文献[19]。这里主要按 $C^*$ 准则的定义,来推导在升降舵输入下按该准则定义的数学模型。

$C^*$ 准则指标定义为

$$C^* = \frac{V_{co}}{g} \Delta q + \Delta n_z \qquad (5-47)$$

式中,$V_{co}$ 为穿越速度,一般取 $V_{co} = 122$ m/s;$g$ 为重力加速度。穿越速度也是一个边界速度,其意义是,当飞行速度小于穿越速度时,驾驶员主要按 $\Delta q$ 的变化进行操纵或者说主要关注 $\Delta q$ 的变化;当飞行速度大于穿越速度时,驾驶员主要按 $\Delta n_z$ 的变化进行操纵或者说主要关注 $\Delta n_z$ 的变化;当飞行速度等于穿越速度时,驾驶员对 $\Delta q$ 和 $\Delta n_z$ 的关注是相同的。

用短周期运动的近似传递函数来推导在升降舵输入下的 $C^*$ 指标传递函数 $C^*/\Delta \delta_e$。由式(5-39)和式(5-42),一并代入式(5-47)后得到

$$\frac{C^*}{\Delta \delta_e} = \frac{V_{co}}{g} \frac{M_{\delta_e}}{I_y} \left[ \frac{s + \frac{L_\alpha}{mV_0}\left(1 + \frac{V_0}{V_{co}}\right)}{s^2 + a_1 s + a_0} \right] = \frac{122}{g} \frac{M_{\delta_e}}{I_y} \left[ \frac{s + \frac{L_\alpha}{mV_0}\left(1 + \frac{V_0}{122}\right)}{s^2 + a_1 s + a_0} \right] (5-48)$$

由于 $C^*$ 是一种人为定义的飞行品质指标,因此无法进行实际测量,而只能测量 $\Delta q$、$\Delta n_z$ 后通过式(5-47)计算得到。式(5-48)在单位阶跃型的 $\Delta \delta_e$ 输入作用下,如果 $C^*(t)$ 位于下述两个传递函数单位阶跃响应曲线边界之间,那么纵向短周期运动性能满足 I 级飞行品质要求[22]。

对式(5-43)代入喷气飞机的数据后得到

$$\frac{C^*}{\Delta \delta_e} = \frac{-53.81(s + 0.376)}{s^2 + 0.26s + 5.597} \qquad (5-49)$$

在负的单位阶跃 $\Delta\delta_e$(升降舵上偏,引起正的过载)输入下,则有

$$C^*(\infty) = -3.615 \tag{5-50}$$

由式(5-49)的例子,喷气飞机的 $C^*$ 响应阻尼比仅为 0.05,因此无法满足最佳飞行品质要求。只有在增加了短周期运动的阻尼和无阻尼振荡频率后,才能够达到最佳飞行品质的要求,而这就要通过反馈控制系统来实现。

### 5.7.5　长周期运动近似方程及传递函数模型

根据 5.7.1 节的分析,长周期运动模态是在力矩平衡以后的力的重趋平衡过程,主要表现为 $\Delta V$ 和 $\Delta\theta$ 的显著变化。因此,为研究长周期运动的近似方程,需要根据上述特点来重写扰动方程。

长周期运动近似方程的假设条件有两个[5~7],一是:一般认为力矩已经平衡,这样在式(5-18)(b)中的力矩方程中 $\Delta\dot{q}\approx0$,而蜕变为代数方程;二是:假定 $\Delta\dot{\alpha}\approx0$,在这种假设下,所得到的长周期运动近似方程的特征根精度是足够的,但传递函数模型中零点位置相差太大,几乎无法反映真实情况。

根据纵向运动两个模态形成原因的分析,在上述假设条件下,力矩平衡的假设是可以接受的。然而同时应注意到,在法向力所引起的 $\Delta\dot{\gamma}$ 变化过程中,也伴随着 $\Delta\dot{\alpha}$ 和 $\Delta q$ 的小量变化,因此不能假设 $\Delta\dot{\alpha}\approx0$ 以及 $\Delta q\approx0$。将长周期运动近似方程假设条件归纳如下(对式(5-17)式(5-18)):

(1)力矩已经平衡,$\Delta\dot{q}=0$,因此力矩方程(5-18)(c)将蜕变为代数方程。但在俯仰力矩的扰动量(增量)中应认为,由于 $\Delta q$ 太小,$\Delta q$ 引起的力矩扰动量可以忽略不计。

(2)法向力方程(5-17)(c)不变,也就是认为,$\Delta\dot{\alpha}\neq0$ 以及 $\Delta q\neq0$,同时升降舵偏转对升力的贡献可以省略,即 $L_{\delta_e}/(mV_0)\approx0$。

(3)速度方程(或切向力方程)(5-17)(a)不变。

(4)长周期运动近似方程中的主要运动变量为:$\Delta V$ 和 $\Delta\theta$。

依据以上四个假设条件,就可以推导长周期运动近似方程。由式(5-17)(a),得到速度方程:

$$\Delta\dot{V} = \frac{T_V - D_V}{m}\Delta V + \frac{mg - D_\alpha}{m}\Delta\alpha - g\Delta\theta + \frac{T_{\delta_T}}{m}\Delta\delta_T \tag{5-51}$$

由于 $L_{\delta_e}/(mV_0)\approx0$,并利用 $\Delta q = \Delta\dot{\theta}$,从而由式(5-17)(c):

$$\Delta \dot{\theta} = \frac{L_V}{mV_0} \Delta V + \frac{L_\alpha}{mV_0} \Delta \alpha + \Delta \dot{\alpha} \qquad (5-52)$$

在式(5-18)(b)中,因为假设长周期运动时力矩已经平衡,因此气动力矩增量仅为

$$\Delta M = M_V \Delta V + M_\alpha \Delta \alpha + M_{\delta_e} \Delta \delta_e$$

推力增量为

$$\Delta T = T_V \Delta V + T_{\delta_T} \Delta \delta_T$$

从而根据式(5-17)(b)得到长周期运动时的力矩平衡方程($\Delta \dot{q} \approx 0$)为以下代数方程:

$$(M_V + T_V z_T) \Delta V + M_\alpha \Delta \alpha + M_{\delta_e} \Delta \delta_e + T_{\delta_T} z_T \Delta \delta_T = 0 \qquad (5-53)$$

式(5-53)说明,在$\Delta \delta_e$作用下俯仰力矩瞬间达到了平衡,然后才引起如式(5-53)和式(5-52)所描述的长周期运动。

从式(5-51)、式(5-52)和式(5-53)无法直接写出仅以$\Delta V$和$\Delta \theta$作为状态的状态方程,但可以方便得到传递函数模型。

将式(5-51)、式(5-52)和式(5-53)进行零初始条件下的拉普拉斯变换,并经整理后得到

$$\left( \frac{T_V - D_V}{m} - s \right) \Delta V - g \Delta \theta + \frac{mg - D_\alpha}{m} \Delta \alpha + \frac{T_{\delta_T}}{m} \Delta \delta_T = 0$$

$$\frac{L_V}{mV_0} \Delta V - s \Delta \theta + \left( \frac{L_\alpha}{mV_0} + s \right) \Delta \alpha = 0$$

$$\Delta \alpha = -\frac{M_V + T_V z_T}{M_\alpha} \Delta V - \frac{M_{\delta_e}}{M_\alpha} \Delta \delta_e - \frac{T_{\delta_T} z_T}{M_\alpha} \Delta \delta_T$$

将关于$\Delta \alpha$表达式的第三式代入前两式:

$$\left[ \frac{T_V - D_V}{m} - \left( \frac{mg - D_\alpha}{m} \right) \left( \frac{M_V + T_V z_T}{M_\alpha} \right) - s \right] \Delta V - g \Delta \theta$$

$$= \left( \frac{mg - D_\alpha}{m} \right) \frac{M_{\delta_e}}{M_\alpha} \Delta \delta_e + \left[ -\frac{T_{\delta_T}}{m} + \left( \frac{mg - D_\alpha}{m} \right) \frac{T_{\delta_T} z_T}{M_\alpha} \right] \Delta \delta_T \cdot$$

$$\left[ \frac{L_V}{mV_0} - \left( \frac{M_V + T_V z_T}{M_\alpha} \right) \left( \frac{L_\alpha}{mV_0} + s \right) \right] \Delta V - s \Delta \theta$$

$$= \left( \frac{L_\alpha}{mV_0} + s \right) \frac{M_{\delta_e}}{M_\alpha} \Delta \delta_e + \left( \frac{L_\alpha}{mV_0} + s \right) \frac{T_{\delta_T} z_T}{M_\alpha} \Delta \delta_T$$

解出以上的代数方程就可以得到传递函数模型:

$$\frac{\Delta V}{\Delta \delta_e} = \frac{d_{\delta_e}^V (s + d_V)}{s^2 + c_1 s + c_0} \tag{5-54}$$

和

$$\frac{\Delta \theta}{\Delta \delta_e} = \frac{d_{\delta_e}^\theta (s^2 + d_{\theta 1} s + d_{\theta 0})}{s^2 + c_1 s + c_0} \tag{5-55}$$

在油门杆角度 $\Delta \delta_T$ 输入下的传递函数模型：

$$\frac{\Delta V}{\Delta \delta_T} = \frac{h_{\delta_T}^V (s + h_V)}{s^2 + c_1 s + c_0} \tag{5-56}$$

和

$$\frac{\Delta \theta}{\Delta \delta_T} = \frac{h_{\delta_e}^\theta (s^2 + h_{\theta 1} s + h_{\theta 0})}{s^2 + c_1 s + c_0} \tag{5-57}$$

以上公式中的系数如表 5-11 所示。

表 5-11　长周期运动传递函数模型中系数定义

| | | |
|---|---|---|
| | $c_1 = -\dfrac{T_V - D_V}{m} - \dfrac{D_\alpha}{m}\left(\dfrac{M_V + T_V z_T}{M_\alpha}\right)$ | $c_0 = g\left[\dfrac{L_V}{mV_0} - \dfrac{L_\alpha}{mV_0}\left(\dfrac{M_V + T_V z_T}{M_\alpha}\right)\right]$ |
| $d_{\delta_e}^V = \dfrac{D_\alpha}{m}\left(\dfrac{M_{\delta_e}}{M_\alpha}\right)$ | | $d_V = \dfrac{g}{V_0}\left(\dfrac{L_\alpha}{D_\alpha}\right)$ |
| $d_{\delta_e}^\theta = -\dfrac{M_{\delta_e}}{M_\alpha}$ | $d_{\theta 1} = -\left(\dfrac{T_V - D_V}{m}\right) + \dfrac{L_\alpha}{mV_0}$ | $d_{\theta 0} = \left(\dfrac{mg - D_\alpha}{m}\right)\dfrac{L_V}{mV_0} - \left(\dfrac{T_V - D_V}{m}\right)\dfrac{L_\alpha}{mV_0}$ |
| $h_{\delta_T}^V = \dfrac{T_{\delta_T}}{m}\left(1 + \dfrac{D_\alpha z_T}{M_\alpha}\right)$ | | $h_V = \dfrac{g}{V_0}\left(\dfrac{L_\alpha z_T}{M_\alpha + D_\alpha z_T}\right)$ |
| $h_{\delta_T}^\theta = -\dfrac{T_{\delta_T} z_T}{M_\alpha}$ | $h_{\theta 1} = \dfrac{L_\alpha}{mV_0} - \dfrac{T_V - D_V}{m} + \dfrac{M_V + T_V z_T}{mz_T}$ | $h_{\theta 0} = \dfrac{L_\alpha}{mV_0}\left(\dfrac{M_V + T_V z_T}{mz_T} - \dfrac{T_V - D_V}{m}\right) + \dfrac{L_V}{mV_0}\left(\dfrac{mg - D_\alpha}{m} - \dfrac{M_\alpha}{mz_T}\right)$ |

利用力矩平衡方程,可以推出在升降舵输入下的迎角响应的传递函数:

$$\frac{\Delta\alpha}{\Delta\delta_e} = \frac{d_{\delta_e}^{\theta}\left[s^2 + \left(-\dfrac{T_V - D_V}{m}\right)s + \dfrac{L_V}{mV_0}g\right]}{s^2 + c_1 s + c_0} \tag{5-58}$$

如果$c_1$表达式中满足$M_V \ll M_\alpha$,那么$c_1 \approx -(T_V - D_V)/m$,则上式变为

$$\frac{\Delta\alpha}{\Delta\delta_e} \approx d_{\delta_e}^{\theta} = -\frac{M_{\delta_e}}{M_\alpha}$$

表明迎角在长周期运动中近似为常数,这与假设是一致的。在这种情况下,$\Delta\dot{\gamma} = \Delta\dot{\theta}$,因此法向过载

$$\Delta n_z = \frac{V_0}{g}\Delta\dot{\gamma} = \frac{V_0}{g}\Delta\dot{\theta}$$

从而

$$\frac{\Delta n_z}{\Delta\delta_e} = \left(\frac{V_0}{g}\right)\frac{d_{\delta_e}^{\theta}s(s^2 + d_{\theta 1}s + d_{\theta 0})}{s^2 + c_1 s + c_0}$$

由此可见,在长周期运动时法向过载的静增益为零。这就意味着在收敛的长周期运动中,最终也实现了力的平衡,也就是说飞机在操纵(或受扰)作用下,最后在一个新的状态(速度和高度)下实现了平衡或进入一个新的基准运动状态。从而实现了飞机操纵的目的,从一个平衡状态(基准运动)进入一个新的平衡状态(基准运动),两个平衡状态之间的过渡是以动态运动的形式完成的。

对比式(5-54)和式(5-56),升降舵对速度的最终控制要比发动机油门对速度的最终控制有效和明显,特别是当$z_T = 0$时,有$h_V = 0$,故而油门杆对速度稳态值的改变几乎没有作用。这个现象是固定翼飞机的重要特点,这一事实至少说明:仅仅使用油门杆速度控制系统是不可能实现对飞行速度的有效控制的。

1)长周期运动自然频率和阻尼比

由长周期运动传递函数,其特征方程为

$$s^2 + c_1 s + c_0 = 0$$

若设$z_T = 0$或是喷气飞机,则$T_V = 0$,那么由表5-11,无阻尼自然频率的表达式为

$$\omega_p = \sqrt{c_0} = \sqrt{g}\sqrt{\left(\frac{L_V}{mV_0} - \frac{L_\alpha M_V}{mV_0 M_\alpha}\right)}$$

一般情况下,$M_V \ll M_\alpha$,同时$L_\alpha/(mV_0)$也不大,因此$(M_V/M_\alpha)[L_\alpha/(mV_0)] \approx$

0,并代入导数 $L_V$ 的表达式,所以

$$\omega_p = \sqrt{c_0} = \sqrt{g}\sqrt{\frac{L_V}{mV_0}} = \sqrt{g}\sqrt{\frac{1}{mV_0}\frac{1}{2}\rho V_0 S_w (2C_{L0} + M_0 C_{LM})}$$

低速飞行时,$C_{LM} = 0$,为满足平飞条件则有

$$\frac{1}{2}\rho V_0^2 S_w C_{L0} = mg$$

将以上条件代入后就得到

$$\omega_p = \sqrt{2}\frac{g}{V_0}$$

因此,$\omega_p$ 与飞行速度 $V_0$ 成反比,并且随着高度的增加,$\omega_p$ 也略有减小。在亚声速($C_{LM}$ 为正)阶段,$\omega_p$ 都随着速度增加而略有下降;但在超声速($C_{LM}$ 为负)阶段,$\omega_p$ 将快速下降。

阻尼比为

$$\xi_p = \frac{c_1}{2\sqrt{c_0}} = \frac{-\left(\dfrac{T_V - D_V}{m}\right) - \dfrac{D_\alpha}{m}\left(\dfrac{M_V + T_V z_T}{M_\alpha}\right)}{2\sqrt{c_0}}$$

同样由于 $M_V \ll M_\alpha$,以及若是喷气飞机,$T_V = 0$,所以阻尼比为

$$\xi_p = \frac{c_1}{2\sqrt{c_0}} = \frac{D_V/m}{2\sqrt{2}(g/V_0)}$$

代入表 5-6 中 $D_V$ 的表达式,并考虑到亚声速时 $C_{DM} = 0$ 及代入自然频率表达式和利用平飞条件,并经整理后得到

$$\xi_p = \frac{c_1}{2\sqrt{c_0}} = \frac{\dfrac{1}{2}\rho V_0^2 S_w C_{D0}}{\sqrt{2}mg} = \frac{\dfrac{1}{2}\rho V_0^2 S_w C_{D0}}{\dfrac{1}{2}\rho V_0^2 S_w C_{L0}}\frac{1}{\sqrt{2}} = \frac{1}{\sqrt{2}}\frac{C_{D0}}{C_{L0}}$$

此式表明,长周期运动阻尼比与飞机的升阻比成反比,也就是气动外形好、升阻比大的飞机长周期运动阻尼反而要小。高度增加时,$C_{D0}$ 下降,$\xi_p$ 也将减小。

2)喷气飞机长周期运动传递函数模型

由 5.4.5 节已知数据如下:

$$\frac{T_V - D_V}{m} = \frac{0 - 43.76}{7\ 393.68} = -0.005\ 9(\text{s}^{-1})$$

$$\frac{D_\alpha}{m} = \frac{44\ 608.13}{7\ 393.68} = 3.72[\text{m}/(\text{rad}\cdot\text{s}^2)]$$

$$\frac{L_V}{mV_0} = \frac{79.57}{7\,393.68 \times 295.07} = 0.000\,04\,(\text{rad/m})$$

$$\frac{L_\alpha}{mV_0} = \frac{234\,779.64}{7\,393.68 \times 295.07} = 0.11\,(\text{s}^{-1})$$

$$M_V + T_V z_T = -11.58 + 0 = -11.58\,[\,\text{N}\cdot\text{m}/(\text{m}\cdot\text{s}^{-1})\,]$$

$$M_\alpha = -444\,085.70\,(\text{N}\cdot\text{m/rad})$$

$$\frac{g}{V_0} = \frac{9.75}{295.07} = 0.033\,(\text{s}^{-1})$$

$$M_{\delta_e} = -341\,604.38\,(\text{N}\cdot\text{m/rad})$$

按表 5-11 计算喷气飞机长周期运动传递函数中的有关系数：

$$c_1 = -\frac{T_V - D_V}{m} - \frac{D_\alpha}{m}\left(\frac{M_V + T_V z_T}{M_\alpha}\right)$$

$$= -\left[\,-0.005\,9 + 3.72 \times \left(\frac{-11.58}{-444\,085.7}\right)\right]$$

$$= 0.005\,8$$

$$c_0 = \left[\frac{L_V}{mV_0} - \frac{L_\alpha}{mV_0}\left(\frac{M_V + T_V z_T}{M_\alpha}\right)\right]g$$

$$= \left[0.000\,04 - 0.11 \times \left(\frac{-11.58}{-444\,085.7}\right)\right] \times 9.75$$

$$= 0.000\,362$$

$$d_{\delta_e}^V = \frac{D_\alpha}{m}\left(\frac{M_{\delta_e}}{M_\alpha}\right) = 3.72 \times \left(\frac{-341\,604.38}{-444\,085.7}\right) = 2.86$$

$$d_V = \frac{g}{V_0}\left(\frac{L_\alpha}{D_\alpha}\right) = 0.033 \times \frac{234\,779.64}{44\,608.13} = 0.17$$

$$d_{\delta_e}^\theta = -\frac{M_{\delta_e}}{M_\alpha} = -\left(\frac{-341\,604.38}{-444\,085.7}\right) = -0.77$$

$$d_{\theta 1} = -\left(\frac{T_V - D_V}{m}\right) + \frac{L_\alpha}{mV_0} = 0.005\,9 + 0.11 = 0.115\,9$$

$$d_{\theta 0} = \left(\frac{mg - D_\alpha}{m}\right)\frac{L_V}{mV_0} - \left(\frac{T_V - D_V}{m}\right)\frac{L_\alpha}{mV_0}$$

$$= (9.75 - 3.72) \times 0.000\,04 + 0.005\,9 \times 0.11 = 0.000\,89$$

从以上数据可以看出，$M_V/M_\alpha \approx 0.000\,056$，完全满足 $M_V \ll M_\alpha$ 的假设。

将上述系数分别代入式（5-54）和式（5-55），就可以得到长周期运动

的近似传递函数模型:

$$\frac{\Delta V}{\Delta \delta_e} = \frac{2.86(s+0.17)}{s^2 + 0.005\,8s + 0.000\,362} \tag{5-59}$$

和

$$\frac{\Delta \theta}{\Delta \delta_e} = \frac{-0.77(s^2 + 0.115\,8s + 0.000\,89)}{s^2 + 0.005\,8s + 0.000\,362} \tag{5-60}$$

从传递函数中解出其特征方程的特征根为

$$\bar{\lambda}_p = -0.002\,9 \pm 0.018\,8j$$

与 5.7.1 节中的长周期运动模态特征根的精确值 $\lambda_p = -0.002\,9 \pm 0.019\,0j$ 进行比较可以发现,实部完全相同,而虚部的相对误差约为 1%,因此长周期运动近似方程具有足够高的精度,说明式(5-54)和式(5-55)反映了长周期运动的核心参数作用,以及假设条件的正确性。

在升降舵作用下的迎角响应的传递函数为

$$\frac{\Delta \alpha}{\Delta \delta_e} = \frac{-0.77(s^2 + 0.005\,9s + 0.000\,39)}{s^2 + 0.005\,8s + 0.000\,362} \approx -0.77$$

从传递函数中观察,长周期运动中 $\Delta \alpha$ 还是有小量变化的,所以并不能完全忽略 $\Delta \dot{\alpha}$ 以及所产生的气动阻尼作用。

## 5.7.6　静增益与操纵性及稳定性

对于特征根(或其实部)全小于零的系统来说,静增益是单位阶跃输入下,当 $t \to \infty$ 时的输出值。对于稳定的传递函数来说,可以应用终值定理得出。对于状态方程来说,静增益恰好是状态到达稳态时代数方程的解[9]。

静增益定义实际上与操纵性是一致的,它们都是单位输入条件下运动变量的稳态值问题。而就纵向运动来说,由于从时间尺度上分成两个不同阶段的运动,所以在单位输入下,短周期运动时变量的稳态值只能反映整个纵向运动中最初运动(仅仅几秒钟)时的结果,而长周期运动的变量稳态值才是纵向运动最终的结果。前者能描述纵向运动响应的快速性程度,而这个快速性程度则与最初响应值的大小有关,即所谓的操纵性。(这一点可以用典型二阶系统的响应指标上升时间的定义来类比。)因此对短周期运动的静增益或操纵性指标的要求,实质是描述了纵向运动初始快速性程度。这就是为什么在飞行品质中大多以短周期运动的操纵性或静增益作为主要评定指标。

1)纵向运动的静增益

由式(5-20)，可以求得每个运动变量的静增益如下：

$$K_s^V = \frac{L_\alpha(M_{\delta_e}/M_\alpha) - L_{\delta_e}}{L_V - L_\alpha[(M_V + T_V z_T)/M_\alpha]}[\,\mathrm{m/(s \cdot rad^{-1})}\,]$$

$$K_s^\alpha = \frac{L_{\delta_e}[(M_V + T_V z_T)/M_\alpha] - L_V(M_{\delta_e}/M_\alpha)}{L_V - L_\alpha[(M_V + T_V z_T)/M_\alpha]}$$

$$K_s^q = 0$$

$$K_s^\theta = \frac{[(T_V - D_V)/m][L_\alpha(M_{\delta_e}/M_\alpha) - L_{\delta_e}] + [(mg - D_\alpha)/m] \cdot}{g\{L_V - L_\alpha \cdot} \longrightarrow$$

$$\longleftarrow \frac{\{L_{\delta_e}[(M_V + T_V z_T)/M_\alpha] - L_V(M_{\delta_e}/M_\alpha)\}}{[(M_V + T_V z_T)/M_\alpha]\}}$$

在上述诸式中，若忽略 $L_{\delta_e}$，即 $L_{\delta_e} \approx 0$，那么上述结果与用长周期运动近似传递函数式(5-54)、式(5-55)和式(5-58)应用终值定理的结果是一致的。说明，长周期运动的近似传递函数模型是足够精确的；长周期运动的稳态值才是纵向运动的最终结果。

注意到纵向轨迹角的静增益为

$$K_s^\gamma = K_s^\theta - K_s^\alpha$$

在 $L_{\delta_e} \approx 0$ 和 $T_V \approx 0$ 的条件下，将上述静增益代入并经整理后得到

$$K_s^\gamma = \frac{L_V D_\alpha - L_\alpha D_V}{mg[L_V - L_\alpha(M_V/M_\alpha)]}$$

式中，由于 $L_\alpha D_V > 0$ 且 $L_V D_\alpha/(L_\alpha D_V) < 1$，从而 $L_V D_\alpha - L_\alpha D_V < 0$。

按飞机正常操纵要求，升降舵向上偏转($\Delta\delta_e < 0$)，则飞机应向上爬升，即纵向轨迹角($\Delta\gamma > 0$)，那么 $K_s^\gamma < 0$。

因此从纵向轨迹角的表达式中知，若要满足 $K_s^\gamma < 0$ 的条件，则必须使

$$L_V - L_\alpha \frac{M_V}{M_\alpha} > 0 \tag{5-61}$$

式(5-61)是轨迹角能被正确控制的条件，同时它也是长周期运动稳定性条件。

2) 长周期运动稳定性

由长周期运动近似传递函数的特征方程并应用劳斯判据，其稳定性条件是：$c_1 > 0, c_0 > 0$。注意这也是李雅普诺夫运动稳定性条件[9]。

按表5-11：

$$c_1 = -\frac{T_V - D_V}{m} - \frac{D_\alpha}{m}\left(\frac{M_V + T_V z_T}{M_\alpha}\right)$$

就一般飞机来说,气动导数能够满足 $c_1 > 0$ 的条件。对于喷气飞机来说 $T_V \approx 0$,且有 $M_V \ll M_\alpha$,并考虑到在亚声速时 $C_{DM} = 0$,因此

$$c_1 \approx \frac{D_V}{m} = \frac{\rho V_0 S_w}{m} C_{D0}$$

高度增加时,$C_{D0}$ 下降但仍然大于零,$c_1$ 也将减小,表明随着高度的增加, 在 $S$ 平面上特征方程极点将向虚轴方向移动。但由于飞行高度的限制,在 $S$ 平面上一定存在一个边界,使得

$$c_1 > 0$$

由于 $C_{D0}$ 数值较小,从而 $c_1$ 也是一个较小的正值。

由表 5 – 11:

$$c_0 = g\left[\frac{L_V}{mV_0} - \frac{L_\alpha}{mV_0}\left(\frac{M_V + T_V z_T}{M_\alpha}\right)\right]$$

在 $T_V \approx 0$ 条件下,

$$c_0 = \frac{g}{mV_0}\left[L_V - L_\alpha\left(\frac{M_V}{M_\alpha}\right)\right]$$

若长周期运动是稳定的,则 $c_0 > 0$,就意味着

$$L_V - L_\alpha\left(\frac{M_V}{M_\alpha}\right) > 0$$

由于长周期运动是力趋于平衡的运动(升力等于重力,过载等于 1 的平衡),所以这个稳定性条件也称为定载稳定性条件[7]。

对一般飞机来说,$M_V \ll M_\alpha$ 条件总是能满足,但同时也有 $L_V \ll L_\alpha$,这就意味着,$M_V/M_\alpha$ 与 $L_V/L_\alpha$ 在数值上的量级相差不大。因此在一些飞行状态(速度和高度)下就不能保证 $c_0 > 0$,而有可能 $c_0 < 0$。然而 $c_1$ 和 $c_0$ 的绝对值都很小,所以即使 $c_0 < 0$ 使得长周期运动不稳定,但这种不稳定的运动形式必然具有发散较慢、周期很长的特征。

该稳定性条件与式(5 – 61)是相同的,说明 $c_0 > 0$ 也是纵向轨迹角能实现正常操纵的条件,所以为了实现升降舵对纵向轨迹角的正常操纵要求,长周期运动必须是稳定的。

3)短周期运动的静增益和稳定性

对于传统气动布局的飞机来说,驾驶员的纵向操纵主要是针对短周期运动的控制,即使为了改善长周期运动特性,也是通过对短周期运动的控制

来实现的,这是一个显然的常识。因为由于操纵而引起升降舵偏转后,纵向运动中短周期运动是最先出现的,因此驾驶员只能根据短周期运动的趋势来决定后续的操纵。对于短周期运动的操纵来说,在低速飞行时,驾驶员是依据俯仰角速度的变化来决定后续的操纵动作的;而在高速飞行时,则是依据法向加速度或过载的变化来决定后续的操纵动作的。

所以,短周期运动的操纵性表明了飞机在操纵后其运动的最初响应能力,而长周期运动的操纵性则是其运动的最终或稳态响应。

短周期运动的操纵性与其传递函数的静增益是一致的[9],其静增益也是升降舵单位阶跃输入下的稳态值,这也是关于操纵性的定义[5]。短周期运动的静增益由式(5-38)、式(5-39)和式(5-42)中求出,分别为

$$K_{sp}^{\alpha} = -\frac{M_{\delta_e}}{[L_{\alpha}/(mV_0)]M_q + M_{\alpha}}$$

$$K_{sp}^{q} = -\frac{[L_{\alpha}/(mV_0)]M_{\delta_e}}{[L_{\alpha}/(mV_0)]M_q + M_{\alpha}}$$

$$K_{sp}^{n_z} = -\left(\frac{V_0}{g}\right)\frac{[L_{\alpha}/(mV_0)]M_{\delta_e}}{[L_{\alpha}/(mV_0)]M_q + M_{\alpha}}$$

$K_{sp}^{n_z}$也是纵向定常拉升运动中每单位过载增量所需升降舵偏角增量的倒数,也就是每增加单位升降舵偏角所增加的过载。由于该值是从短周期运动传递函数模型式(5-42)中推导得到的,就意味着其前提是$\Delta V = 0$,这与纵向定常拉升运动所做的简化假定是一致的,因此得到一致的结果也是非常自然的。

将表5-6有关导数的表达式代入上式,并利用基准运动的平飞条件$(1/2)\rho V_0^2 S_w C_{L0} = mg$($C_{L0}$是零升力系数)后,得到

$$K_{sp}^{n_z} \approx -\left(\frac{1}{C_{L0}}\right)\frac{C_{m\delta_e}}{\left(C_{mC_L} + \frac{C_{m\bar{q}}}{2\mu}\right)}$$

式中,$C_{mC_L} = C_{m\alpha}/C_{L\alpha}$,$\mu = 2m/(\rho S_w c_A)$。

按飞行品质对定常拉升机动性要求,$K_{sp}^{n_z}$绝对值越大,那么纵向机动性就越好。从上式来看,$K_{sp}^{n_z}$不但与操纵效能导数$C_{m\delta_e}$有关,还与阻尼和静稳定性导数及基准飞行状态$C_{L0}$有关。如果升降舵的操纵效能越高,短周期运动频率越低以及基准运动零升力系数越小的话,那么$K_{sp}^{n_z}$绝对值越大,机动性就越好。

而如果导数$C_{mC_L}$绝对值大,就意味着$C_{m\alpha}$绝对值较大,静稳定性强,那么

$K_{sp}^{n_z}$ 绝对值就会变小,这就说明静稳定性导数 $C_{m\alpha}$ 需要适当设计,如果静稳定性太强就会影响其操纵性和机动性。同样,如果纵向转动阻尼导数 $C_{m\bar{q}}$ 绝对值过大,则对操纵性有影响。

由短周期运动近似传递函数的特征方程,并利用劳斯判据可得到短周期运动稳定性的条件是:$a_1 > 0, a_0 > 0$。

由表 5 - 10:

$$a_1 = \frac{L_\alpha}{mV_0} - \frac{1}{I_y}(M_q + M_{\dot{\alpha}})$$

由于 $M_q < 0, M_{\dot{\alpha}} < 0,$ 而 $L_\alpha > 0,$ 故而对于一般飞机来说,$a_1 > 0$ 是能满足的。

$$a_0 = -\frac{1}{I_y}\left(\frac{L_\alpha}{mV_0}M_q + M_\alpha\right)$$

由于 $|M_\alpha| \gg |L_\alpha M_q/(mV_0)|,$ 因此

$$a_0 \approx -\frac{1}{I_y}M_\alpha = -\frac{1}{I_y}\left(\frac{1}{2}\rho V_0^2 S_w c_A\right)C_{m\alpha}$$

式中,$C_{m\alpha}$ 为静稳定性导数,与重心相对焦点的位置有关。如果 $C_{m\alpha} < 0,$ 则重心在焦点之前(从机体轴 $o_b x_b$ 上观察),从而 $a_0 > 0,$ 短周期运动稳定;而若 $C_{m\alpha} > 0,$ 表明重心移到了焦点之后,那么 $a_0 < 0,$ 则短周期运动传递函数特征方程存在正的实数根,使得短周期运动呈现非周期性发散的不稳定运动。

因此,对于一般飞机来说,在 $a_1 > 0$ 的前提下,$C_{m\alpha}$ 的符号就决定了短周期运动的稳定性。但是对于一般飞机来说,$a_1 > 0$ 是能被自动满足的,因此纵向短周期运动的稳定性条件则主要由 $C_{m\alpha} < 0$ 决定[9]。

4)油门杆输入下的静增益

由式(5 - 20)可以解出在油门杆输入下的纵向运动变量的静增益:

$$K_{\delta_T}^V = -\frac{T_{\delta_T}z_T}{(M_V + T_V z_T) - (L_V/L_\alpha)M_\alpha}$$

$$K_{\delta_T}^\alpha = \frac{T_{\delta_T}z_T}{(L_V/L_\alpha)(M_V + T_V z_T) - M_\alpha}$$

$$K_{\delta_T}^\theta = \frac{T_{\delta_T}}{mg}\left[1 - z_T\frac{(T_V - D_V)L_\alpha - (mg - D_\alpha)L_V}{(M_V + T_V z_T)L_\alpha - M_\alpha L_V}\right]$$

$$K_{\delta_T}^\gamma = \frac{T_{\delta_T}}{mg}\{1 - z_T[(T_V - D_V)L_\alpha + D_\alpha L_V]\}$$

以上结果与式(5 - 56)、式(5 - 57)和式(5 - 58)应用终值定理结果是

一致的。

在以上静增益表达式中,如果$z_T = 0$,且升降舵保持不动,那么前推油门(或加大油门)后,飞机纵向运动的最终反应是:速度和迎角既没有增加也没有减少($K_{\delta_T}^V = 0$,$K_{\delta_T}^\alpha = 0$),但增加了纵向轨迹角,$K_{\delta_T}^\gamma > 0$,而使飞机向上爬升飞行。

对于一般气动外形的固定翼飞机来说,若在握杆的条件下,前推(加大)油门,那么飞机将出现爬升飞行,爬升角(或纵向轨迹角)的大小与前推油门角度的大小有关;反之,如果后拉(减小)油门,那么纵向轨迹角就会减小,进入下滑飞行状态。

因此前推或后拉油门并不能改变飞行速度,然而升降舵偏转对改变飞行速度却是非常有效,所以在推力不变($T_V = 0$)的条件下,利用升降舵来控制飞行速度是可行的方法。

如果通过油门来控制飞行速度的话,那么就需要通过升降舵控制纵向轨迹角,使$\Delta\gamma = 0$或$\Delta\dot{H} = 0$后,才能实现油门对速度的控制[9]。

## 5.8　横侧向小扰动运动近似方程

### 5.8.1　横侧向小扰动运动模态和意义

与纵向小扰动运动的分析方法一样,从对横侧向小扰动运动模态的分析入手,然后建立近似方程。

由喷气飞机的状态方程式(5-23)(a),解出其系统矩阵的特征根为

$$\lambda_d = -0.013 \pm 2.7803j$$

$$\lambda_r = -1.0947$$

$$\lambda_s = -0.005$$

特征根是由两个复数根和两个实数根所组成的,因此横侧向运动模态是由两个周期性模态和两个非周期模态所组成的。

其中各个模态的特性分别为

$$T_{1/2d} = 53.3 \text{ s}, T_d = 2.26 \text{ s}$$

$$T_{1/2r} = 0.63 \text{ s}$$

$$T_{1/2s} = 138.6 \text{ s}$$

(1)把绝对值较大的负实根$\lambda_r$所代表的模态称为滚转模态,是由滚转力

矩不平衡所引起的,相比较而言,该模态是快速收敛的。

（2）复数根所代表的周期性模态称为荷兰滚模态,该模态具有半衰时间长（收敛时间长、阻尼小）和短周期的特点,是由航向静稳定性力矩($N_\beta$)及滚转静稳定性力矩($L_\beta$)的相互作用而引起的,主要表现为滚转和航向同时发生变化的飘摆运动。

（3）绝对值最小的根$\lambda_s$所代表的模态称为螺旋模态,是由$N_\beta$和$L_\beta$的大小不等而引起的横侧向合力的变化,而产生螺旋向下的横侧向轨迹。$\lambda_s$可正或可负,本例中$\lambda_s < 0$表明螺旋模态是稳定的,因此不会产生螺旋向下的轨迹;只有在$\lambda_s > 0$的情况下,才可能产生螺旋向下的轨迹,如果此时驾驶员不对螺旋运动进行干预,那么最终会坠入尾旋。由于螺旋模态是不稳定的,且其特征根是个很小的正根,半衰期时间很长,因此驾驶员有足够的时间去纠正它。关于上述三个模态的详细研究结论,可以参考文献[2,5,6]。

对式（5-23）（a）,在初始条件$\Delta\beta(0) = 5$下的零输入响应的解为

$$\Delta\beta = 0.019\,\mathrm{e}^{-1.094\,7t} - 6 \times 10^{-6}\,\mathrm{e}^{-0.005t} + 0.085\,3\,\mathrm{e}^{-0.013t}\sin(2.780\,3t - 88.74)$$

$$\Delta p = 0.489\,9\,\mathrm{e}^{-1.094\,7t} + 1.1 \times 10^{-4}\,\mathrm{e}^{-0.005t} - 1.392\,1\,\mathrm{e}^{-0.013t}\sin(2.780\,3t + 20.61)$$

$$\Delta r = -6.12 \times 10^{-3}\,\mathrm{e}^{-1.094\,7t} - 3.95 \times 10^{-4}\,\mathrm{e}^{-0.005t} + 0.233\,9\,\mathrm{e}^{-0.013t}\sin(2.780\,3t + 1.59)$$

$$\Delta\phi = -0.447\,5\,\mathrm{e}^{-1.094\,7t} - 0.021\,97\,\mathrm{e}^{-0.005t} + 0.500\,7\,\mathrm{e}^{-0.013t}\sin(2.780\,3t - 69.66)$$

从上述每个解中可以看出各个模态在这些变量运动中所起的作用。荷兰滚模态所引起的周期性运动的幅值在各个变量中都相对很大,说明该模态对横侧向运动变量都有影响;快速收敛的非周期滚转模态对$\Delta p$和$\Delta\phi$影响最大,侧滑角$\Delta\beta$次之;收敛慢的非周期螺旋模态主要对$\Delta\phi$影响较大,而对其他模态的影响可以忽略不计。

由于荷兰滚模态和螺旋模态都与$N_\beta$和$L_\beta$的数值大小有关,$N_\beta$（或$C_{n\beta}$）的数值可以通过调整垂尾面积来改善,而$L_\beta$（或$C_{l\beta}$）的数值则用调整机翼上反角的方法来确定。

然而由于荷兰滚模态具有收敛慢（阻尼小）和短周期的特点,飞机左右飘摆不停,给飞机乘员带来不适,同时还影响到任务的执行,因此在设计飞机时,应尽量满足$L_\beta > N_\beta$（$C_{l\beta} > C_{n\beta}$）,以增大荷兰滚阻尼,而宁可让螺旋模态稍微不稳定（很小的正根）。如果飞机设计无法达到上述条件或荷兰滚模态飞行品质仍不能满足要求,那么就要使用人工阻尼的方法（设计阻尼器）增加荷兰滚模态的阻尼。

总之,横侧向运动由于力和力矩的相互耦合作用,运动变量之间存在复

杂的关系。例如绕机体$o_b x_b$轴的转动运动引起绕机体$o_b z_b$轴的转动力矩,并产生侧力,反之亦然。所以横侧向运动各个模态之间分离的简化处理比较困难,即使简化处理了,其结果也不如纵向运动中的简化处理那样令人满意。但简化处理或简化的方程,不但对理解各模态的物理成因起重要作用,而且对飞行控制系统设计也带来极大的便利性,所以还是具有一定意义的。

### 5.8.2 滚转运动的近似方程

滚转模态描述了飞机在受扰以后滚转力矩重新趋于平衡的过程,根据上述分析,其运动的形式主要表现为$\Delta p$和$\Delta \phi$的变化过程,因此滚转运动的发生主要是由于滚转模态。所以可以这样认为,飞机滚转力矩主要是副翼或扰流板偏转而导致的,那么滚转运动是由滚转力矩不平衡所引起的、飞机单纯绕机体$o_b x_b$轴的转动,且不与任何其他运动耦合,其间只有滚转阻尼导数$L_p$(或$C_{lp}$)的阻尼作用,特别是对于大展弦比飞机来说,滚转阻尼导数在滚转运动模态中的作用占据绝对地位。

在上述假设下,由式(5-18a)且其中$I'_x = I_x$,于是得到滚转运动的近似方程为

$$\Delta \dot{p} = \left(\frac{L_p}{I_x}\right)\Delta p + \left(\frac{L_{\delta_a}}{I_x}\right)\Delta \delta_a \qquad (5-62)$$

在零初始条件下,对式(5-62)进行拉普拉斯变换后得到其传递函数为

$$\frac{\Delta p}{\Delta \delta_a} = \frac{L_{\delta_a}/I_x}{s - L_p/I_x} \qquad (5-63)$$

依据前述喷气飞机的数据得到$L_p/I_x \approx -0.9$和$L_{\delta_a}/I_x \approx -8.99$,式(5-63)的特征值为$-0.9$,与前述精确值$-1.0947$相比,其相对误差大约为18%。这个误差与飞机气动外形有关,对于大展弦比的飞机来说误差会小一些[5,7]。

式(5-63)说明,在副翼作用下的飞机滚转运动是个非周期收敛过程,其收敛时间的快慢与阻尼导数$L_p$(或$C_{lp}$)有关。尽管该式有一定误差并且简化了解耦关系,但方程简单、方便应用,实践证明在飞行控制系统设计中仍然具有应用价值[9],它包含了滚转运动的主要特征。当然,这个近似方程只能应用在系统的初步分析和设计中,最终还是要通过应用完整的横侧向运动方程(5-21)进行系统的设计校核和性能确定。

### 5.8.3 平面转弯的航向运动模型

主要是研究荷兰滚模态所引起的运动。从前述分析中可以看出,荷兰

滚模态运动形式的表现中除了 $\Delta p$ 外,还有 $\Delta \beta$ 和 $\Delta r$ 的变化。若 $\Delta p$ 的变化被忽略(仅仅在滚转运动中考虑),也就是忽略荷兰滚模态对滚转运动的影响作用,那么 $\Delta \beta$ 和 $\Delta r$ 的变化可以认为是由航向力矩不平衡所导致的,而航向力矩则主要是由方向舵的偏转所产生的(不考虑副翼偏转对航向力矩的贡献),因而,荷兰滚模态则在方向舵偏转激励下单纯地引起了 $\Delta \beta$ 和 $\Delta r$ 的变化,而不引起其他运动,这也是在这里被称为平面转弯运动的原因。这样,由式(5-17b)和式(5-18c)以及 $I_z' = I_z$ 得到

$$\begin{bmatrix} \Delta \dot{\beta} \\ \Delta \dot{r} \end{bmatrix} = \begin{bmatrix} \dfrac{Y_\beta}{mV_0} & -1 \\ \dfrac{N_\beta}{I_z} & \dfrac{N_r}{I_z} \end{bmatrix} \begin{bmatrix} \Delta \beta \\ \Delta r \end{bmatrix} + \begin{bmatrix} \dfrac{Y_{\delta_r}}{mV_0} \\ \dfrac{N_{\delta_r}}{I_z} \end{bmatrix} \Delta \delta_r \qquad (5-64)$$

代入前面喷气飞机的数据后得到

$$\begin{bmatrix} \Delta \dot{\beta} \\ \Delta \dot{r} \end{bmatrix} = \begin{bmatrix} -0.097 & -1 \\ 7.54 & -0.128\,8 \end{bmatrix} \begin{bmatrix} \Delta \beta \\ \Delta r \end{bmatrix} + \begin{bmatrix} 0.004\,8 \\ -1.258 \end{bmatrix} \Delta \delta_r \qquad (5-65)$$

式(5-65)的特征方程为 $\lambda^2 + 0.225\,8\lambda + 7.552 = 0$,其根为 $\lambda_d = -0.112\,9 \pm 2.745\,9j$。与前面精确值相比,实部相差较大,其绝对误差约为 0.1;而虚部误差较小,相对误差约为 1.2%。

对式(5-64)在零初始条件进行拉普拉斯变换后就可以得到传递函数模型:

$$\frac{\Delta \beta}{\Delta \delta_r} = \frac{\dfrac{Y_{\delta_r}}{mV_0}\left[ s + \left( -\dfrac{N_r}{I_z} - \dfrac{N_{\delta_r}/I_z}{Y_{\delta_r}/mV_0} \right) \right]}{s^2 + \left( -\dfrac{N_r}{I_z} - \dfrac{Y_\beta}{mV_0} \right)s + \left( \dfrac{Y_\beta}{mV_0}\dfrac{N_r}{I_z} + \dfrac{N_\beta}{I_z} \right)} \qquad (5-66)$$

$$\frac{\Delta r}{\Delta \delta_r} = \frac{\dfrac{N_{\delta_r}}{I_z}\left[ s + \left( \dfrac{N_\beta}{N_{\delta_r}}\dfrac{Y_{\delta_r}}{mV_0} - \dfrac{Y_\beta}{mV_0} \right) \right]}{s^2 + \left( -\dfrac{N_r}{I_z} - \dfrac{Y_\beta}{mV_0} \right)s + \left( \dfrac{Y_\beta}{mV_0}\dfrac{N_r}{I_z} + \dfrac{N_\beta}{I_z} \right)} \qquad (5-67)$$

从以上两式与横侧向运动模型式(5-21)的误差分析的情况来看,式(5-66)和式(5-67)特征方程中一次项系数 $\left( -\dfrac{N_r}{I_z} - \dfrac{Y_\beta}{mV_0} \right)$ 的误差比较大,而常数项是比较准确的,这就是说特征方程中的阻尼误差将是比较大的;从静增益上来看,两式的结果误差都是比较大的。

尽管如此,式(5-66)和式(5-67)中的特征方程还是提供了对荷兰滚模态阻尼的估计以及提高阻尼比的途径。显然荷兰滚模态的无阻尼频率为

$$\omega_d = \sqrt{\frac{Y_\beta}{mV_0}\frac{N_r}{I_z} + \frac{N_\beta}{I_z}}$$

一般情况下,$\dfrac{N_\beta}{I_z} \gg \dfrac{Y_\beta}{mV_0}\dfrac{N_r}{I_z}$,因此上式中的无阻尼频率可近似表达为

$$\omega_d \approx \sqrt{\frac{N_\beta}{I_z}}$$

从而荷兰滚模态阻尼比为

$$\xi_d = \left( -\frac{N_r}{I_z} - \frac{Y_\beta}{mV_0} \right) / (2\omega_d) = \left( -\frac{N_r}{I_z} - \frac{Y_\beta}{mV_0} \right) / (2\sqrt{N_\beta/I_z})$$

代入喷气飞机的数据可以得到,$\omega_d = 2.75$,$\xi_d = 0.041$。可见这架喷气飞机的荷兰滚阻尼太小,所以机头的飘摆运动不会快速收敛,有必要用增加阻尼的方法来消除这种不利的运动。

阻尼比表达式也指出了提高荷兰滚模态阻尼的途径:在航向静稳定导数 $N_\beta$(或 $C_{n\beta}$)不变的前提下,提高航向阻尼力矩导数 $N_r$($C_{nr}$)和侧力导数 $Y_\beta$(或 $C_{Y\beta}$)就可以达到。

通过气动外形的设计(例如增大立尾面积)来提高航向阻尼力矩及侧力导数是可行的,但同时航向静稳定性导数也会提高,从而荷兰滚阻尼比并不能得到有效的改善。

如果使用控制系统来增加航向阻尼力矩导数 $N_r$($C_{nr}$)和侧力导数 $Y_\beta$(或 $C_{Y\beta}$)是有意义的,则可以解决上述方法中的矛盾之处。如果控制系统采用侧滑角反馈,并将控制指令施加在方向舵上的控制方式,那么按式(5-21)或式(5-64),在 $Y_\beta$ 增加的同时,也会引起 $N_\beta$ 的增加,而且两者所增加的数量是一致的,因此荷兰滚阻尼仍然不会得到有效的增加,那么只能使用航向角速度的反馈来增加航向阻尼力矩导数 $N_r$,而在这种情况下 $Y_\beta$ 和 $N_\beta$ 都不会增加,因此荷兰滚模态阻尼就可以得到有效的改善。这种人工阻尼器也称为偏航阻尼器,其目的是提高偏航(航向)阻尼性能,从式(5-67)来看,这个偏航(航向)阻尼实际上就是荷兰滚模态阻尼。

从上述分析也可以看出,对于荷兰滚模态来说,$\omega_d$ 是由航向静稳定性所决定的,因此一个合适的或最佳 $\xi_d$($\xi_d = 0.707$)才是最好的设计选择。

按照纵向运动中短周期运动的进一步简化方法,式(5-66)和式(5-67)中,由于 $Y_{\delta_r} \ll Y_\beta$,在式(5-65)中的数据也支持了这一假设的正确性,所

以可以按照 $\frac{Y_{\delta_r}}{mV_0}\approx 0$ 对这两式进一步简化为

$$\frac{\Delta\beta}{\Delta\delta_r} = \frac{-\dfrac{N_{\delta_r}}{I_z}}{s^2 + \left(-\dfrac{N_r}{I_z} - \dfrac{Y_\beta}{mV_0}\right)s + \left(\dfrac{Y_\beta}{mV_0}\dfrac{N_r}{I_z} + \dfrac{N_\beta}{I_z}\right)} \qquad (5-68)$$

$$\frac{\Delta r}{\Delta\delta_r} = \frac{\dfrac{N_{\delta_r}}{I_z}\left(s - \dfrac{Y_\beta}{mV_0}\right)}{s^2 + \left(-\dfrac{N_r}{I_z} - \dfrac{Y_\beta}{mV_0}\right)s + \left(\dfrac{Y_\beta}{mV_0}\dfrac{N_r}{I_z} + \dfrac{N_\beta}{I_z}\right)} \qquad (5-69)$$

式(5-66)、式(5-67)或式(5-68)、式(5-69)带来的动态和稳态误差比较大,即使在提高荷兰滚阻尼的阻尼器设计中应用了这些近似方程,最后还是需要通过式(5-21)横侧向运动方程的计算来检查最后的结果。所以在系统设计中,应尽量使用式(5-21)的横侧向运动方程作为模型来使用,特别是在用方向舵作为输入的情况下尤为如此,以提高设计结果的精度。如果使用近似方程进行设计,那么就必须通过数学仿真对设计结果进行校核检查才能确定设计性能[9]。

## 5.8.4　协调转弯运动近似方程

飞机在水平面的转弯常常是以操纵飞机先开始滚转运动而进行的。因为通过升力倾斜而产生的向心力可以使速度矢量实现快速转向,但滚转的同时会立即产生侧滑角,由于偏航恢复力矩的滞后性,不能马上消除侧滑角。侧滑角将给飞机乘员和任务执行带来不便,因此用操纵方向舵使机体轴快速转动并跟上速度轴,就可实现侧滑角为零的操纵,由于升力的倾斜,需要增加额外的升力来平衡重力,否则飞机高度将会下降。这种操纵方式就是飞机转弯的协调操纵。

飞机在水平面内速度不变的条件下,连续改变飞行方向并保证滚转与偏航(航向)运动两者的耦合最小(即 $\Delta\beta = 0$),以及能保持飞行高度的一种机动动作,称为协调转弯或定常盘旋[2,5,6,7]。

根据上述定义,若假定飞机从等速平飞的基准运动出发进行协调转弯,则有以下特点:

(1)稳态滚转角 $\Delta\phi$ 为常数。

(2)稳态航向角速度 $\mathrm{d}\psi/\mathrm{d}t$ 为常数。

（3）稳态垂直速度等于零，$(\mathrm{d}H/\mathrm{d}t)|_{t\to\infty}=0$。

（4）稳态侧滑角为零，$\Delta\beta|_{t\to\infty}=0$。

明显地，对于一定的滚转角和飞行速度，只有一个相应的转弯角度可实现协调转弯。由于稳态侧滑角为零，从而侧向过载也为零，这就意味着经过对滚转和偏航运动的操纵后，进入协调转弯的稳态后，飞机将以等角速度 $\mathrm{d}\psi/\mathrm{d}t$、无侧向过载的等高度盘旋（圆周）运动。

根据以上分析，在稳态盘旋或协调转弯稳态后，飞机质心的受力如图 5-1 所示。

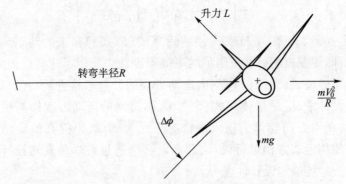

图 5-1 协调转弯稳态后飞机质心受力

由飞机受力图可知，以下平衡方程成立：

$$\begin{cases} L\cos\Delta\phi = mg \\ L\sin\Delta\phi = m\dfrac{V_0^2}{R} \end{cases} \tag{5-70}$$

式中，$R$ 为转弯或盘旋半径。

将上述两式中的升力 $L$ 变量消去后：

$$g\tan\Delta\phi = \frac{V_0^2}{R} \tag{5-71}$$

假定飞机在协调转弯稳态后在水平面上的 $AB$ 段圆周运动轨迹如图 5-2 所示。

由图 5-2 可知，飞机飞行速度为圆周轨迹的切向速度，因此与圆周角 $\kappa$ 之间的关系为

$$V_0 = R\frac{\mathrm{d}\kappa}{\mathrm{d}t} \tag{5-72}$$

将 $A$ 点选择在基准运动处，那么 $\kappa = \Delta\psi$，将此

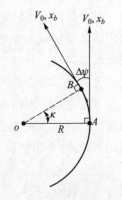

图 5-2 协调转弯稳态
后的水平航迹

表达式代入式(5 - 72),并代入式(5 - 71)得到稳态盘旋公式:

$$\frac{\mathrm{d}\Delta\psi}{\mathrm{d}t} = \frac{g}{V_0}\tan\Delta\phi \qquad (5 - 73)$$

当 $\Delta\phi$ 为小扰动量时,式(5 - 73)的线性化方程为

$$\frac{\mathrm{d}\Delta\psi}{\mathrm{d}t} \approx \frac{g}{V_0}\Delta\phi \qquad (5 - 74)$$

一般来说,式(5 - 73)也适用于带侧滑角($\Delta\beta\neq0°$)和大滚转角的稳态盘旋运动,式(5 - 74)则仅仅适用于小角度滚转角($\Delta\phi\leqslant10°$)时的稳态盘旋运动。

式(5 - 5)和式(5 - 74)适用于使用协调转弯来控制飞机跟踪水平航迹时的控制系统设计模型,即通过操纵滚转角的协调转弯进而达到对水平航迹角 $\Delta\chi$ 的控制作用,因为此时稳态协调转弯稳态后 $\Delta\chi = \Delta\psi$,显然如果采用上述模型设计,就是假定了操纵方向舵消除侧滑角被认为是瞬时完成的或响应速度至少要快于横侧向轨迹回路的响应。

由式(5 - 6)得到稳态转弯或盘旋公式的传递函数模型:

$$\Delta\psi \approx \left(\frac{g}{V_0}\right)\frac{1}{s}\Delta\phi \qquad (5 - 75)$$

稳态转弯或盘旋时,横侧向运动学方程为

$$\Delta\chi = \Delta\psi \approx \left(\frac{g}{V_0}\right)\frac{1}{s}\Delta\phi \qquad (5 - 76)$$

$$\Delta\dot{y}_e = V_0\Delta\chi \approx \frac{g}{s}\Delta\phi \qquad (5 - 77)$$

式(5 - 75)、式(5 - 76)和式(5 - 77)是飞行控制系统协调转弯来跟踪水平航迹的常用传递函数模型,但这些模型的使用是有条件的,同样使用这些简化模型所得到的设计结果必须通过全面的横侧向运动方程进行数学仿真检查。

## 5.9　放宽静稳定性技术

### 5.9.1　什么是放宽静稳定性问题

放宽静稳定性技术是纵向电传操纵系统经常应用的技术之一。正如在 5.7.6 节中所指出的,纵向短周期运动的稳定性主要是由静稳定性导数 $C_{m\alpha}$

所决定的,因此,所谓放宽静稳定性,实际上指的是放宽纵向短周期运动稳定边界问题。具体来说,放宽静稳定性就是静稳定性导数 $C_{m\alpha}$ 的绝对值 $|C_{m\alpha}|$ 由大变小,甚至由负变正,而变为静不稳定。

根据 5.7.6 节中 $K_{sp}^{n_z}$ 的表达式可以得到如下结论:如果放宽静稳定性,那么短周期运动的操纵性(静增益)就可以得到改善。然而放宽静稳定性后,将导致短周期运动的稳定性出现问题,同时短周期运动响应的上升时间也增加了,降低了运动初始响应的速度,特别是当 $C_{m\alpha} > 0$ 时短周期运动就不稳定了,那么就需要通过控制系统来保证短周期运动的稳定性。

为了说明 $C_{m\alpha}$ 对短周期运动的影响,可以考察当 $|C_{m\alpha}|$ 由小变大后对短周期运动数学模型中特征根的变化情况。短周期运动的特征方程为

$$s^2 + a_1 s + a_0 = 0$$

在 $a_0$ 中忽略 $L_\alpha M_q / (mV_0)$ 后,$a_0 \approx -M_\alpha / I_y = -[\rho V_0^2 S_w c_A / (2I_y)] C_{m\alpha}$,而 $a_1$ 与 $C_{m\alpha}$ 无关(见表 5–7),且一般情况下 $a_1 > 0$。

(1)如果 $C_{m\alpha} > 0$,则 $a_0 < 0$,那么特征方程一定存在大于零的实根,从而短周期运动将是不稳定的,并且是具有单调发散的非周期运动形式。

(2)当 $C_{m\alpha} \leq 0$ 时,考察 $|C_{m\alpha}|$ 从 $0 \rightarrow +\infty$ 时的特征根轨迹。将上述特征方程变换为根轨迹方法的方程,则为

$$1 + \frac{-[\rho V_0^2 S_w c_A / (2I_y)] C_{m\alpha}}{s(s + a_1)} = 0$$

开环传递函数的极点分别为 $s_1 = 0$ 和 $s_2 = -a_1$,因此当 $|C_{m\alpha}|$ 变化时,短周期运动的特征根轨迹如图 5–3 所示。

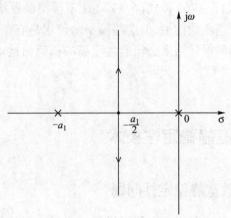

图 5–3　$|C_{m\alpha}| \in [0, +\infty)$ 时的根轨迹

从图 5 – 3 中可以看出,随着$|C_{m\alpha}|$变大,特征根由实数根变为复数根,这意味着短周期运动由非周期收敛运动形式改变为周期性收敛运动形式,然而其阻尼将逐渐变小,这一点也可以从前面短周期运动阻尼比的表达式中得到同样的结论;并且若放宽静稳定性到一定的程度,即$|C_{m\alpha}|$小到一定的数值,那么特征根轨迹就位于实轴上了,随着$|C_{m\alpha}|$进一步减小,会有一个实根向着原点移动,这就意味着,短周期运动收敛速度将逐步变慢,而渐渐地改变短周期运动的主要特征,即运动收敛的快速性所引起的短周期特性,从而使纵向运动无法用时间尺度区分为长短周期运动。

放宽静稳定性后,如果通过控制系统来单纯地补偿$C_{m\alpha}$($C_{m\alpha} < 0$,并有一定的稳定裕量)来保证短周期运动稳定性是不够的,必须同步补偿下降的阻尼比。因此,在放宽静稳定性的飞机设计中,必须通过控制系统来确保:$C_{m\alpha} < 0$,以使短周期运动是稳定的;$|C_{m\alpha}|$应有适当的数值,使短周期运动是具有合适阻尼比的周期性收敛运动。

放宽静稳定性就是导数$C_{m\alpha}$的绝对值$|C_{m\alpha}|$由大变小,甚至由负变正,实际上它反映了重心相对于焦点位置的变化,如图 3 – 5 所示。由于静稳定性导数定义为

$$C_{m\alpha} = \left( \frac{x_{cg}}{c_A} - \frac{x_F}{c_A} \right) C_{L\alpha} = ( \bar{x}_{cg} - \bar{x}_F ) C_{L\alpha} \qquad (5-78)$$

因此按图 3 – 5:

(1)$\bar{x}_{cg} < \bar{x}_F$,重心在焦点之前,则$C_{m\alpha} < 0$,短周期运动是稳定的。

(2)$\bar{x}_{cg} = \bar{x}_F$,重心与焦点重合,则$C_{m\alpha} = 0$,短周期运动是中立稳定的。

(3)$\bar{x}_{cg} > \bar{x}_F$,重心在焦点之后,则$C_{m\alpha} > 0$,短周期运动是不稳定的,并具有单调发散的非周期运动形式。

所以重心相对于焦点的位置就决定了静稳定性导数的符号,或者说通过调整重心位置就可以达到放宽静稳定性的目的。

需要指出的是,静稳定性准则仅仅是纵向短周期运动稳定性的设计判据之一,是短周期运动稳定性的必要条件而非充分条件。就如短周期运动特征方程中,若$a_1 < 0$,即使$a_0 > 0$,那么短周期运动也是不稳定的。因此短周期运动稳定的条件是:$a_1 > 0$ 和$a_0 > 0$ 同时被满足。

## 5.9.2　放宽静稳定性的动力学特性

放宽静稳定性的实质,需要从飞行动力学的角度来考虑,具体地可以通过纵向力矩平衡时的阻力和升力来研究。平衡飞行时的阻力和升力也称为

配平阻力和配平升力。纵向力矩平衡方程可以用力矩系数来表示：

$$C_m = C_{m0} + C_{m\alpha}\alpha + C_{m\delta_e}\delta_e \tag{5-79}$$

式中，$C_{m0}$ 为迎角 $\alpha=0$ 和升降舵偏角 $\delta_e=0$ 时的零力矩系数；$C_{m\alpha}$ 为 $\delta_e$ 为零（或为某个常数）时全机升力对迎角的导数。

当纵向力矩平衡时，$C_m=0$，则从式（5-79）得到

$$\delta_e = -\frac{1}{C_{m\delta_e}}(C_{m0} + C_{m\alpha}\alpha) \tag{5-80}$$

式中，$C_{m\delta_e}$ 为全机力矩对升降舵的导数，可用全机升力对升降舵偏角的导数 $C_{L\delta_e}$ 和平尾焦点距离 $L_h$ 来表示：

$$C_{m\delta_e} = -\frac{L_h}{c_A}C_{L\delta_e} = -\bar{L}_h C_{L\delta_e} \tag{5-81}$$

将式（5-78）和式（5-81）代入式（5-78）后得到

$$\delta_e = \frac{1}{\bar{L}_h C_{L\delta_e}}[C_{m0} + (\bar{x}_{cg} - \bar{x}_F)C_{L\alpha}\alpha] \tag{5-82}$$

在升降舵偏转角不为零时的全机升力为

$$C_L' = C_{L\alpha}\alpha + C_{L\delta_e}\delta_e$$

将式（5-82）代入上式，并经整理后得到

$$C_L' = \frac{C_{m0}}{\bar{L}_h} + \left(1 + \frac{\bar{x}_{cg} - \bar{x}_F}{\bar{L}_h}\right)C_{L\alpha}\alpha \tag{5-83}$$

式（5-83）表示了用升降舵偏转角进行配平后的全机升力系数，这个升力也称为配平升力。当 $\bar{x}_{cg} = \bar{x}_F$ 时，配平迎角为 $\alpha_1$，则配平升力为

$$C_{L1}' = \frac{C_{m0}}{\bar{L}_h} + C_{L\alpha}\alpha_1 \tag{5-84}$$

在式（5-84）中，升降舵偏转 $C_{m0}/(\bar{L}_h C_{L\delta_e})$ 后平尾产生升力 $C_{m0}/\bar{L}_h$，用来配平 $C_{m0}$。

设在 $\bar{x}_{cg} \neq \bar{x}_F$ 时的配平迎角为 $\alpha_2$，则配平升力为

$$C_{L2}' = \frac{C_{m0}}{\bar{L}_h} + \left(1 + \frac{\bar{x}_{cg} - \bar{x}_F}{\bar{L}_h}\right)C_{L\alpha}\alpha_2 \tag{5-85}$$

若要 $C_{L1}' = C_{L2}'$，即在重心与焦点重合与不重合时的配平升力一致，那么由式（5-84）和式（5-85）得到

$$\frac{\alpha_2}{\alpha_1} = \frac{1}{1 + \dfrac{\bar{x}_{cg} - \bar{x}_F}{\bar{L}_h}} \tag{5-86}$$

按式(5-86)：

(1)若存在 $\bar{x}_{cg} < \bar{x}_F$，则 $\alpha_2 > \alpha_1$，表明如果要获得同样的配平升力，那么在 $\bar{x}_{cg} < \bar{x}_F$ 的配平迎角就会大于 $\bar{x}_{cg} = \bar{x}_F$ 的配平迎角。

(2)若存在 $\bar{x}_{cg} > \bar{x}_F$，则 $\alpha_2 < \alpha_1$，表明如果要获得同样的配平升力，那么在 $\bar{x}_{cg} > \bar{x}_F$ 的配平迎角就会小于 $\bar{x}_{cg} = \bar{x}_F$ 的配平迎角。

也就是说，如果重心配置在焦点之前($\bar{x}_{cg} < \bar{x}_F$)，即静稳定的情形，那么飞机的配平迎角将会变大；而若将重心配置在焦点之后($\bar{x}_{cg} > \bar{x}_F$)，即放宽静稳定性或静不稳定的情形下，配平迎角将会减小。因此，放宽静稳定性的实质就是减小了配平迎角，并由此减小了配平迎角所产生的升致阻力或配平阻力，同时升降舵所产生的用于配平的负升力绝对值减小甚至转变为正升力($\bar{x}_{cg} > \bar{x}_F$)情况下，增大了全机升力，提高了飞机的气动效率。

### 5.9.3    放宽静稳定性的效益和使用限制

静稳定和静不稳定时配平迎角上的差别，对现代高性能飞机阻力来说有至关重要的意义。现代高性能飞机为了适应跨声速和超声速飞行，不得不采用小展弦比、大后掠机翼或三角形机翼，这类气动外形机翼的升致阻力系数 $C_{Di}$ 随迎角 $\alpha$ 的增长特别快，这就使得在获得相同升力系数 $C_L$ 的情况下，放宽静稳定性或静不稳定情况下的配平阻力要小很多，而且 $C_L$ 越大，阻力系数 $C_D$ 相差也越大，两者之间呈现非线性的关系。因此，利用放宽静稳定性或静不稳定的配平来减小升致阻力的效果相当明显，在发动机提供相同的可用推力情况下，放宽静稳定性的飞机可以获得更大的机动载荷。

放宽静稳定性或静不稳定的应用，除了降低了阻力外，同时也使得飞机的整个升力得到增加。若设计为静不稳定(大多用在亚声速飞行阶段)，那么升降舵下偏使平尾产生向上、正的配平升力，从而飞机的合升力得到提高，配平升力的增加和阻力的降低使得增加了升阻比；即使采用放宽静稳定性设计(大多用在超声速飞行阶段)，由于重心与焦点之间的距离减小，就减小了平尾产生的配平力矩，这就意味着平尾所产生的负升力也减小了，所以飞机合升力的降低也小于没有采用放宽静稳定性的飞机，同时配平阻力的降低也使得升阻比增加(相比未使用放宽静稳定性的飞机)。升阻比的增加提高了飞机的气动效率，对飞机性能有着非常重要的意义。具体来说，放宽静稳定性后的效益有：

(1)升阻比增加，使飞行性能得到提高，在相同燃料量的情况下增加了有效航程,并提高了飞机的水平加速、爬升能力以及升限,飞机的法向过载也得到增加。

(2)减小了平尾和垂尾面积,降低了飞机质量。

(3)减小了飞机盘旋半径和增加了转弯角速度,推导如下:

由于法向过载定义为

$$n_z = \frac{L}{mg}$$

稳定盘旋时,由式(5-70)的第一式,得到 $mg = L\cos\Delta\phi$,代入上式后得到

$$n_z = \frac{L}{L\cos\Delta\phi} = \frac{1}{\cos\Delta\phi}$$

由式(5-71)得到盘旋半径并代入关于过载的表达式后,得到

$$R = \frac{V_0^2}{g\tan\Delta\phi} = \frac{V_0^2}{g\sqrt{n_z^2 - 1}} \tag{5-87}$$

依据上式,由于 $n_z$ 增加,故盘旋半径 $R$ 减小。

由式(5-73)得到转弯角速度并代入关于过载的表达式后,得到

$$\frac{\mathrm{d}\Delta\psi}{\mathrm{d}t} = \frac{g}{V_0}\tan\Delta\phi = \frac{g}{V_0}\sqrt{n_z^2 - 1} \tag{5-88}$$

依据上式,由于 $n_z$ 增加,故转弯角速度 $\Delta\dot{\psi}$ 同步增加,使得飞机的转弯变得更快了。

当然,也并非重心后移越多配平阻力就减少越多。重心后移越多,平尾焦点与重心的距离越小,为了配平,升降舵或安定面的偏角就越大,那么由于偏转角增加引起的阻力也增加了。当该阻力的增加超过了因配平迎角减小而减少的升致阻力时,再把重心后移便不可取。而在另一方面,由于放宽静稳定性后纵向短周期运动的稳定性是依靠控制系统来保证的,因此为了飞行安全,必须考虑到当控制系统故障时,要求飞机不稳定的单调发散运动不能太快。基于上述两个原因,说明静不稳定度不能太大,即 $C_{m\alpha} > 0$ 的数值不能太大。因此,放宽静稳定性技术的应用是有限制条件的。

## 5.9.4　放宽静稳定性对气动导数的影响

本节只说明对放宽静稳定性或重心后移有显著影响的气动导数,这些导数主要是有关力矩的导数,这是因为重心的后移实际上就是减小了平尾升力和垂尾侧力相对于重心的力臂,而对力的导数影响不大或没有影响[7]。

## 1. 静稳定性导数 $C_{m\alpha}$

根据式(5-76)，表明重心的后移对 $C_{m\alpha}$ 有较大的影响。在该表达式中，由于 $C_{L\alpha}$ 是不受重心移动影响的，因此常常将式(5-76)写成如下形式：

$$C_{mC_L} = \frac{C_{m\alpha}}{C_{L\alpha}} = \bar{x}_{cg} - \bar{x}_F \qquad (5-89)$$

$C_{mC_L}$ 也称为静稳定度，且只与重心与焦点距离之差有关。$C_{mC_L}$ 是重心到焦点距离的度量，表示了静稳定性的程度，显然，重心后移将引起 $C_{mC_L}$ 的绝对值减小，直至由负变正，这样静稳定性变弱直至不稳定；而重心前移或焦点后移则在 $C_{mC_L} < 0$ 条件下使 $C_{mC_L}$ 绝对值增加，从而静稳定性程度也得到增加。

## 2. 俯仰操纵导数 $C_{m\delta_e}$

由于导数为升降舵偏角 $\delta_e$ 所引起的纵向力矩导数，其定义为式(5-81)。显然，重心后移导致 $\bar{L}_h$ 减小，且 $C_{L\delta_e}$ 不变，从而 $C_{m\delta_e}$ 将减小，影响了俯仰操纵效率。

## 3. 阻尼导数 $C_{mq}$ 和 $C_{m\dot\alpha}$

这两个导数均与重心到平尾焦点距离 $\bar{L}_h$ 有关且成正比[张明廉]，因此当重心后移时，$C_{mq}$ 和 $C_{m\dot\alpha}$ 导数都减小，然而并不会改变这两个导数的性质，即仍然起阻尼作用。

## 4. 航向静稳定性导数 $C_{n\beta}$

$$C_{n\beta} = \frac{L_{vt}}{b} C_{y\beta} = \bar{L}_{vt} C_{y\beta}$$

式中，$C_{y\beta}$ 为侧力导数，$L_{vt}$ 为垂尾焦点到重心的距离，$b$ 为翼展长度。

重心后移导致 $L_{vt}$ 减小，$C_{y\beta}$ 不变，则 $C_{n\beta}$ 也相应地减小，表明航向静稳定性下降，并引起荷兰滚模态的无阻尼频率降低或不稳定。因此在放宽静稳定性后也需要通过控制系统对航向静稳定性进行补偿，如采用侧滑角反馈或侧向过载反馈的控制系统。

## 5. 航向操纵导数 $C_{n\delta_r}$

$$C_{n\delta_r} = \bar{L}_{vt} C_{y\delta_r}$$

重心后移导致 $L_{vt}$ 减小，$C_{y\delta_r}$ 不变，则 $C_{n\delta_r}$ 也相应地减小，表明航向操纵性下降。

### 6. 阻尼导数 $C_{nr}$ 和 $C_{lr}$

$C_{nr}$ 与 $\overline{L}_{vt}^2$ 成正比，$C_{lr}$ 与 $\overline{L}_{vt}$ 成正比。因此，重心后移导致 $L_{vt}$ 减小，两个阻尼导数都将下降，但 $C_{nr}$ 减小值比 $C_{lr}$ 减小值要大一些。所以在放宽静稳定性的飞机上，需要通过计算后，来决定对偏航和滚转阻尼导数的补偿，使得荷兰滚和滚转运动有合适的阻尼特性。

尽管放宽静稳定性可以使飞机纵向运动性能得到极大的改善和提高，但也影响了横侧向运动动力学性能。这就需要在放宽静稳定性设计时，不仅要关注纵向运动的性能，而且也对横侧向动力学性能进行检查，必要时应通过控制系统来补偿降低的性能。

第 **6** 章

# 风作用下的
# 飞机运动方程

 ## 6.1 风场特性和数学模型

在大气中飞行时,飞机会受到风的影响。因此,为了确定风对飞行的定量影响,就必须首先对风建立数学模型,其二需要建立加入有风变量的飞机运动方程,然后通过数学仿真就可以得到或评价风对飞机动力学特性的定量作用,以及风作用下飞行控制系统的控制能力。

### 6.1.1 航空飞行高度内的风场特性

风是空气团流动的结果,风的空间和时间的变化分布称为风场,风场特性是大气物理特性之一。从大气结构上来看,航空飞行主要是在对流层和平流层内进行。对流层的范围一般认为是从海平面开始的 $16 \sim 18$ km 的高度,对流层高度随着在地球上的位置不同,其高度也有所不同,在南极和北极最低,只有 $7 \sim 8$ km 的高度;平流层是对流层边界以上直到距海平面 50 km 的高度范围内[9]。

显然大部分固定翼飞机还是在对流层内飞行的。但在对流层具有强烈的对流特性,气流非常不稳定,会发生云、雨和雷暴等剧烈的天气现象,有阵风和湍流以及风切变。

尽管在地球上每一个地区,不同季节的风速分布不同,但水平风速的基本规律是相同的,在海平面以上20 km高度的范围内,平均风速是随着高度增加的[15]。

按照空气团的运动特性,风可以分为常值风和变化风。常值风是指在一定的空间和时间范围内,风速矢量为常值的风;变化风则是在一定的空间和时间范围内,风的速度大小和方向变化的风。这两种典型的风是建立风模型的基础。

按照风速矢量相对飞机飞行方向,又可以分为顺风,即与飞行方向一致;逆风,与飞行方向相反;侧风,与飞行方向成一定的夹角。

常值风的形式是简单的,而变化风则复杂和多样,最常用的两类变化风是:低空风切变;晴空紊流和云中紊流。

在自然界并不存在严格意义下的常值风,常值风只是说明在一个相对长的时间内,所研究空间范围内风速的平均值保持不变。由于在每个时刻都保持了同样的风速,常值风也是一种强度最大的风。

低空风切变是指在空间两点之间的平均风速差与距离之比,实际上就是平均风的时间或空间的变化。低空风切变对飞机起飞和降落的危害已被国际航空和气象界所公认。

紊流实际上是风的脉动变化,它是在风速平均值的基础上叠加脉动分量所形成的。当飞机在紊流场中飞行时,会发生紊流颠簸。由于紊流变化频率比较低,造成飞机低频的颠簸运动,这种低的运动频率可能会接近控制系统的固有频率,而引起系统的自激振荡,这是需要注意的。

## 6.1.2　典型风的数学模型

对于飞机飞行动力学来说,风是一种扰动输入。风速和风向是数学模型中非常重要的两个因素,将直接影响飞机的运动;对于飞行控制系统来说,在风的扰动下,对飞机运动的控制性能是有要求的。而这些风对飞机运动和飞行控制系统影响的定量化描述,比较常用的方法是:通过风的数学模型来产生随时间变化的风速并作为飞机运动方程扰动输入,然后用数学仿真的方法来确定。这里仅仅介绍最常用的常值风和紊流数学模型。

### 1. 常值风

常值风是与时间无关的风,它的风速大小等于特定时间内风速的平均值。从工程研究的角度,只有在采用"冻结场"的假设条件下,平均风才是与时间无关的常值风。一般来说,平均风速大多采用统计值。因此,常值风可以作为一个常值扰动量加入飞机运动方程中。对飞行控制系统的设计来说,常值风的影响是最为严峻的,在一定的常值风速下,飞行控制系统的性能是非常重要的指标,并常常受到驾驶员和设计者的关注。

2. 紊流

紊流是个随机过程,一般用平稳随机过程来描述[15]。因此,紊流速度就是平稳随机变量,在这样的假设下并结合统计数据就可以建立紊流速度的数学模型。

由于随机过程的相关函数可以采用频域内的频谱函数来描述,并且频谱函数曲线所包围的面积恰好为随机变量的均方差,而均方差则是随机变量或随机过程的功率,因而,频谱函数描述了随机变量或随机过程的功率按频率的分布,所以频谱函数又称为功率谱密度函数。

紊流速度的数学模型就是使用了功率谱密度函数的形式。目前,在航空科学中常用的紊流速度数学模型有两种,一种是德莱顿紊流模型;另一种是冯·卡门紊流模型。这两种紊流模型都是用空间频谱函数形式给出的,而不能直接应用于时域内的仿真计算,从而需要将空间频谱函数转换为时间频谱函数,才能在数学仿真或半物理仿真中使用。

这两种紊流模型,只有德莱顿紊流模型可应用于基于时域的仿真计算中,因此主要介绍德莱顿紊流模型。在美国军用标准 MIL – F – 8785C 中,给出了单侧空间频谱形式的德莱顿紊流速度模型[9],通过下式即可将空间频谱函数转换为时间频谱函数,空间频率 $\Omega$ 与时间频率 $\omega$ 之间的关系可以通过飞行速度$V_0$来建立:

$$\Omega = \frac{\omega}{V_0}$$

将上述关系代入德莱顿紊流速度的空间频谱函数后,就可得到时间频谱的形式:

$$\begin{cases} \Phi_u(\omega) = \sigma_u^2 \left( \dfrac{2L_u}{\pi V_0} \right) \dfrac{1}{1 + \left[ (L_u/V_0)\omega \right]^2} \\[3mm] \Phi_v(\omega) = \sigma_v^2 \left( \dfrac{L_v}{\pi V_0} \right) \dfrac{1 + 3\left[ (L_v/V_0)\omega \right]^2}{\left\{ 1 + \left[ (L_v/V_0)\omega \right]^2 \right\}^2} \\[3mm] \Phi_w(\omega) = \sigma_w^2 \left( \dfrac{L_w}{\pi V_0} \right) \dfrac{1 + 3\left[ (L_w/V_0)\omega \right]^2}{\left\{ 1 + \left[ (L_w/V_0)\omega \right]^2 \right\}^2} \end{cases} \qquad (6-1)$$

式中,$\Phi_u,\Phi_v,\Phi_w$为紊流投影在地面坐标系($o_e x_e y_e z_e$)三个轴($o_e x_e$、$o_e y_e$、$o_e z_e$)上的速度频谱函数或功率谱函数;$\omega$为时间域频率变量,即$\omega=2\pi/T$,$T$是周期时间;$V_0$为飞机飞行速度;$L_u,L_v,L_w$为紊流尺度;$\sigma_u,\sigma_v,\sigma_w$为紊流强度。

在 2 000 ft(609.6 m)以上的中高空紊流是以各向同性假定为依据的,因此,$L_u=L_v=L_w$,$\sigma_u=\sigma_v=\sigma_w$,并且对于德莱顿模型而言,$L_u=L_v=L_w=$ 1 750 ft(533.4 m);而$\sigma_u$、$\sigma_v$、$\sigma_w$紊流强度与飞机的飞行高度有关,可在 MIL – F – 8785C 标准中的图七曲线中查到。

从式(6 – 1)可以看出,德莱顿紊流模型的频谱函数是关于$\omega$的有理函数,可以通过对频谱函数的共轭分解设计出成形滤波器,然后用随时间变化的高斯白噪声(均值为零,均方差为 1 的高斯噪声)作为成形滤波器的输入,而成形滤波器的输出即随时间变化的紊流速度[9]。

因此,式(6 – 1)所对应的成形滤波器传递函数为

$$\begin{cases} G_u(s)=\dfrac{K_u}{T_u s+1}, \quad K_u=\sigma_u\sqrt{\dfrac{2L_u}{\pi V_0}}, \quad T_u=\dfrac{L_u}{V_0} \\[3mm] G_v(s)=\dfrac{K_v(T_{v1}s+1)}{(T_{v2}s+1)^2}, \quad K_v=\sigma_v\sqrt{\dfrac{L_v}{\pi V_0}}, \quad T_{v1}=\dfrac{\sqrt{3}L_v}{V_0}, \quad T_{v2}=\dfrac{L_v}{V_0} \quad (6-2) \\[3mm] G_w(s)=\dfrac{K_w(T_{w1}s+1)}{(T_{w2}s+1)^2}, \quad K_w=\sigma_w\sqrt{\dfrac{L_w}{\pi V_0}}, \quad T_{w1}=\dfrac{\sqrt{3}L_w}{V_0}, \quad T_{w2}=\dfrac{L_w}{V_0} \end{cases}$$

图 6 – 1 所示为成形滤波器的作用原理,在实际的时域仿真中也是按该图的方法进行使用的。

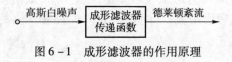

高斯白噪声 → 成形滤波器传递函数 → 德莱顿紊流

图 6 – 1　成形滤波器的作用原理

## 6.2　风作用下的飞机运动方程

假定飞机的基准运动符合 5.1.4 节的条件,并将直线飞行限定为水平直线飞行($\gamma_0=0$),小扰动运动是由风所引起的,同时假定风速远小于飞行速度,那么可以将风速定义在机体坐标系($o_b x_b y_b z_b$)上,由于水平飞行基准运动时的机体轴$o_b x_b$上的速度投影$u_0=V_0$,如此就可以方便地用风与飞行速度$V_0$或与机体轴的相对方位来定义风速的方向。

（1）顺风：方向与 $o_b x_b$ 轴一致，则为正（$+u_w$）。

（2）逆风：方向与 $o_b x_b$ 轴相反，则为负（$-u_w$）。

（3）左侧（来）风：方向与 $o_b y_b$ 轴一致，则为正（$+v_w$）。

（4）右侧（来）风：方向与 $o_b y_b$ 轴相反，则为负（$-v_w$）。

（5）下降风：方向与 $o_b z_b$ 轴一致，则为正（$+w_w$）。

（6）上升风：方向与 $o_b z_b$ 轴相反，则为负（$-w_w$）。

在运动方程式（5-20）和式（5-21）的基础上建立有扰动风作用的运动方程时，一般是根据速度三角形的关系来进行推导建立的[15]。速度三角形的关系为

$$V_k = V_0 + V_w \qquad (6-3)$$

由于风一般定义在地面坐标系，因此速度三角形在地面坐标系（$o_e x_e y_e z_e$）内成立。若飞机基准运动为等速平飞且 $\theta_0 = \alpha_0 \approx 0°$，那么速度三角形在机体坐标系（$o_b x_b y_b z_b$）内也近似成立。

同时，由于 $V_k$ 是飞机质心相对于地面的速度，也就是近似于惯性坐标系下的速度，从而决定了式（5-20）中的惯性力 $m(\mathrm{d}V_k/\mathrm{d}t)$ 的大小和方向；空速（或飞行速度）$V_0$ 只影响与动压 $\rho V_0^2/2$ 有关的空气动力和力矩的大小；而风速矢量影响速度三角形的相互关系，若 $V_w = 0$，则 $V_k = V_0$。即风不影响气动力和力矩的大小，而只对惯性力有影响作用，因此可在第 5 章中运动方程的基础上，建立有风情况下的运动方程。

将式（6-3）在机体坐标系内写成三轴分量的小扰动形式后：

$$\begin{cases} \Delta u_k + u_{k0} = \Delta u + u_0 + u_w \\ \Delta v_k + v_{k0} = \Delta v + v_0 + v_w \\ \Delta w_k + w_{k0} = \Delta w + w_0 + w_w \end{cases}$$

在上述所假定的基准运动下，$u_{k0} = u_0 = V_0, v_{k0} = v_0 = 0, w_{k0} = w_0 = 0$，并且 $\Delta u = \Delta V, \Delta u_k = \Delta V_k$，所以从上述扰动方程组的第一个方程中得到

$$\Delta V = \Delta V_k - u_w \qquad (6-4)$$

将第二和第三方程的两边同时除以 $V_0$ 后，得到

$$\Delta \beta = \Delta \beta_k - v_w/V_0 \qquad (6-5)$$

$$\Delta \alpha = \Delta \alpha_k - w_w/V_0 \qquad (6-6)$$

式（6-5）和式（6-6）中，$\Delta \beta \approx \Delta v/V_0, \Delta \alpha \approx \Delta w/V_0$，这两个表达式是由式（5-10）（a）、（c）在 $\gamma_0 = 0$ 时的结果；定义 $\Delta \alpha_k \approx \Delta w_k/V_0, \Delta \beta_k \approx \Delta v_k/V_0$，$\Delta \alpha_k$ 和 $\Delta \beta_k$ 只表示速度 $\Delta V_k$ 与机体轴 $o_b x_b$ 的方位关系，而没有空气动力学意

义,气动力和力矩的计算只与 $\Delta\alpha$ 和 $\Delta\beta$ 有关[15],而风速则形成了附加的气动力或力矩。

若将式(6-4)、式(6-5)和式(6-6)代入式(5-20)和式(5-21),就可得到风扰动下的飞机运动方程,这一方程代表了风速对飞机运动(速度、迎角和侧滑角)的第一阶影响;第二阶影响是由风速沿机体非均匀分布的梯度所造成的,这种影响很小,通常可以忽略不计[15]。那么风速扰动下的飞机运动方程如式(6-7)和式(6-8)所示。

风扰动下的纵向小扰动状态方程,基准运动为等速直线平飞($\gamma_0 = 0$, $\alpha_0 \approx 0$ 和 $\varphi_T \approx 0$ 及忽略 $T_0$)。

$$
\begin{bmatrix} \Delta\dot{V}_k \\ \Delta\dot{\alpha}_k \\ \Delta\dot{q} \\ \Delta\dot{\theta} \end{bmatrix} = \begin{bmatrix} \dfrac{T_V - D_V}{m} & \dfrac{mg - D_\alpha}{m} & 0 & -g \\[3mm] -\dfrac{L_V}{mV_0} & -\dfrac{L_\alpha}{mV_0} & 1 & 0 \\[3mm] \dfrac{1}{I_y}\left(M_V + T_V z_T - \dfrac{M_{\dot\alpha} L_V}{mV_0}\right) & \dfrac{1}{I_y}\left(M_\alpha - \dfrac{M_{\dot\alpha} L_\alpha}{mV_0}\right) & \dfrac{1}{I_y}(M_q + M_{\dot\alpha}) & 0 \\[3mm] 0 & 0 & 1 & 0 \end{bmatrix} \cdot
$$

$$
\begin{bmatrix} \Delta V_k \\ \Delta\alpha_k \\ \Delta q \\ \Delta\theta \end{bmatrix} + \begin{bmatrix} 0 & \dfrac{T_{\delta_T}}{m} \\[3mm] -\dfrac{L_{\delta_e}}{mV_0} & 0 \\[3mm] \dfrac{1}{I_y}\left(M_{\delta_e} - \dfrac{M_{\dot\alpha} L_{\delta_e}}{mV_0}\right) & \dfrac{T_{\delta_T} z_T}{I_y} \\[3mm] 0 & 0 \end{bmatrix} \begin{bmatrix} \Delta\delta_e \\ \Delta\delta_T \end{bmatrix} -
$$

$$
\begin{bmatrix} \dfrac{T_V - D_V}{m} & \left(\dfrac{mg - D_\alpha}{m}\right)\left(\dfrac{1}{V_0}\right) \\[3mm] -\dfrac{L_V}{mV_0} & -\left(\dfrac{L_\alpha}{mV_0}\right)\left(\dfrac{1}{V_0}\right) \\[3mm] \dfrac{1}{I_y}\left(M_V + T_V z_T - \dfrac{M_{\dot\alpha} L_V}{mV_0}\right) & \dfrac{1}{I_y}\left(M_\alpha - \dfrac{M_{\dot\alpha} L_\alpha}{mV_0}\right)\left(\dfrac{1}{V_0}\right) \\[3mm] 0 & 0 \end{bmatrix} \begin{bmatrix} u_w \\ w_w \end{bmatrix} +
$$

$$\begin{bmatrix} 1 & 0 \\ 0 & \dfrac{1}{V_0} \\ 0 & 0 \\ 0 & 0 \end{bmatrix} \begin{bmatrix} \dot{u}_w \\ \dot{w}_w \end{bmatrix} \qquad\qquad (6-7)$$

运动学和几何关系方程：

$$\Delta \dot{x}_e = \Delta V_k$$

$$\Delta \dot{H} = V_0 \Delta \gamma$$

$$\Delta \gamma = \Delta \theta - \Delta \alpha_k$$

式中，$\Delta \alpha_k , \Delta \theta , \Delta \gamma , \Delta \delta_e , \Delta \delta_T$ 的单位是 rad；$\Delta H$ 的单位是 m；$\Delta q$ 的单位是 rad/ s；$\Delta V_k , \Delta \dot{x}_e , u_w , w_w$ 的单位是 m/s。

风扰动下的横侧向小扰动状态方程，基准运动为等速直线平飞（$\gamma_0 = 0$，$\alpha_0 \approx 0$ 和 $\varphi_T \approx 0$ 及忽略 $T_0$）。

$$\begin{bmatrix} \Delta \dot{\beta}_k \\ \Delta \dot{p} \\ \Delta \dot{r} \\ \Delta \dot{\phi} \end{bmatrix} = \begin{bmatrix} \dfrac{Y_\beta}{mV_0} & 0 & -1 & \dfrac{g}{V_0} \\ \dfrac{L_\beta}{I_x'} + I_{xz}' N_\beta & \dfrac{L_p}{I_x'} + I_{xz}' N_p & \dfrac{L_r}{I_x'} + I_{xz}' N_r & 0 \\ \dfrac{N_\beta}{I_z'} + I_{xz}' L_\beta & \dfrac{N_p}{I_z'} + I_{xz}' L_p & \dfrac{N_r}{I_z'} + I_{xz}' L_r & 0 \\ 0 & 1 & 0 & 0 \end{bmatrix} \begin{bmatrix} \Delta \beta_k \\ \Delta p \\ \Delta r \\ \Delta \phi \end{bmatrix} +$$

$$\begin{bmatrix} 0 & \dfrac{Y_{\delta_r}}{mV_0} \\ \dfrac{L_{\delta_a}}{I_x'} + I_{xz}' N_{\delta_a} & \dfrac{L_{\delta_r}}{I_x'} + I_{xz}' N_{\delta_r} \\ \dfrac{N_{\delta_a}}{I_z'} + I_{xz}' L_{\delta_a} & \dfrac{N_{\delta_r}}{I_z'} + I_{xz}' L_{\delta_r} \\ 0 & 0 \end{bmatrix} \begin{bmatrix} \Delta \delta_a \\ \Delta \delta_r \end{bmatrix} -$$

$$\frac{1}{V_0}\begin{bmatrix} \dfrac{Y_\beta}{mV_0} \\[2.2ex] \dfrac{L_\beta}{I'_x}+I'_{xz}N_\beta \\[2.2ex] \dfrac{N_\beta}{I'_z}+I'_{xz}L_\beta \\[2.2ex] 0 \end{bmatrix} v_w + \frac{1}{V_0}\begin{bmatrix} 1 \\ 0 \\ 0 \\ 0 \end{bmatrix} \dot{v}_w \qquad (6-8)$$

运动学和几何关系方程：

$$\Delta \dot{y}_e = V_0 \Delta \mathcal{X}$$

$$\Delta \dot{\psi} = \Delta r$$

$$\Delta \mathcal{X} = \Delta \psi + \Delta \beta_k$$

其中　　$I'_x = (I_x I_z - I_{xz}^2)/I_z$,　　$I'_z = (I_x I_z - I_{xz}^2)/I_x$,　　$I'_{xz} = I_{xz}/(I_x I_z - I_{xz}^2)$

式中, $\Delta\beta_k, \Delta\phi, \Delta\psi, \Delta\mathcal{X}, \Delta\delta_a, \Delta\delta_r$ 的单位是 rad; $\Delta p, \Delta r$ 的单位是 rad/s; $V_0$, $\Delta\dot{y}_e, v_w$ 的单位是 m/s。

## ■ 6.3　握杆(舵面锁定)时飞机对常值风的稳态响应

常值风时,风速对时间的导数为零,并将式(6-7)和式(6-8)退化为代数方程,就可以得到在舵面锁定($\Delta\delta_e = \Delta\delta_a = \Delta\delta_r = 0$ 及 $\Delta\delta_T = 0$)条件下的稳态响应或静增益。

对式(6-7),其单位常值风 $u_w$ 和 $w_w$ 输入下的稳态响应或静增益为

$$\left(\frac{\Delta V_k}{u_w}\right)_{t\to\infty} = 1, \qquad \left(\frac{\Delta\alpha_k}{u_w}\right)_{t\to\infty} = 0$$

以及

$$\left(\frac{\Delta\alpha_k}{w_w}\right)_{t\to\infty} = \frac{1}{V_0}, \qquad \left(\frac{\Delta V_k}{w_w}\right)_{t\to\infty} = 0$$

$\Delta q$ 和 $\Delta\theta$ 对常值风速度分量 $u_w$ 和 $w_w$ 的静增益均为零。

因此,对于非单位化的常值风速度分量 $u_w$ 和 $w_w$ 来说,其纵向运动的稳态响应分别为

$$\Delta V_k = u_w$$

以及

$$\Delta\alpha_k = \frac{w_w}{V_0}$$

由于此时 $\Delta\theta = 0, \Delta\alpha = 0$，从而由式 $(6-7)$ 和式 $(6-6)$ 得到

$$\Delta\gamma = -\Delta\alpha_k = -\frac{w_w}{V_0}$$

这就意味着，在顺风或逆风作用下飞机的稳态响应是增加或减小了地速，其他不变；而在垂直风作用下，飞机的稳态响应是增加（上升风时，$w_w < 0$）或减小（下降风时，$w_w > 0$）了纵向轨迹角。

对式 $(6-8)$，其单位常值风 $v_w$ 输入下的稳态响应或静增益为

$$\left(\frac{\Delta\beta_k}{v_w}\right)_{t\to\infty} = \frac{1}{V_0}$$

其余变量的稳态值均为零。

因此，在非单位化的常值风 $v_w$ 作用下，横侧向运动的稳态响应为

$$\Delta\beta_k = \frac{v_w}{V_0}$$

横侧向航迹角为

$$\Delta\chi = \Delta\psi + \frac{v_w}{V_0}$$

即常值风 $v_w$ 作用下，飞机地速矢量的稳态响应是顺着来风方向转动了 $v_w/V_0$ rad，而 $\Delta\beta$ 则从 $v_w$ 扰动开始瞬间 $-v_w/V_0$ 收敛到零[9]，由于 $\Delta\beta$ 在扰动期间的变化引起滚转稳定性力矩（导数 $C_{l\beta}$ 的作用），使得升力矢量转动，结果造成高度的损失并无法保持水平飞行。

通过上述分析可以看出，在定常飞行状态下，垂直风对飞行航迹的影响比水平风要严重。风对飞机的第一阶影响主要体现在对飞机的质心运动产生作用，并形成速度、迎角和侧滑角的稳态值，而不影响绕质心的转动。

式 $(6-7)$ 和式 $(6-8)$ 的运动方程可应用于风扰动下飞机运动的数学仿真和半物理仿真，风速 $u_w, v_w, w_w$ 可以使用任何以自变量为时间的数学模型，数学模型包括常值风、德莱顿紊流模型和突风等。这些仿真主要用于评价飞机对风作用下的动力学性能并形成操纵策略，以及评价在风作用下飞行控制系统对飞机的控制能力和过程，这些仿真都是必要的并且所得到的结果还要满足相应的设计标准。

第 **7** 章

# 电传操纵系统的功能和结构

## ■ 7.1  电传操纵系统概述和主要功能

电传操纵系统是取代了机械操纵系统的、驾驶员使用操纵杆通过电信号对飞机气动操纵舵面进行控制的系统。简化后的电传操纵系统物理组成如图 7－1 所示。

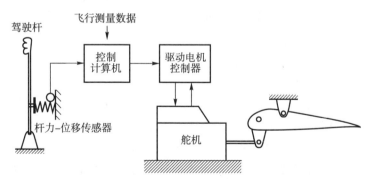

图 7－1  电传操纵系统基本物理组成形式

图 7－1 描述了电传操纵系统基本的物理架构体系,这是电传操纵系统自出现以来的传统构型。它完全取消了由钢索、拉杆以及摇臂等机构组成

的机械式操纵系统,将驾驶员的操纵动作(信息)转换为电信号的形式并进行传输,飞行控制计算机对操纵信息进行飞行品质和操纵安全保护等处理后,最后通过舵机(和舵机控制器)将信息转变为机械动作来驱动舵面偏转,进而实现驾驶员对飞机的操纵。

使用电信号进行传输是电传操纵系统的重要特征,在这样的条件下就可以完全取消机械操纵系统。在某些飞机上,因考虑到电传操纵系统完全失效后的安全性而带有备份的机械操纵系统,严格地说在这种情况下,飞机使用的是"伪"电传操纵系统,这种系统仅仅出现在电传操纵系统研制和试飞的初期,然而在现代民用飞机(如空中客车系列飞机和波音777飞机)上,从安全性的角度考虑仍保留有应急机械操纵系统。

电传操纵系统另一个重要特征是:对驾驶员的操纵信号按飞行品质性能和安全边界保护进行处理后,才被用于对舵机的控制。这就是说,驾驶员的操纵指令并不是直接施加在舵机上的,而是需要进行额外的处理后才能够传输至舵机控制器,并控制舵机进行动作。这个指令并不完全是驾驶杆指令,而是混合了飞机运动变量反馈后所形成的指令,以改善飞机的操纵性和稳定性以及保证操纵安全性。如果缺乏这个功能,那么这样的操纵系统只能称为电信号操纵系统,而不能称为电传操纵系统。

因此,从控制律设计的角度来说,电传操纵系统的功能主要是:满足飞行品质性能要求;安全操纵,即实现驾驶员的无忧操纵。

对于第一个功能来说,若要满足飞行品质要求,就意味着通过电传操纵系统可以改善飞机的飞行品质。这个技术对飞机本身的空气动力学设计提供了极大的方便,也就是说空气动力学设计可以按设定的目标(如为提高操纵性的放宽静稳定性)进行,而因此造成的飞行品质问题(如纵向稳定性下降)可以通过电传操纵系统来弥补或改善,这些弥补或改善的技术被称为"主动控制技术(ACT)"(如放宽静稳定性技术)。以上飞机空气动力学设计方法被称为"随控布局(CCV)"。

从控制系统的概念出发,如果电传操纵系统能改善飞机的飞行品质或动力学响应,那么电传操纵系统必然具有负反馈的控制结构,只有在这种条件下,从驾驶员操纵杆的角度来看电传操纵系统与飞机的结合形成了一个新的动力学响应,驾驶员通过驾驶杆发出指令,该指令与负反馈的飞机运动变量一起按所设计的控制律进行运算,形成对飞机气动操纵舵面的操纵指令,从而达到控制飞机运动的目的。这就意味着飞机的运动将与自身运动变量的负反馈有关,通过调整负反馈控制律参数就可以得到满足要求的飞行品质或动力学响应。因此,电传操纵系统必须是一个具有负反馈的控制系统。

第二个功能则是所谓的控制效能的限制问题。也就是根据飞机运动情况,将电传操纵系统对飞机气动操纵舵面的操纵指令进行幅值和变化速度的限制,就可以达到对舵面控制效能的限制,进而实现对飞机运动的限制(如迎角、速度等限制)作用,来保证驾驶员的无忧操纵或操纵即安全的结果。

在上述电传操纵系统主要功能要求以外,在其系统实现中最重要的问题就是系统的可靠性问题。机械操纵系统的主要优点是高可靠性和安全性,因此只有电传操纵系统的安全可靠性与机械操纵系统相当或有所超过,电传操纵系统才有完全取代机械操纵系统的实际应用价值,因此电传操纵系统的可靠性设计是其关键技术之一。

电传操纵系统所有部件都有高可靠性的要求,包括电源和液压源、计算机、数据总线和操纵驱动机构(舵机和控制器)以及各个接口。目前电传操纵系统安全可靠性要求一般是:军用飞机故障率为 $10^{-7}$ 次/飞行小时,民用飞机故障率为 $10^{-10} \sim 10^{-9}$ 次/飞行小时[1]。而目前单套的电气控制系统故障率仅仅只为 $10^{-3} \sim 2 \times 10^{-3}$ 次/飞行小时,因而采用单套的电传操纵系统将无法达到高可靠性要求。目前解决这一问题的有效方法是采用余度技术,使电传操纵系统满足高可靠性指标要求。余度技术即使用多重可靠性较低的、相同或相似的元部件来组成可控性较高的系统,一般也称为冗余系统,并用故障监控、识别等方法来实现故障情况下的系统安全运行(见图 1-8)。

冗余系统或余度系统采用多套相同的分系统来完成同一个功能任务,冗余系统在满足性能要求的情况下,应尽量使系统结构简单以降低复杂性。必须指出的是,由于现代飞机的电传操纵系统均采用以数字计算机为核心的数字式物理系统,因此除了要解决硬件可靠性问题外,还存在软件可靠性问题。有关电传操纵系统软硬件的可靠性设计等技术问题,请参见文献[1,2,3,7,8]。

## 7.2　电传操纵系统的控制结构

研究电传操纵系统的控制结构,就是为了建立系统分析、设计和仿真所必需的数学模型。数学模型是系统关于控制信息传输和处理功能的描述。

研究和了解电传操纵系统部件的信息处理功能和系统结构,是建立数学模型的前提条件。因此所谓控制结构,乃是控制功能的结构。

由图7-1,电传操纵系统具有三个主要的信息处理功能:操纵动作(或信息)转换为电信号形式的对飞机运动的信息;将操纵信息和飞机运动信息按控制律(根据飞行品质和操纵安全保护要求所设计的)进行处理,形成对舵面偏转的控制指令;控制指令通过舵机控制器转换成舵机的机械动作,并驱动舵面偏转。显然,在系统中计算机起到了控制器的作用,驾驶员是通过控制器来完成对飞机的操纵,这也是电传操纵系统诞生以来所具有的主要特征。

进一步,需要通过电传操纵系统的原理框图来建立信息之间的关系,图7-2所示为电传操纵系统的基本原理框图。同时也将自动飞行控制系统表示在此图上,该图反映了两个系统之间的信息交联关系,所以将图7-2称为飞行控制系统原理框图是合适的,它也是建立基于控制理论的系统框图的基础。

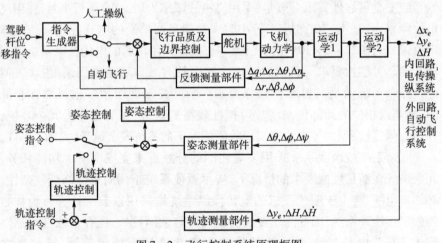

图7-2 飞行控制系统原理框图

由图7-2,根据这些功能可以确定电传操纵系统的控制结构。飞行控制系统具有如下控制结构和功能:

(1)内回路:该回路主要用于改善飞行品质性能和实现安全操纵,此回路再加上前馈回路就组成了电传操纵系统。从驾驶杆指令的输出(或前馈回路的输出)来看,内回路中的反馈控制器、舵机与飞机本体动力学构成了一个新动力学系统或等效飞机,驾驶杆指令是这个等效飞机操纵输入。因此驾驶员操纵的是一架等效飞机,而非原来的飞机。因此也可以这样说,电传操纵系统是由驾驶杆和负反馈控制系统所组成的,而负反馈控制系统中包含飞机动力学、舵机、传感器和计算机等。

(2)外回路:主要是取代驾驶员来完成自动飞行控制任务,也就是自动飞行控制系统功能实现回路。由于内回路形成了等效飞机,为了具有一致的驾驶员操纵感觉,外回路或自动驾驶的指令也应施加于等效飞机上。外回路主要实现的是:对轨迹、速度和姿态角(大多为航向角)的自动飞行控制功能,驾驶员可根据飞行要求来选择不同的自动飞行控制方式。

(3)前馈回路:前馈回路主要是为了克服内回路响应延迟而造成的操纵滞后而设计的,其目的是提高飞机初始响应能力。

在以数字式计算机为核心的电传操纵系统中,内回路中的控制器均可以通过软件来实现,可以灵活配置控制器参数,能方便地满足驾驶员的操纵意愿所需要的响应特性。通过控制器参数的配置,可以统一飞机的响应特性,甚至可以模拟一架其他类型的飞机特性。可以说,电传操纵系统为各类控制功能的应用(如主动控制技术)奠定了基础。

在电传操纵系统中,驾驶杆的操纵动作仅仅反映了驾驶员的操纵意愿,而无须包含实现这种操纵意愿所需要的操纵力(即驾驶员无须施加足够的操纵力来克服舵面上的铰链力矩),此时操纵杆只是一个信息发送器,需要模拟铰链力矩的反馈来提供给驾驶员,使驾驶员感觉到铰链力矩的存在。

如果将驾驶杆的操纵动作转换为电信号后直接传送给舵机控制器,然后由舵机来驱动舵面偏转,这种系统就是前面所称的电信号操纵系统,显然在该情形下驾驶员将不通过控制器来操纵飞机,因此系统也将无法通过控制器来统一协调或改善飞机的动力学响应性能,这是电传操纵系统和电信号操纵系统之间的根本区别。

综上所述,一个完整的电传操纵系统的内部基本功能结构如图 7-3 所示。其中,图(a)是纵向电传操纵系统的结构,图(b)是横侧向电传操纵系统的结构。

对于图 7-3(a),驾驶杆的输出经过指令生成器转换为对具体的运动变量控制指令,然后经过指令限制控制,即达到无忧飞行目的的安全边界控制处理后,才作用于用于改善飞行品质的负反馈控制系统;而图 7-3(b)的功能是类似的。

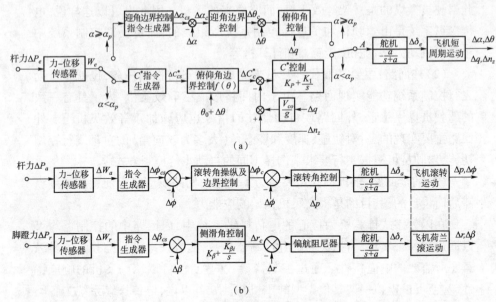

（a）

（b）

图 7 - 3　电传操纵系统的功能框图

## 7.3　驾驶杆和指令生成器

在电传操纵系统中,驾驶杆的主要功能是:将驾驶员的操纵愿望转变为电信号形式的操纵指令信息。从形式上看,目前的驾驶杆主要有两种,一种是中央杆(俯仰和滚转操纵)与脚蹬(航向操纵),另一种则是侧杆(俯仰和滚转操纵)与脚蹬(航向操纵)。由于脚蹬的形式相同,因此驾驶杆主要是指中央杆和侧杆。这两种驾驶杆在军用飞机或民用飞机中均有使用,飞机设计者一般根据飞机的使用要求并结合两种驾驶杆的特点来进行选择。

从信息处理的层面来看,当驾驶员根据飞行情况决策出下一步的操纵愿望后,就将其操纵愿望转化为作用于驾驶杆上的力(方向和大小),驾驶杆需要将这个作用力通过传感器和信号处理装置转化为代表操纵愿望的、电信号形式的控制指令信息,才能作用于作为负反馈控制系统的电传操纵系统。

这个功能是由两个过程组成的。首先需要将驾驶员的作用力作用于驾驶杆,并使驾驶杆产生位移[1],才能利用传感器将位移量或作用于驾驶杆的力变换为相应的电信号,其次再使用指令生成器将位移电信号转换为对飞机具体运动变量的控制指令。

　　如果要将力转换为位移,那么驾驶杆在机械上就要设计有一定的位移行程,并具有位移传感器将位移运动变换为表示位移的电信号;若只是用作用力来表示操纵愿望,那么需要力传感器将作用力直接变换为表示力的电信号。在相位上,力超前于位移,所以如果从初始操纵的快速性要求角度,应该采用力传感器更有利,然而由于力传感器输出信号不如位移传感器输出信号平稳,并且力传感器的安装也不如位移传感器方便,因此在实际应用中,驾驶杆较多地采用位移传感器将操纵愿望转换为指令并输出。

　　所以从信息层面上来说,驾驶杆实现的是力 – 位移变换或力 – 力变换,或者说电传操纵系统是用驾驶杆位移或力信息作为操纵指令的。图 7 – 4 所示为 A320 飞机驾驶杆将力转换为位移信息的关系[2],位移信息的输出则代表了驾驶员的操纵指令。该图表示了驾驶杆的物理信息处理功能,也是驾驶杆数学模型的常用表示形式。

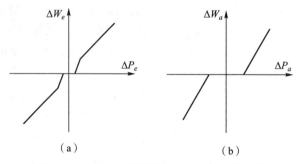

图 7 – 4　A320 飞机驾驶杆力 – 位移关系曲线
(a)俯仰操纵;(b)滚转操纵

　　由于操纵杆并不直接与舵面机械连接,所以在驾驶杆操纵时并不能感受到克服铰链力矩,从而需要在驾驶杆上设计有人工感觉系统,使得驾驶员操纵时仍然具有需要克服铰链力矩才能移动驾驶杆的感觉,并满足飞行品质规范中对杆力梯度的要求。图 7 – 4 中也包含驾驶杆人工感觉系统的作用。

　　从图 7 – 4 中看出,设定有死区和饱和值,设定死区的目的是使驾驶员用一定的力才能由操纵指令输出,而不会造成轻微的触碰即发出操纵指令;饱和值则是对操纵指令的限制,完全是按舵面最大偏转角度来决定的。图中直线的斜率代表了操纵灵敏度,一般情况下,在操纵初期灵敏度应该大一些,而到后期灵敏度需要小一些,以符合人的操纵习惯。在本书中也是假定驾驶杆是将力转换为位移,然后用传感器测量的位移作为电传操纵系统的控制输入。

使用指令生成器,将驾驶杆位移(或力)转换为对某个具体飞机运动变量的控制指令有两个原因,一是由于电传操纵系统是基于飞机运动变量的负反馈系统,作为输入的驾驶杆操纵指令需要变换为与反馈运动变量(或被控制运动变量)具有同一性质的控制指令;二是可以方便地通过对指令生成器参数的设计来调整飞机的操纵性或杆力梯度,并且也可以实现对飞机运动变量控制的限制。

因此,指令生成器产生的控制指令才真正作为反馈控制系统的电传操纵系统的输入。在电传操纵系统中,被反馈的运动变量也是有限的,这与人对飞机的操纵有关。如在纵向运动中主要是关心或依据飞机运动变量$C^*$、$\alpha$、$n_z$和$q$(同时只可满足一个变量)进行操纵或控制,事实上电传操纵系统也是基于这些运动变量的反馈来实现的。因此,指令生成器的输出可以是$C_{cs}^*$、$\alpha_{cs}$、$n_{zcs}$和$q_{cs}$作为负反馈控制系统的控制输入指令;横侧向运动则主要进行无侧滑的协调运动控制,即分别对输出$\phi$和$\beta$的操纵指令,用符号$\phi_{cs}$和$\beta_{cs}$表示控制指令。这样指令生成器就将驾驶杆的操纵动作转换为具体的、对飞机运动变量的控制指令了。

如果配平系统是与操纵同步工作的,并且不使用操纵舵面进行配平,那么当驾驶杆回到中立位置(或位移等于零)后,飞机则处在配平状态(平衡),这样驾驶杆后续的操纵运动则是从配平状态出发的增量运动,这样就与小扰动运动的假设一致了,从而控制或操纵指令也可用增量的形式来表示,即$\Delta C_{cs}^*$、$\Delta \alpha_{cs}$、$\Delta n_{zcs}$和$\Delta q_{cs}$以及$\Delta \beta_{cs}$,而对滚转角的操纵指令,按定义就是偏离零滚转角的指令$\Delta \phi_{cs}$。

图7-5所示为驾驶杆到控制系统输入之间的关系,主要是由驾驶杆和指令生成器两个部分组成的,系统的输入是力,而输出则是对飞机运动变量的指令。如前所述,指令生成器,是将驾驶杆位移或力的电信号转换为对飞机运动输出的操纵指令,而其输出操纵指令和输入的杆位移或力之间一般是具有饱和特性的线性增益关系,其线性段增益可以对操纵性进行补偿,以满足单位杆位移或力所期望的飞机运动量大小的要求。

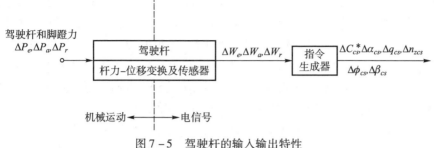

图 7 - 5 驾驶杆的输入输出特性

当然也可以根据需要,将指令生成器输入输出特性设计为非线性的或增益随着动压进行调节或其他的特性,甚至可以在指令生成器内部设计有指令软化器(一阶环节),使得指令的变化是渐进的,以防止过度的运动改变。

因此,通过设计指令生成器不但可以更好地使驾驶杆指令与负反馈控制系统的被控运动量性质一致,而且可以达到方便调整飞机操纵性的目的。需要指出的是,指令生成器可以方便地用软件在计算机中得到实现。

##  7.4 测量飞机运动的传感器

电传操纵系统中所需要飞机运动的反馈量主要为:机体轴在惯性坐标系下的转动角速度;迎角和侧滑角;法向或横侧向过载;俯仰角和滚转角。

机体轴的转动角速度及俯仰角和滚转角可以通过单自由度(速率)和双自由度(垂直)陀螺测量得到,法向或横侧向过载可以使用加速度计测量并经过适当的计算得到;对于迎角和侧滑角的测量,目前采用的压力差传感器可以得到较为精确的结果[2]。

运动传感器就是将运动物理量转换为用电信号表达的物理量,因此并没有改变其物理信息的属性。然而这种转换的过程是与时间有关的,所以运动传感器的数学模型实际上描述了物理信息的转换过程或动态过程,并且符合零初始条件的特点,在传感器设计状态下可以用传递函数来描述其动态过程。

从控制律设计的角度来说,传感器主要起到对反馈量的延迟作用,所以一般将传感器的数学模型用一阶或二阶环节的传递函数[2]来表示。由于传感器的带宽一般远远大于控制系统本身的带宽,文献[16]指出只要带宽大于 5 倍,那么在控制律的初步设计中也可以忽略其影响作用(此时传感器数学模型仅为增益为 1 的比例环节)。在飞机运动中,纵向短周期运动和荷兰滚运动是响应最快的运动,因此只要短周期运动或荷兰滚运动的响应速度远远小于传感器的响应速度,那么在设计电传操纵系统控制律时,就可以忽略传感器的动态,而将传感器作为一个比例环节来处理。以下通过角速度传感器数学模型与飞机短周期运动数学模型的比较分析来说明。

由式(5-44)关于一架喷气飞机俯仰角速度的短周期运动数学模型重写如下:

$$\frac{\Delta q}{\Delta \delta_e} = \frac{-4.3(s+0.11)}{s^2 + 0.26s + 5.597}$$

显然该传递函数不是标准的二阶传递函数形式,然而其调节时间几乎与标准的二阶系统传递函数一致[11],其带宽也近似相等(见式(5-43)):

$$\omega_b \approx 1.188\,5\omega_n = 1.188\,5 \times \sqrt{5.597} \approx 2.8(\mathrm{rad/s})$$

根据 $\omega_b = 2\pi f_b$,则 $f_b \approx 0.45$ Hz,这个数据也说明了文献[2]中关于刚体飞机运动带宽小于 1 Hz 结论的正确性。

俯仰角速度的测量是使用单自由度陀螺进行的,其典型的传递函数模型[2]为

$$\frac{\Delta u}{\Delta q} = \frac{14\,400}{s^2 + 168s + 14\,400}$$

式中,$\Delta u$ 为陀螺的输出。该陀螺的调节时间(按 1% 误差)为

$$t_s = \frac{4.6}{\xi_d \omega_n} = \frac{4.6}{168/2} \approx 0.05(\mathrm{s})$$

陀螺为二阶系统的带宽为

$$\omega_b \approx 1.553\,8\omega_n = 1.553\,8 \times \sqrt{14\,400} \approx 186.5(\mathrm{rad/s})$$



$$f_b \approx 29.7 \text{ Hz}$$

通过所计算的调节时间和带宽,说明角速度传感器的带宽要远远大于飞机短周期运动的带宽,也就是其响应速度要远快于飞机短周期运动的响应速度,所以在对短周期运动进行控制律设计时,完全可以忽略传感器的动态响应过程,或者说传感器的动态响应过程对短周期运动几乎没有影响。故而,无论在控制律设计还是数学仿真的过程中,均可以忽略传感器的动态过程,而只需将传感器作为一个比例环节来考虑即可。

## 7.5　驱动舵面偏转的舵机

舵机是电传操纵系统的执行机构,通过舵机才能将驾驶员操纵指令转化为气动操纵舵面的偏转,并引起飞机的运动。

一般情况下,舵机的输入是电信号形式的舵机偏转角指令,其输出则是机械运动的偏转角,从数学模型的角度来看,舵机所变换的信息属性并没有改变,而仅仅是信息表达形式的变化,因此舵机的这种变换实际上也是对输入信息处理的动力学过程。所以对舵机的基本要求是:动力学响应是平稳和快速的或是有高带宽(应高于电传操纵系统本身的带宽)要求,同时应无稳态误差。基于这两个要求,舵机一般按伺服系统进行设计,即其本身就是一个负反馈控制系统,是由控制器和作动装置以及传感器所组成的控制系统。

舵机的作动装置分为两种,一种是电动机 – 减速机构,另一种则是液压作动器。按作动器的形式,舵机也被分为电动舵机和电液舵机两种。电动舵机主要用于要求功率较小的场合,例如在具有液压助力器操纵的飞机中,电动舵机常常被用作自动驾驶仪的执行机构,此时电动舵机仅仅操纵液压助力器,而不需要直接驱动舵面;在电传操纵系统中,由于执行机构需要直接驱动舵面,因此要求舵机的输出功率大,所以系统的执行机构一般采用电液舵机。

一般情况下,电液舵机的响应要快于电动舵机,从电传操纵系统控制律设计来说,希望舵机具有较高的带宽,但由于舵机中的机械装置的限制作用,其带宽将是有限的。同时机械装置所固有的间隙和弹性等问题将造成舵机的非线性特性。关于电动舵机和电液舵机的线性化数学模型(传递函数形式)如表 7 – 1 所示[2],在表中也给出了模型参数中的典型值。其中,传递函数中的负号仅仅表示输出与输入的方向是相反的,并不表示数值的大小。

在控制律设计的实践中,电动舵机数学模型也经常用一阶传递函数来表示,典型时间常数为 $0.05$ $s^{[9]}$,其带宽大约为 $4.5$ Hz。

表 7 - 1　舵机数学模型

| | 数学模型 | 典型数据 | 缺点 |
|---|---|---|---|
| 电动舵机 | $-\dfrac{1}{(s/\omega_n)^2 + (2\xi_d/\omega_n)s + 1}$ | $\omega_n \approx 30 \text{ rad/s}$<br>$\xi_d \approx 0.7 \sim 1.0$<br>$f_b \approx 5.7 \text{ Hz}$ | 1. 运动速度有限；<br>2. 迟滞现象 |
| 电液舵机 | $-\dfrac{1}{\tau s + 1}$ | $\tau \approx 0.03 \text{ s}$<br>$f_b \approx 7.5 \text{ Hz}$ | 1. 线性范围窄；<br>2. 温度影响 |

表 7 - 1 中的舵机传递函数的输入是电信号,而输出则假设为气动舵面偏转角,传递函数中的负号表示输出与输入的方向是相反的,来保证控制系统的前向通道增益或开环传递函数为正,其主要是由飞机操纵舵面与运动变量方向相反的定义所引起的。

而在实际飞机中,舵机偏转角(或位移)和气动操纵舵面偏转角之间存在一个传递系数[4]。一般情况下这个传递系数并不等于 1,因此如果不计舵机与操纵舵面传动的延迟,那么舵机传递函数中的静增益不为“ - 1”,而是应该等于这个传递系数。所以在飞行控制系统设计时,若假定传递系数为1,那么在实际使用时就需要通过地面试验对设计参数(控制律中的增益参数)的结果进行调整,以保证理论设计中的被反馈运动变量到舵面之间的传动比或开环增益保持不变即可。

在电传操纵系统控制律设计中,舵机的动态过程是需要考虑的,因为舵机动态过程对闭环系统特征根的分布是有影响的[9],但并不根本性地改变系统的闭环特性。有关舵机的详细知识可以参见文献[2,4]。

## 7.6　建立电传操纵系统数学模型的考虑

在建立电传操纵系统数学模型时,根据数学模型的用途而有不同的要求。对于控制律设计来说:

(1)只要系统组成中的环节其带宽大于飞机运动带宽(一般小于1 Hz)5 倍[16]以上,就可以忽略其动态过程,而只需将此环节等效为一个比例环节。

(2)飞机运动可以使用简化的、单输入单输出的传递函数数学模型。

（3）舵机常使用一阶传递函数模型。

如果数学模型用于数学仿真：

（1）飞机运动模型应使用状态方程形式的、全面运动数学模型。

（2）对电传操纵系统的每个环节建立详细的数学模型，包括非线性部分。

尽管如此，在实践中仍然会存在未建模的动力学环节或者模型误差，因此需要用试飞试验来确定其控制性能。而对于控制律参数的影响可以这样考虑，由于未建模环节一般是舵机到舵面之间的机械传动环节，因此主要考虑其传动系数的影响，而无须考虑动态过程的影响，所以控制律参数可以根据实际情况在地面试验中进行适当的调整，以确保控制回路中开环传递函数的静增益与设计值是一致的，除非控制律参数被重新设计。

##  7.7　控制律与电传操纵系统的分类

控制律是系统控制规律的意思，控制律是用控制器这一物理形式来实现的，它也是控制器的核心功能。在具体实现时，往往根据控制器的物理形态来决定。如果控制器是以模拟电路、机械或电磁器件等元件来构成的话，那么控制律也往往以同样的元件来实现；如果控制器是用数字式计算机来实现的话，那么控制律就是以软件形式来实现的。控制律实际上就是按照驾驶杆输入指令（指令生成器的输出控制指令）和运动反馈变量进行运算的规律，其计算结果则形成对舵机或操纵面的偏转角度。

电传操纵系统的飞行品质和安全保护功能也是由控制律来完成的，并最终施加于操纵舵面。对于传统气动布局的飞机来看，升降舵（或全动尾翼或安定面）主要应用于对纵向运动的控制，而副翼（或扰流片）和方向舵则用于对横侧向运动的控制。在电传操纵系统中，应用于不同操纵舵面指令计算的控制律也是不同的，那么对控制律应该有个分类的方法。

在文献[2]中，是按照实际操纵引起的结果（欧拉角）进行分类的，如对升降舵控制的结果是引起俯仰角的变化，那么就称为俯仰轴控制律；同样对副翼的控制和方向舵的自动协调控制称为滚转轴控制律；而对方向舵的控制则称为偏航轴控制律。文献[2]中的这些控制律主要是指对操纵舵面的主要控制律或是按飞行品质设计的控制律，而安全保护功能的控制律又是按照纵向和横侧向运动进行分类的。这种分类，使得保护功能的控制律似乎脱离了与操纵舵面之间的关系。

综上所述,本书的分类如下:按传统气动布局飞机的操纵形式以及飞行动力学中对飞机运动的分类方法,将电传操纵系统分为纵向和横侧向电传操纵系统。纵向电传操纵系统主要用于控制飞机的纵向运动,其控制指令作用于升降舵;横侧向电传操纵系统用于控制横侧向运动,其控制指令施加于副翼和方向舵。纵向电传操纵系统的控制律包括用于飞行品质的控制增稳控制律和纵向运动边界保护控制律(简称纵向边界保护控制律);横侧向电传操纵系统的控制律包括滚转轴和偏航轴控制律及协调控制以及横侧向运动边界保护控制律(简称横侧向边界保护控制律)。

无论是用于飞行品质的控制增稳控制律还是边界保护控制律,它们产生的指令最终都要作用于操纵舵面,因此这两种控制律总是要组合在一起来进行工作。一般来说,它们按以下两种形式工作:

(1)边界保护控制律根据飞机纵向运动变量的反馈和所设定的边界保护值,实时地对驾驶杆指令的输出进行限制或者不限制,以使该指令经过控制增稳控制律处理后对飞机纵向运动的控制不超过所设定的边界范围。所以从控制系统的结构上来看,驾驶杆指令输出并经指令生成器转换后,首先经过边界保护控制然后再完成飞行品质要求的控制[1]。

(2)在正常的飞行品质控制操纵中,若运动变量超过所设定的数值,即将正常的控制增稳控制律转换为边界保护控制律,使得能无忧操纵飞机到最大可使用迎角的边界,从而保证飞行安全[2],如图 7-3 所示。

 ## 7.8　运输类飞机与格斗类飞机电传操纵系统

这里所谓运输类飞机,是泛指几何尺寸较大、机组乘员较多(3 人或 3 人以上)的运输机、轰炸机等;而格斗类飞机的几何尺寸要小于运输类飞机,并且机组乘员最多 2 人。

从电传操纵系统的发展来看,最初主要用于格斗类飞机,这说明电传操纵系统主要是为了解决格斗类飞机在提高飞行性能过程中所遇到的问题,实际上就是操纵性及稳定性问题,即通过气动布局来放宽静稳定性以提高飞机的操纵性,而用电传操纵系统来补偿稳定性。因此,保持格斗类飞机在飞行包线内的操纵性设计目标不变,应用电传操纵系统来保证稳定性,将操纵性和稳定性这一耦合的矛盾体,通过电传操纵系统得到解耦,也就能将操纵性和稳定性分开独立地进行处理,这也是电传操纵系统对飞行动力学方法论的重要贡献。

　　而运输类飞机电传操纵系统的发展则滞后于格斗类飞机,很明显在运输类飞机上的应用,仅仅是技术上的一种进步而已,因为运输类飞机的操纵性并不是最主要的设计目标,而更关注于长距离稳定飞行,那么在气动外形不变的条件下进一步减小空气阻力就是一个重要问题。通过适当放宽静稳定性后,就可以减小所需的平尾配平力矩或升力,这就意味着安定面的配平偏转角度就可以变小,那么就可以减小平尾的配平阻力,从而起到减小整个飞机部分空气阻力的作用,在全机升力不变的条件下就提高了飞机的升阻比,这样飞机的性能将会得到进一步改善,这就意味着在载油量不变的情况下,飞机可以装载更多、飞得更远,这对商业飞行来说意义重大。

　　电传操纵系统的另一重要功能,即对控制或操纵的限制作用,能够增强运输类飞机的飞行安全,使得驾驶员在操纵失误之后可以保证飞机的飞行仍然是安全的,真正实现了无忧飞行,极大地减轻了驾驶员的工作负担。当然电传操纵的这个功能对格斗类飞机也是适用的,但由于这种限制作用又可能对机动性产生影响,因此仅仅一些可能会引起极端危险的操纵失误才被限制,如迎角限制边界保护控制功能,而运输类飞机中所应用的俯仰角和滚转角边界控制在格斗类飞机中是不被采用的。因此,总的来说,电传操纵系统的操纵限制功能在运输类飞机中的应用多于在格斗类飞机中的使用。

　　其他的一些功能,如阵风缓和控制和机体颤振控制几乎主要应用于几何尺寸较大的运输类飞机,而机动载荷控制在两类飞机中都有应用[8,17]。

# 第8章

# 纵向电传操纵系统的设计

 **8.1　系统功能**

　　纵向电传操纵系统主要用于驾驶员对飞机纵向运动的控制,通过所设计的控制律并产生施加于舵机的指令,最后驱动升降舵来实现对飞机的操纵,使飞机进行纵向运动,同时通过安定面或升降舵调整片来实现在操纵运动完成后使飞机恢复纵向平衡。

　　对飞机来说,纵向运动的平衡是需要配平或操纵完成的,而不是自动满足平衡条件,这是由于飞机几何尺寸相对于平均气动弦线不对称,或者说是由机翼翼型的几何不对称导致的。同时,纵向运动又是飞机实现离地飞行的必要运动,因此从飞机操纵的角度来说,对纵向运动的操纵不但重要而且复杂。所以对于纵向电传操纵系统来说,其重要性和复杂性也是不言而喻的,这就意味着纵向电传操纵系统的功能复杂且多样,设计要求也较高。

　　一般来说,纵向电传操纵系统在空中飞行时应具有以下功能:

　　(1)飞行品质控制或控制增稳。纵向运动的飞行品质主要围绕着操纵性和稳定性这两个核心指标,特别是在采用放宽静稳定性技术的飞机上,在整个飞行包线上实现稳定性是纵向电传操纵系统的根本功能要求,因此往往采用控制增稳控制律来满足稳定性和机动性的要求。

（2）边界控制。为实现"无忧操纵"，边界控制一般包括迎角边界控制、俯仰角边界控制、高速/低速边界控制、法向过载边界控制。这种控制仅仅在飞机运动变量超出预先设定的条件后才被激发，当控制被激发后，其输出指令是运动变量的非线性或离散函数，该指令将与驾驶杆指令相减，这样就可以在驾驶杆位置不变或继续增大的情况下，有效地减小对舵机的指令或操纵舵面偏转角，使飞机运动不会进入危险的情况（如失速），从而实现所谓的"无忧操纵"，即任意操纵也不会使飞机进入危险的飞行状态。

（3）纵向配平控制。飞机的机动运动总是在两个平衡状态之间进行转换，这种转换是由对升降舵（或全动平尾）的操纵或控制来实现的，但到达一个新平衡运动后就不能再用驾驶员对舵面的操纵来维持，以减轻驾驶员的工作负担。

在纵向电传操纵系统中，可以使用平尾安定面、升降舵（或全动平尾）来代替驾驶员维持这种平衡操纵或配平平衡运动。若用安定面来配平，配平控制将使安定面进行偏转，平尾升力发生改变并维持配平升力不变，这样升降舵将逐渐收回，当安定面偏转所产生的升力完全等于配平升力后，升降舵将回到零位，由于这个配平控制是自动完成的，从而驾驶杆可以回到中立位置（杆位移或杆力为零）而与升降舵位置一致。这种安定面的配平方式不但可以使驾驶杆与升降舵位置同步，也可以实现增量式的机动操纵控制。

如果只能采用升降舵或全动平尾来配平，那么配平控制要生成对升降舵和全动平尾的配平指令，使得升降舵和全动平尾偏转一个固定的角度以产生配平升力，由于这个配平控制是自动完成的，因此驾驶杆在动态操纵完成后可以回到中立位置。

由于上述两种配平无须驾驶杆为保持一定舵面偏转角而进行动作，所以这种配平控制也称为中性速度稳定性[17]，对于用安定面的配平，驾驶杆的中立位置对应于升降舵的中立位置（升降舵和安定面气动弦线重合）。

而用升降舵或全动平尾的配平，驾驶杆中立位置仅仅对应于升降舵的配平所需偏转位置，而非升降舵的中立位置，从而驾驶杆其后的操纵位置仅仅与升降舵面从配平偏转角出发的增量相等，而不能代表升降舵从中立位置出发的转角。所以使用升降舵或平尾的自动配平控制，一般应用在巡航飞行或机动飞行等高速飞行阶段，而不能应用在起飞或降落的低速飞行阶段。因为在低速飞行时，驾驶员需要根据驾驶杆的位置来判断迎角的大小，这就需要驾驶杆操纵偏移量与舵面实际偏转角相等或位置同步，否则就会导致混乱情况而发生危险。

## 8.2　系统设计中的一些问题

在纵向电传操纵性设计时,主要涉及两个重要问题:一是使用何种形式的飞机纵向动力学模型,二是飞行品质(控制增稳)和边界控制律的结构。

对于第一个问题,对飞机纵向运动的操纵控制,驾驶员最关心的是短周期运动,这不仅是因为对升降舵的操纵首先引起的运动是短周期运动,而且迎角、俯仰角速度和纵向过载也只有在短周期运动中变化才最为显著;另一方面,对长周期运动的控制也是通过对短周期运动的控制来达到的。综上所述,飞机纵向动力学模型可以用短周期运动模型进行系统设计。

从短周期运动的特性来看,其短周期运动的静稳定性主要与迎角有关,而操纵性则与法向过载和俯仰角速度有关。因此,为了改善短周期运动的操纵性和稳定性,可以通过迎角或法向过载及俯仰角速度的反馈来构成控制律的基本结构。若能用数学模型描述飞行品质指标($C^*$ 指标),那么可以用该飞行品质模型作为反馈,并用比例 – 积分控制作为控制律的基本结构。

从设计方法上来说,使用古典控制理论是工程上常用的设计方法,也是本书所使用的方法。其原因如下:一是飞机的飞行品质指标目前仍然使用二阶传递函数的有关参数进行描述;二是目前没有一种方法能够使得像古典控制理论那样,其控制律参数和运动特性之间有着简洁且清晰的物理关系,从而非常容易确定控制律结构;三是设计过程中不需要复杂的数学工具,计算简单方便,易于设计者掌握;四是 Matlab/Simulink 软件功能极为有效和强大,设计者只要确定了控制律结构,很快就能得到经过数学仿真测试后的全部设计结果。

在古典控制理论中,更多的是使用根轨迹方法[18]。由于根轨迹方法能够预测闭环系统特征根随控制律参数的变化趋势,也就是飞机运动模态随这些参数的变化过程,并且根轨迹图也能给出有关运动模态特征参数(阻尼比、无阻尼频率),这样就解决了控制律设计的主要问题,特别是对按飞行品质要求的控制律设计特别有效。

当然,应用现代控制理论也是非常重要的趋势。由于现代控制理论设计方法避免了古典控制理论中"试凑"设计所引起的不足,其设计结果完全来自于数学方程的解,所以可以方便地得到"最优"或完全客观的控制。然而这也是这种方法的不足,因为所获得的完全数学意义上的解也就决定了控制律的结构,那么就有可能使某些反馈量在工程上是不可能实现的(不可测量),甚至是没有物理意义的;其次,控制律的结构或参数与运动变量之间的关联不是特别的明显,无法根据运动现象的特征来调整某个参数或控制律结构,这对飞行试验和地面试验都是不利的,并且也容易导致高增益控制系统,这对于系统的工程实现来说将是困难的;最后,所用的数学工具比较复杂,需要有足够的数学基础才能应用这些设计方法。这也就是在很多工程标准和设计中仍然使用古典控制理论的原因。

## 8.3 控制增稳控制律结构及作用

### 8.3.1 控制增稳的目的

控制增稳是纵向电传操纵系统的主要控制规律,以改善飞机纵向运动飞行品质为主要目标,无论是主动放宽静稳定性还是飞行品质未能达到要求的飞机,都可以使用这种控制律。本节将主要讨论控制律的结构形式对飞行品质的影响。

在第 5 章中已经阐述,对于传统气动布局的飞机来说,驾驶员的纵向操纵主要是针对短周期运动的控制。对于短周期运动的操纵来说,在低速飞行时,驾驶员是依据俯仰角速度的变化来决定后续操纵动作的;而在高速飞行时,则是依据法向加速度或过载的变化来决定后续操纵动作的。所谓飞行品质,就是驾驶员在操纵飞机时,能满足主观操纵感觉的对飞机运动一般性(或普遍性)的客观要求。

短周期运动的飞行品质主要是从操纵性和稳定性两个角度来考虑的。在 5.7.6 节中已经初步讨论了短周期运动的操纵性和稳定性问题。其升降舵对俯仰角速度和法向过载的操纵性分别为

$$K_{sp}^{q} = -\frac{[L_{\alpha}/(mV_0)]M_{\delta_e}}{[L_{\alpha}/(mV_0)]M_q + M_{\alpha}} \qquad (8-1)$$

和

$$K_{sp}^{n_z} = -\left(\frac{V_0}{g}\right)\frac{[L_{\alpha}/(mV_0)]M_{\delta_e}}{[L_{\alpha}/(mV_0)]M_q + M_{\alpha}} = -\left(\frac{V_0}{g}\right)K_{sp}^{q} \qquad (8-2)$$

因此只需讨论 $K_{sp}^q$ 即可。从 $K_{sp}^q$ 表达式中看出,如果减小 $|M_\alpha|$ 或减小静稳定性导数绝对值 $|C_{m\alpha}|$,那么 $|K_{sp}^q|$ 就会变大,从而操纵性进一步改善。显然,这是以减小纵向静稳定性为代价的,说明操纵性和稳定性是互相矛盾的一对条件,若要改善操纵性则要减弱稳定性;反之,若要增强稳定性,则操纵性下降是必然的。因此,通过降低或放宽静稳定性 $|C_{m\alpha}|$ 可以达到改善操纵性 $|K_{sp}^q|$ 的目的。进一步,由于 $|M_\alpha| \gg (L_\alpha M_q)/(mV_0)$,因此

$$K_{sp}^q \approx -\left(\frac{L_\alpha}{mV_0}\right)\frac{M_{\delta_e}}{M_\alpha} = -\left(\frac{L_\alpha}{mV_0}\right)\frac{C_{m\delta_e}}{C_{m\alpha}} \qquad (8-3)$$

5.7.6 节中已经指出,短周期运动的稳定性只与静稳定性导数 $C_{m\alpha}$ 有关。若静稳定性导数 $C_{m\alpha}$ 的绝对值 $|C_{m\alpha}|$ 由大变小,甚至 $C_{m\alpha}$ 由负变正,其结果从式(8-3)可以看出,操纵性就可以得到改善。然而这将导致短周期运动的稳定性出现问题,并且也加大了短周期运动响应的上升时间,减弱了初始响应性能,特别是当 $C_{m\alpha} > 0$ 时短周期运动就不稳定了,正如在 5.7.6 节所指出的,需要通过控制系统保证短周期运动的稳定性(即适当大小的 $|C_{m\alpha}|$)并具有合适的阻尼比,同时由于无阻尼自然频率得到补偿,也就减少了短周期运动响应的上升时间,改善了短周期运动初始响应速度。

根据驾驶员的操纵习惯,可以用来作为改善飞行品质的反馈变量分别是俯仰角速度、法向过载和迎角。以下分别讨论基于这些变量反馈的控制律结构及其对动力学的影响作用。

## 8.3.2　俯仰角速度反馈控制律

首先必须指出的是,只有在小扰动运动的假设条件,俯仰角速度 $\Delta\dot\theta$ 才与机体轴 $o_b y_b$ 相对于惯性空间的转动角速度 $\Delta q$ 近似相等,$\Delta q$ 和 $\Delta\dot\theta$ 是两个完全不同的运动变量,它们之间的关系是由式(4-39)(b)描述的。

俯仰轴控制律结构若使用俯仰角速度作为反馈,由于舵机的带宽远大于飞机短周期运动带宽,可以忽略舵机的动态过程,即舵机传递函数可视为增益为"-1"的比例环节,因此可将升降舵的控制律选择为

$$\Delta\delta_e = -(\Delta q_c - k_q \Delta q) \qquad (8-4)$$

式中,$\Delta q_c$ 为来自指令生成器的驾驶杆操纵指令;$k_q$ 为比例控制增益,加负号的目的是保证前向通道传递函数为正。由式(8-4)所确定的控制系统框图如图 8-1 所示,这样的控制系统也称为俯仰阻尼器。在图 8-1 中也画出了高通滤波器环节,在以下的分析中先忽略它的影响作用。

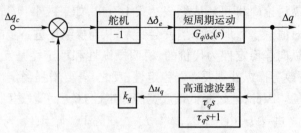

图 8 - 1　俯仰阻尼器框图

飞机短周期运动使用式(5 - 39),那么闭环传递函数为

$$\frac{\Delta q}{\Delta q_c}=\frac{-\dfrac{M_{\delta_e}}{I_y}\left(s+\dfrac{L_\alpha}{mV_0}\right)}{s^2+\left(a_1-k_q\dfrac{M_{\delta_e}}{I_y}\right)s+\left(a_0-k_q\dfrac{M_{\delta_e}}{I_y}\dfrac{L_\alpha}{mV_0}\right)} \tag{8-5}$$

对比式(5 - 39),闭环传递函数分母中的 $s$ 项和常数项系数都得到增加, $s$ 项系数的变大,意味着位于左半 $S$ 平面的特征根进一步远离了虚轴,缩短了半衰期时间,加快了闭环系统的短周期运动响应速度。

常数项数值的增加,意味着短周期运动的无阻尼频率变大了,因此短周期运动的周期变小,响应的上升时间减少,加快了初始响应速度。在 $a_0$(表5 - 10)中忽略了 $[L_\alpha/(mV_0)]M_q$ 后,其无阻尼频率为

$$\omega_n=\sqrt{-\frac{1}{I_y}\left(M_\alpha+k_qM_{\delta_e}\frac{L_\alpha}{mV_0}\right)} \tag{8-6}$$

若设

$$\omega_n=\sqrt{-\frac{1}{I_y}\left(\frac{1}{2}\rho\,V_0^2S_wc_A\right)C'_{m\alpha}}$$

则

$$C'_{m\alpha}=C_{m\alpha}+k_q\left(\frac{L_\alpha}{mV_0}\right)C_{m\delta_e} \tag{8-7}$$

式中, $C'_{m\alpha}$ 为闭环系统的等效静稳定性导数,很明显如果放宽静稳定性 $C_{m\alpha}$(即 $|C_{m\alpha}|$ 数值变小或 $C_{m\alpha}$ 由负变正),通过动态的补偿量 $k_q[L_\alpha/(mV_0)]C_{m\delta_e}$,不但可以保证 $C'_{m\alpha}<0$,并且使得其绝对值变大,也就增加了短周期运动的无阻尼频率。然而,因为 $[L_\alpha/(mV_0)]\ll1$,等效静稳定性导数 $C'_{m\alpha}$ 的补偿量 $k_q[L_\alpha/(mV_0)]C_{m\delta_e}$ 绝对值,在有限的 $k_q$ 条件不可能有明显的增加或增加是缓慢的。

阻尼比为

$$\xi_d = \frac{\dfrac{L_\alpha}{mV_0} - \dfrac{1}{I_y}(M_q + M_{\dot\alpha} + k_q M_{\delta_e})}{2\sqrt{-\dfrac{1}{I_y}\left(M_\alpha + k_q M_{\delta_e}\dfrac{L_\alpha}{mV_0}\right)}} \tag{8-8}$$

由于 $L_\alpha/(mV_0) \ll 1$，所以

$$k_q M_{\delta_e} \gg k_q M_{\delta_e}\frac{L_\alpha}{mV_0}$$

因此闭环传递函数的阻尼比相对于式(5-39)来说是增加的，并且这种增加是比较显著的，这也是俯仰阻尼器称呼的由来。俯仰阻尼器使得飞机的短周期运动容易出现过阻尼现象，而这种飞行品质实际上不是十分理想[17]。

闭环系统的操纵性为

$$\left.\frac{\Delta q}{\Delta q_c}\right|_{s\to 0} = \frac{M_{\delta_e}\left(\dfrac{L_\alpha}{mV_0}\right)}{\left(M_\alpha + k_q M_{\delta_e}\dfrac{L_\alpha}{mV_0}\right)} < \left(\frac{L_\alpha}{mV_0}\right)\frac{M_{\delta_e}}{M_\alpha} \approx -K_{sp}^q$$

若通过放宽静稳定性所得到的操纵性 $K_{sp}^q$ 是满足要求的，那么闭环系统的操纵性要小于 $K_{sp}^q$，这是负反馈系统的特点，但是可以通过适当地选择 $k_q$，使得闭环系统的操纵性不至于比 $K_{sp}^q$ 小太多。

因此，如果飞机进入稳态 $\Delta q$ 飞行，操纵性的减小是不可避免的，为了改变这种现象，特别是改善在稳态 $\Delta q$ 飞行时的操纵性，就可以采用高通滤波器来处理反馈量 $\Delta q$，即

$$\Delta u_q = \frac{\tau_q s}{\tau_q s + 1}\Delta q$$

高通滤波器的输出呈现这样的特点：$\Delta q$ 变化时滤波器有输出，$\Delta u_q$ 不为零；而当 $\Delta q$ 进入稳态后，滤波器输出 $\Delta u_q$ 为零。于是当 $\Delta q$ 进入稳态后，升降舵控制律为

$$\Delta\delta_e = -\Delta q_c$$

由式(8-5)得到操纵性为

$$\left.\frac{\Delta q}{\Delta q_c}\right|_{s\to 0} = \frac{-\dfrac{M_{\delta_e}}{I_y}\left(\dfrac{L_\alpha}{mV_0}\right)}{a_0} \approx \left(\frac{L_\alpha}{mV_0}\right)\frac{M_{\delta_e}}{M_\alpha} = -K_{sp}^q$$

上式表明，控制律中引入高通滤波器或洗出网络后，就可以使在 $\Delta q$ 为常值飞行时，其操纵性与自然飞机一致。

应用高通滤波器,不但可以解决操纵性问题,而且可以解决飞机在进行稳态滚转角的曲线飞行时,其稳态滚转角 $\Delta\phi$ 对 $\Delta q$ 的耦合影响,分析如下:

由式(4-39)得到

$$q = \dot{\theta}\cos\phi + \dot{\psi}\sin\phi\cos\theta$$

又由于基准运动时 $\phi_0 = \psi_0 = 0$,因此式(5-73)的协调盘旋运动可写为全量表达式

$$\dot{\psi} = \frac{g}{V_0}\tan\phi$$

将此式代入以上 $q$ 的表达式后得到

$$q = \dot{\theta}\cos\phi + \frac{g}{V_0}\tan\phi\sin\phi\cos\theta$$

即使纵向俯仰运动没有发生,即 $\dot{\theta} = 0, \theta = 0$,只要飞机进行滚转运动并且进行大滚转角的稳态盘旋协调运动,就有

$$q = \frac{g}{V_0}\tan\phi\sin\phi \neq 0$$

此时,角速度传感器测量的不是纵向运动俯仰角速度,而是由于飞机盘旋协调运动时,滚转角的耦合而产生的角速度,因此需要高通滤波器将这个不利的稳态俯仰角速度滤除。

然而由于高通滤波器会影响到短周期运动动态特性,因此在现代飞行控制系统中,将俯仰角速度传感器的输出信号直接与上式相减,以得到纯粹的、完全由纵向俯仰运动所产生的俯仰角速度,并用于控制律计算。

从上述操纵性的表达式中可以看出,飞机在亚声速和超声速飞行时,焦点的后移使得 $C_{m\alpha}$ 变化剧烈,从而引起操纵性具有较大的差异,这种操纵性的差异对驾驶员来说更是个严重的问题。因此,在仅用 $\Delta q$ 反馈的控制中,以解决其在不同飞行状态下的操纵性的差异为主要目标,在控制律式(8-4)中引入补偿网络,即

$$\Delta\delta_e = -\left[\Delta q_c - k_q\left(\frac{T_D s + 1}{T_I s + 1}\right)\Delta q\right]$$

同时将补偿网络参数随飞行状态进行调节,那么可以使操纵性始终在设定的范围内,从而减小了在亚声速和超声速飞行状态下操纵性或短周期运动无阻尼频率的差异[2]。一般情况下,亚声速飞行时,补偿网络呈现滞后特性;而超声速飞行时,则为超前特性。

通过上述讨论,引入俯仰角速度反馈,其短周期运动的阻尼比可以得到

显著的改善,加快了短周期运动的响应速度,使得短周期运动能得到快速收敛,然而容易造成过阻尼现象,而这并不是一种好的飞行品质;$\Delta q$ 的反馈对无阻尼频率(或运动模态振荡周期)或静稳定性导数的改善不是特别明显,并且操纵性呈现下降的趋势,需要用高通滤波器来确保放宽静稳定性后所带来的操纵性提高的效益。从而,若要改善短周期运动阻尼或使运动模态快速收敛,则可使用俯仰角速度反馈,而对于静稳定性导数或无阻尼频率的补偿作用则不明显。

### 8.3.3　法向过载(加速度)反馈控制律

为了改善俯仰角速度反馈的不足,可用法向过载(或迎角)作反馈,使短周期运动的无阻尼频率得到显著的提高。仿照图 8-1 的方法将升降舵的控制律设计为

$$\Delta \delta_e = -(\Delta n_{zc} - k_{n_z}\Delta n_z) \tag{8-9}$$

并由式(5-42)关于短周期运动时的法向过载数学模型,得到其闭环传递函数为

$$\frac{\Delta n_z}{\Delta n_{zc}} = \frac{-\dfrac{M_{\delta_e}L_\alpha}{I_y\,mg}}{s^2 + a_1 s + \left(a_0 - k_{n_z}\dfrac{M_{\delta_e}L_\alpha}{I_y\,mg}\right)} \tag{8-10}$$

在 $a_0$ 中忽略了 $[L_\alpha/(mV_0)]M_q$ 后,其无阻尼频率为

$$\omega_n = \sqrt{-\frac{1}{I_y}\left(M_\alpha + k_{n_z}M_{\delta_e}\frac{L_\alpha}{mg}\right)} \tag{8-11}$$

其补偿后的等效静稳定性导数为

$$C'_{m\alpha} = C_{m\alpha} + k_{n_z}C_{m\delta_e}\left(\frac{C_{L\alpha}}{C_{L0}}\right) \tag{8-12}$$

由于 $L_\alpha > mg$ 或 $C_{L\alpha} > C_{L0}$,因此等效的静稳定性导数 $C'_{m\alpha}$ 或者闭环系统的无阻尼频率的增加将是非常明显的,其补偿量 $k_{n_z}C_{m\delta_e}(C_{L\alpha}/C_{L0})$ 能有效地保证 $C'_{m\alpha}<0$,并具有一定的裕量。而阻尼比为

$$\xi_d = \frac{\dfrac{L_\alpha}{mV_0} - \dfrac{1}{I_y}(M_q + M_{\dot\alpha})}{2\sqrt{-\dfrac{1}{I_y}\left(M_\alpha + k_{n_z}M_{\delta_e}\dfrac{L_\alpha}{mg}\right)}} \tag{8-13}$$

由于 $a_1$ 不变,无阻尼自然频率的增加,造成了闭环系统的阻尼比相对于

自然飞机的短周期运动阻尼比是下降的。所以,法向过载的反馈控制对无阻尼频率或静稳定性导数的补偿作用是显著的,然而短周期运动的阻尼比是下降的。

但还需要指出的是,在实际的工程应用中,反馈量法向过载测量信号需要进行处理后才能使用。由于使用加速度传感器来测量法向过载,因此飞机气动弹性所引起的机体高频振动的加速度也能被加速度传感器所测量并被混入法向过载信号中,显然,与气动弹性振动的高频噪声信号相比,短周期运动法向过载 1 ~ 2 Hz 的信号是低频信号。一般情况下,两者信号频率的比值超过 10 就可通过低通滤波器对加速度传感器信号进行滤波处理,即

$$\Delta u_{n_z} = \frac{1}{\tau_n s + 1} \Delta n_z$$

低通滤波器将高频噪声滤掉而让低频的短周期运动过载信号 $\Delta n_z$ 通过,显然低通滤波器时间常数 $\tau_n$ 的设计也与飞机的气动弹性振动频率有关,而短周期运动频率应该是 $1/\tau_n$ 的最小边界。若设短周期运动的频率为 $f = 2$ Hz,那么低通滤波器最小转折频率为

$$\frac{1}{\tau_n} \geqslant 2\pi f = 12.56 \text{ rad/s}$$

### 8.3.4 迎角反馈控制律

单纯从补偿静稳定性导数 $C_{m\alpha}$ 出发,因为 $C_{m\alpha}$ 是与迎角直接相关的导数,因此使用迎角反馈也是最为有效的方法,即仿照图 8 - 1 的方法将升降舵控制律设计为

$$\Delta\delta_e = -(\Delta\alpha_c - k_\alpha \Delta\alpha) \qquad (8-14)$$

并利用式(5 - 38)短周期运动时的迎角 - 升降舵数学模型,得到闭环传递函数为

$$\frac{\Delta\alpha}{\Delta\alpha_c} = \frac{-\dfrac{M_{\delta_e}}{I_y}}{s^2 + a_1 s + \left(a_0 - k_\alpha \dfrac{M_{\delta_e}}{I_y}\right)} \qquad (8-15)$$

其等效的静稳定性导数为

$$C'_{m\alpha} = C_{m\alpha} + k_\alpha C_{m\delta_e} \qquad (8-16)$$

对比式(8 - 12)和式(8 - 16),由于 $L_\alpha > mg$ 或 $C_{L\alpha} > C_{L0}$,在同样的反馈增益下,使用法向过载作为反馈的等效静稳定性导数要比用迎角作为反馈的

大许多。

因此,使用法向过载或迎角作为反馈,可以明显地使等效静稳定性导数或无阻尼自然频率得到改善,然而不足的是其闭环阻尼比下降了,从而引起振荡次数的增加而不利于操纵。

### 8.3.5　$\Delta n_z$ 和 $\Delta q$ 组合反馈控制律

结合上述分析,用俯仰角速度和法向过载(或迎角)进行组合反馈正好可以弥补进行单独反馈时的不足。即用法向过载反馈来增加静稳定性导数的绝对值,同时用俯仰角速度反馈来增加阻尼比,以补偿过载反馈所引起的阻尼比下降。将升降舵控制律设计为如下形式:

$$\Delta\delta_e = -(\Delta C_c^* - k_{n_z}\Delta n_z - k_q\Delta q) \tag{8-17}$$

这种控制律结构是自纵向运动增稳控制系统诞生以来所使用的传统形式。在后面可以看到,$\Delta n_z$ 和 $\Delta q$ 组合实际上也是一种 $\Delta C^*$ 指标,因此用符号 $\Delta C_c^*$ 来表示操纵指令。如果考虑到反馈回路的延迟效应并满足操纵性要求,则可增加一个前馈通道来加快飞机短周期运动的初始响应速度[7],如图 8-2 所示,这是个典型的纵向控制增稳系统。

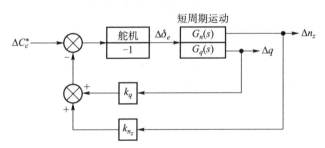

图 8-2　控制增稳控制律结构框图

根据式(8-17)的控制律,无法直接得到用传递函数表示的闭环系统数学模型,但可以用短周期运动的状态方程模型来推导得到闭环系统的状态方程,然后通过特征方程来推导得到有关短周期运动的属性。

按法向过载的定义:

$$\Delta n_z = \frac{V_0}{g}\Delta\dot{\gamma} = \frac{V_0}{g}(\Delta\dot{\theta} - \Delta\dot{\alpha}) = \frac{V_0}{g}(\Delta q - \Delta\dot{\alpha}) \tag{8-18}$$

由式(5-26)得到

$$\Delta\dot{\alpha} = -\frac{L_\alpha}{mV_0}\Delta\alpha + \Delta q - \frac{L_{\delta_e}}{mV_0}\Delta\delta_e \tag{8-19}$$

将式(8-19)代入式(8-18)中,得到

$$\Delta n_z = \frac{L_\alpha}{mg}\Delta\alpha + \frac{L_{\delta_e}}{mg}\Delta\delta_e \qquad (8-20)$$

式(8-20)再次说明式(8-18)是在 $\Delta V = 0$ 假设条件下的定义,并且也说明使用 $\Delta n_z$ 作为反馈实际上还是迎角的反馈,并且 $L_\alpha/(mg) \gg 1$,那么在同样的反馈增益下 $\Delta n_z$ 的反馈作用要强于 $\Delta\alpha$ 的作用;并且由于 $\Delta n_z$ 还与升降舵偏角有关,尽管 $L_{\delta_e}/(mg)$ 数值不大,但升降舵仍然对过载的初始响应有所贡献,其响应要快于单纯的迎角反馈作用。将式(8-20)代入式(8-17),并经整理后得到

$$\Delta\delta_e = -\frac{mg}{mg - L_{\delta_e}k_{n_z}}\Delta C_c^* + \left[ \frac{L_\alpha k_{n_z}}{mg - L_{\delta_e}k_{n_z}} \quad \frac{mgk_q}{mg - L_{\delta_e}k_{n_z}} \right]\begin{bmatrix} \Delta\alpha \\ \Delta q \end{bmatrix} \quad (8-21)$$

将式(8-21)代入式(5-26)短周期运动状态方程中,得到

$$\begin{bmatrix} \Delta\dot\alpha \\ \Delta\dot q \end{bmatrix} = \begin{bmatrix} -\frac{L_\alpha}{mV_0} - \frac{L_{\delta_e}}{mV_0}\left(\frac{L_\alpha k_{n_z}}{mg - L_{\delta_e}k_{n_z}}\right) \\ \frac{1}{I_y}\left(M_\alpha - \frac{M_{\dot\alpha}L_\alpha}{mV_0}\right) + \frac{1}{I_y}\left(M_{\delta_e} - \frac{M_{\dot\alpha}L_{\delta_e}}{mV_0}\right)\left(\frac{L_\alpha k_{n_z}}{mg - L_{\delta_e}k_{n_z}}\right) \end{bmatrix}$$

$$\left. \begin{matrix} 1 - \frac{L_{\delta_e}}{mV_0}\left(\frac{mg\,k_q}{mg - L_{\delta_e}k_{n_z}}\right) \\ \frac{1}{I_y}(M_q + M_{\dot\alpha}) + \frac{1}{I_y}\left(M_{\delta_e} - \frac{M_{\dot\alpha}L_{\delta_e}}{mV_0}\right)\left(\frac{mg\,k_q}{mg - L_{\delta_e}k_{n_z}}\right) \end{matrix} \right] \cdot \begin{bmatrix} \Delta\alpha \\ \Delta q \end{bmatrix} +$$

$$\left[ -\frac{mg}{mg - (V_0/g)L_{\delta_e}k_{n_z}} \right]\begin{bmatrix} -\frac{L_{\delta_e}}{mV_0} \\ \frac{1}{I_y}\left(M_{\delta_e} - \frac{M_{\dot\alpha}L_{\delta_e}}{mV_0}\right) \end{bmatrix}\Delta C_c^* \qquad (8-22)$$

式(8-22)的特征方程为

$$M(s) = s^2 + m_1 s + m_0$$

式(8-22)的动态特性主要是由 $m_1$ 和 $m_0$ 所决定的,它们的表达式分别为

$$m_1 = \frac{L_\alpha}{mV_0} - \frac{1}{I_y}(M_q + M_{\dot\alpha}) + \frac{L_{\delta_e}}{mV_0}\left(\frac{L_\alpha k_{n_z}}{mg - L_{\delta_e}k_{n_z}}\right) -$$

$$\frac{1}{I_y}\left(M_{\delta_e} - \frac{M_{\dot\alpha}L_{\delta_e}}{mV_0}\right)\left(\frac{mgk_q}{mg - L_{\delta_e}k_{n_z}}\right) \qquad (8-23)$$

$$m_0 = -\frac{1}{I_y}\left(\frac{L_\alpha}{mV_0}M_q + M_\alpha\right) + \left(-\frac{L_{\delta_e}M_q}{mV_0 I_y} - \frac{M_{\delta_e}}{I_y}\right)\left(\frac{L_\alpha k_{n_z}}{mg - L_{\delta_e}k_{n_z}}\right) +$$

$$\left(\frac{L_{\delta_e}M_\alpha}{mV_0 I_y} - \frac{L_\alpha M_{\delta_e}}{mV_0 I_y}\right)\left(\frac{mgk_q}{mg - L_{\delta_e}k_q}\right) \tag{8-24}$$

将 $m_1$ 和 $m_0$ 与表 5 – 10 中的 $a_1$ 和 $a_0$ 比较,可以看出在 $m_1$ 和 $m_0$ 表达式包括两部分,一部分是由自然飞机的气动导数所组成的,另外一部分则是由负反馈控制作用所形成的。

如果做如下假设:

(1) $k_{n_z}$ 是有限的数值,那么 $k_{n_z}\left[L_{\delta_e}/(mg)\right] \ll 1$。

(2) $L_{\delta_e}/(mV_0) \approx 0$,则 $m_1$ 和 $m_0$ 的近似表达式为

$$m_1 \approx \frac{L_\alpha}{mV_0} - \frac{1}{I_y}(M_q + M_{\dot\alpha}) - \frac{M_{\delta_e}}{I_y}k_q \tag{8-25}$$

$$m_0 \approx -\frac{1}{I_y}\left(\frac{L_\alpha}{mV_0}M_q + M_\alpha\right) - \frac{M_{\delta_e}}{I_y}\left(\frac{L_\alpha}{mV_0}\right)\left(\frac{V_0}{g}k_{n_z} + k_q\right) \tag{8-26}$$

在式(8 – 26)中,由于 $L_\alpha/(mV_0) \ll L_\alpha/(mg)$,因此对 $m_0$ 的贡献主要是 $k_{n_z}$,特别是考虑到 $M_\alpha \gg \left[L_\alpha/(mV_0)\right]M_q$,因此式(8 – 26)进一步的近似式为

$$m_0 \approx -\frac{1}{I_y}\left(M_\alpha + k_{n_z}M_{\delta_e}\frac{L_\alpha}{mg}\right) \tag{8-27}$$

可以发现,通过式(8 – 27)推导得到的等效静稳定性导数与式(8 – 12)是一致的,说明 $\Delta n_z$ 的反馈只能对静稳定性起作用,而闭环系统的阻尼比为

$$\xi_d = \frac{m_1}{2\sqrt{m_0}} = \frac{\dfrac{L_\alpha}{mV_0} - \dfrac{1}{I_y}(M_q + M_{\dot\alpha})}{\sqrt{-\dfrac{1}{I_y}\left(M_\alpha + k_{n_z}M_{\delta_e}\dfrac{L_\alpha}{mg}\right)}} + \frac{k_q\left(-\dfrac{M_{\delta_e}}{I_y}\right)}{\sqrt{-\dfrac{1}{I_y}\left(M_\alpha + k_{n_z}M_{\delta_e}\dfrac{L_\alpha}{mg}\right)}}$$

$$\tag{8-28}$$

阻尼比是由两部分所组成的,第一部分是仅使用法向过载 $\Delta n_z$ 作为反馈,即控制律式(8 – 9)时的阻尼比,它与式(8 – 13)是相同的,$k_{n_z}$ 使阻尼比下降;第二部分则是引入了俯仰角速度 $\Delta q$ 后,所得到的对阻尼比的补偿量,以弥补第一部分所造成的阻尼比下降。

通过上述分析说明,在使用式(8 – 17)的控制律下,俯仰角速度 $\Delta q$ 的反馈控制作用仍然是使短周期运动的阻尼比变大,其阻尼比可以通过对 $k_q$ 的调整来改变;而法向过载 $\Delta n_z$ 的反馈控制的主要作用依然是增加等效静稳定性导数的绝对值并保证 $C'_{m\alpha} < 0$,并通过对 $k_{n_z}$ 的调整来达到。

　　这种不同变量反馈控制的作用几乎是分离的,它们各自只对特定的参数产生影响,即 $\Delta q$ 的反馈控制只对 $m_1$ 有决定性的影响作用,而 $\Delta n_z$ 的反馈控制则对 $m_0$ 起到主要作用。需要指出的是,这种分离特性正是由于使用了式(8-17)的控制律,这也揭示了不同反馈变量的作用具有不同的物理意义,就本例而言,$\Delta q$ 的反馈影响阻尼比,而 $\Delta n_z$ 的反馈则对静稳定性有影响。这种分离特性也使得在分析计算时,可以将式(8-17)也进行分离处理(分离为如式(8-4)和式(8-9)的控制律),然后进行各自独立的分析计算,其结果仍然具有一定的精度。

　　由式(8-22)得到闭环系统的静增益或操纵性为

$$K_c^{\alpha} = -\frac{1}{I_y}\left(M_{\delta_e} + \frac{L_{\delta_e}}{mV_0}M_q\right)\left(\frac{mg}{mg - k_{n_z}L_{\delta_e}}\right)\frac{1}{m_0} \tag{8-29}$$

$$K_c^q = -\frac{1}{I_y}\left(\frac{L_\alpha}{mV_0}M_{\delta_e} + \frac{L_{\delta_e}}{mV_0}M_\alpha\right)\left(\frac{mg}{mg - k_{n_z}L_{\delta_e}}\right)\frac{1}{m_0} \tag{8-30}$$

将假设条件 $k_{n_z}[L_{\delta_e}/(mg)] \ll 1, L_{\delta_e}/(mV_0) \approx 0$ 及式(8-27)代入以上两式,得到

$$K_c^{\alpha} \approx \frac{M_{\delta_e}}{M_\alpha + k_{n_z}M_{\delta_e}\dfrac{L_\alpha}{mg}} \tag{8-31}$$

$$K_c^q \approx \frac{\dfrac{L_\alpha}{mV_0}M_{\delta_e}}{M_\alpha + k_{n_z}M_{\delta_e}\dfrac{L_\alpha}{mg}} \tag{8-32}$$

　　由式(8-20)可以求得关于法向过载的静增益,在式(8-20)中忽略 $L_{\delta_e}/(mg)$,并用式(8-31)代入,那么法向过载的静增益为

$$K_c^{n_z} \approx \frac{L_\alpha}{mg}K_c^{\alpha} \approx \frac{M_{\delta_e}\dfrac{L_\alpha}{mg}}{M_\alpha + k_{n_z}M_{\delta_e}\dfrac{L_\alpha}{mg}} \tag{8-33}$$

　　从式(8-10)中推导出的静增益与式(8-33)是一致的。根据式(8-33)对放宽静稳定性后系统的性能讨论如下:

　　由于放宽了静稳定性,即减小 $|C_{m\alpha}|$ 或 $|M_\alpha|$ 的数值,如果控制系统只做有限的补偿,即 $k_{n_z}M_{\delta_e}[L_\alpha/(mg)]$ 被设计为有限的数值,那么就可以使得 $K_c^{n_z}$ 相对于常规设计是增加的,这就表明闭环系统的操纵性要优于正常布局的自然飞机,而控制系统或 $k_{n_z}$ 的设计则主要用来保证短周期运动的稳定性以

及合适的无阻尼频率。

因此,如果以通过放宽静稳定性来改善操纵性作为设计目标,那么控制系统只需对静稳定性导数进行补偿,使得等效静稳定性导数(式(8 – 12))具有适当的数值,在保证短周期运动稳定性的同时使得操纵性得到改善,这样就可以获得比正常气动布局自然飞机更好的操纵性能。

以下研究式(8 – 17)控制律与 $C^*$ 控制律的关系。由式(8 – 17)得到

$$\Delta\delta_e = -\Delta C_c^* - k_{n_z}\left(\frac{k_q}{k_{n_z}}\Delta q + \Delta n_z\right) \tag{8 – 34}$$

若设

$$\frac{k_q}{k_{n_z}} = \frac{V_{co}}{g}$$

式中, $V_{co} = 122$ m/s, $g$ 为重力加速度,这样式(8 – 34)就变为

$$\Delta\delta_e = -\Delta C_c^* - k_{n_z}\left(\frac{V_{co}}{g}\Delta q + \Delta n_z\right) = -\Delta C_c^* - k_{n_z}\Delta C^* \tag{8 – 35}$$

这说明,如果满足 $k_q = (V_{co}/g)k_{n_z}$,那么式(8 – 17)就转化为 $\Delta C^*$ 控制律式(8 – 35)。因此, $\Delta C^*$ 控制律结构实际就是式(8 – 17)的一种特殊情形。

在 $\Delta C^*$ 控制律结构中,由于 $k_q$ 对等效静稳定性导数的贡献不大,而是通过 $k_{n_z}$ 来改善静稳定性的,所以在 $C^*$ 控制设计中是根据静稳定性要求来选择 $k_{n_z}$ 的,一旦 $k_{n_z}$ 选定, $k_q$ 的取值就按 $k_q = (V_{co}/g)k_{n_z}$ 确定。由于 $V_{co}/g > 12$ 总是满足,这就可能使得 $k_q$ 的数值较大而导致阻尼比过大,短周期运动将出现过阻尼甚至是非周期收敛的运动形式。因此,在 $C^*$ 控制设计中,为了使阻尼比在合适的范围内, $k_{n_z}$ 的选择不宜过大。

很明显,采用式(8 – 35)的 $\Delta C^*$ 控制律在设计上不如式(8 – 17)那样灵活,即可以独立地来设计阻尼比和等效静稳定性导数;然而仅从飞行品质 $C^*$ 指标来考虑的话,式(8 – 35)的 $\Delta C^*$ 控制律是以定量的飞行品质标准为目标的控制,这又表现为实用和方便的一面。

通过以上分析和讨论,对于纵向电传操纵系统的俯仰轴控制律来说,式(8 – 17)是典型的控制律结构形式,可以有效地改善放宽静稳定性后短周期运动的稳定性和阻尼性能,以改善飞机短周期运动的飞行品质。

最后需要指出的是,式(8 – 17)控制律,即使在没有放宽静稳定性的飞机中使用也是需要的。正如 5.7.2 节所指出的,随着飞行高度的增加,以亚声速飞行的飞机,其短周期运动的无阻尼频率和阻尼比都会逐步下降,因此使用式(8 – 17)控制律来补偿高度上升后短周期运动的性能也是有必要的

（如 A320 飞机[2]）。其次,在使用法向过载 $\Delta n_z$ 或迎角 $\Delta \alpha$ 作为反馈控制时,将会降低长周期运动的无阻尼自然频率,并且在同样的反馈增益下,法向过载 $\Delta n_z$ 的影响要强于迎角 $\Delta \alpha$ 的影响,其原因在于法向过载相当于迎角的 $L_\alpha/(mg)$ 倍,因此设计完成后要对等效的长周期运动性能进行检查。

### 8.3.6　驾驶杆指令生成器特性设计原则

如第 7 章所讨论的,驾驶员是通过驾驶杆来操纵飞机的,在电传操纵系统中,驾驶员施加于驾驶杆上的力所引起驾驶杆的位移即代表了其操纵愿望,或者说所施加于驾驶杆上力的大小和方向也代表了其操纵愿望,因此将驾驶杆的位移（或力）通过传感器变换为相应的电信号后,就可作为电传操纵系统的输入了。

然而通过研究发现,若电传操纵系统中引入了具有飞机变量反馈的控制,那么作为控制系统的输入实际上就代表了对反馈运动量的指令或期望,这就意味着驾驶杆位移或力实际上代表了对操纵飞机后运动变量的期望;同时又考虑到飞机运动变量受到飞行状态和飞机结构以及使用条件等的限制,那么这个输入的指令或操纵期望则需要加以限制。

因此,一般通过第 7 章中所阐述的指令生成器,将驾驶员的操纵期望即驾驶杆的位移（或力）按操纵性要求转换为对具体运动变量 $\Delta C^*$ 的控制指令 $\Delta C_{cs}^*$,并同时需要对 $\Delta C_{cs}^*$ 进行限制,即当位移（或力）变化到一定数值后其输出 $\Delta C_{cs}^*$ 饱和不变,这样就起到了对控制增稳系统输入指令的限制作用,以使得在任何操纵下飞机过载不超过所允许的使用过载。

指令生成器的第二个功能是符号变换。按照定义,驾驶杆位移（或力）的方向与所引起的飞机运动变量方向是相反的,而 $\Delta C_{cs}^*$ 是对运动变量的指令,因此与飞机运动变量的符号一致,所以指令生成器需要将驾驶杆位移（或力）的方向进行变换处理,即需要乘以“ $-1$ ”后才能得到 $\Delta C_{cs}^*$,或者说 $\Delta C_{cs}^*$ 的方向与驾驶杆位移（或力）的方向是相反的。指令生成器的数学模型如图 8 - 3 所示。

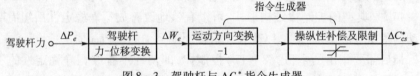

图 8 - 3　驾驶杆与 $\Delta C_{cs}^*$ 指令生成器

若杆指令生成器的输出 $\Delta C_{cs}^*$ 无须再进行处理,那么就可以直接作为控

制增稳系统的输入 $\Delta C_c^*$，即 $\Delta C_c^* = \Delta C_{cs}^*$。

# 8.4　控制增稳控制律设计

## 8.4.1　短周期运动模型及分析

控制增稳控制律以式(8-17)的控制律结构作为核心,飞机运动使用短周期运动模型,但需要将式(5-44)和式(5-46)特征方程中的常数项按放宽静稳定性进行修改。

按5.4.5节中喷气飞机的气动导数,得到静稳定度导数为 $C_{mC_L} = C_{m\alpha}/C_{L\alpha} = -0.65 \approx -22.34\% c_A$,若放宽静稳定度到 $C_{mC_L} = -5\% c_A \approx -0.15$,这相当于重心后移了 $17.34\% c_A \approx 0.5$ m 的距离。

放宽静稳定性后,静稳定性导数为 $C_{m\alpha} = -0.15 \times C_{L\alpha} = -0.15 \times 2 = -0.3$,按表5-10中的表达式计算出 $a_0 = 1.3$,而 $a_1 = 0.26$ 不变,其他数据也近似保持不变,因此将式(5-44)和式(5-46)修改为放宽静稳定性后传递函数模型为

$$\frac{\Delta n_z}{\Delta \delta_e} = \frac{-14.31}{s^2 + 0.26s + 1.3} \tag{8-36}$$

$$\frac{\Delta q}{\Delta \delta_e} = \frac{-4.3(s + 0.11)}{s^2 + 0.26s + 1.3} \tag{8-37}$$

在未放宽静稳定性(式(5-44)和式(5-46))和放宽静稳定性(式(8-36)和式(8-37))后的短周期运动性能对比如表8-1所示。

从表8-1中可以看出,当放宽静稳定性后,阻尼比从原来自然飞机的 0.05 增加到 0.114,这说明阻尼比是与静稳定性导数 $C_{m\alpha}$ 成反比,且静增益都得到了提高。

**表8-1　短周期运动特性比较**

| | 静稳定度 $C_{mC_L}$ | 特征根 | $\xi_{dsp}$ | $\omega_{nsp}$ | $\Delta n_z$ 静增益/ $[g \cdot (°)^{-1}]$ | $\Delta q$ 静增益/ $(s^{-1})$ |
|---|---|---|---|---|---|---|
| 未放宽静稳定性 | $-22.34\% c_A$ | $-0.13 \pm 2.3621j$ | 0.05 | 2.37 | -0.045 | -0.085 |
| 放宽静稳定性 | $-5\% c_A$ | $-0.13 \pm 1.1327j$ | 0.114 | 1.14 | -0.19 | -0.36 |

如果通过控制系统将等效的静稳定度补偿到自然飞机的 $C_{mC_L} \approx -22.34\% c_A$，必须采用 $\Delta q$ 进行反馈控制，才能使得阻尼比增加到适当的数值。

## 8.4.2　设计目标与飞行品质

短周期运动的设计目标用以下两个飞行品质指标来表示：

（1）用操纵期望参数 CAP 来评价纵向短周期运动对纵向轨迹操纵的飞行品质。CAP 定义为

$$CAP = \frac{(\Delta\ddot{\theta}/\Delta\delta_e)_{t=0^+}}{(\Delta n_z/\Delta\delta_e)_{t=\infty}} \approx \frac{\omega_{nsp}^2}{(\Delta n_z/\Delta\alpha)_{t=\infty}}$$

式中，$(\Delta n_z/\Delta\alpha)_{t=\infty} = L_\alpha/(mg)$。

按此定义，未放宽静稳定性，$(\Delta n_z/\Delta\alpha)_{t=\infty} = L_\alpha/(mg) \approx 3.257\ g/rad$，表示每弧度迎角 $\Delta\alpha$ 产生稳态法向过载，$\Delta n_z = 3.257$。

$$CAP \approx \frac{\omega_{nsp}^2}{(\Delta n_z/\Delta\alpha)_{t=\infty}} = \frac{5.597}{3.257} \approx 1.72$$

由于飞机在 B 种飞行阶段（巡航飞行），因此在未放宽静稳定性的飞机上：

$$(\Delta n_z/\Delta\alpha)_{t=\infty} \approx 3.257,\ \omega_{nsp} = 2.237,\ CAP \approx 1.72,\ \xi_{dsp} = 0.05$$

放宽静稳定性后：

$$(\Delta n_z/\Delta\alpha)_{t=\infty} \approx 3.257,\ \omega_{nsp} = 1.14,\ CAP \approx 0.399,\ \xi_{dsp} = 0.114$$

如此就可以按 CAP 和 $\xi_{dsp}$ 数值评价飞机的飞行品质了[19]：

未放宽静稳定性时，飞行品质为等级 3；放宽静稳定性后，飞行品质仍为等级 3。

两种情形下的 CAP 都仅满足短周期运动飞行品质等级 3 的要求，主要原因在于阻尼比太小，即使放宽了静稳定性，阻尼比仍然没有达到等级 1 的 $\xi_{dsp} \geqslant 0.3$ 要求。由于 CAP 指标是对操纵后飞机轨迹变化的最终结果的要求，是一种稳态性能指标，所以还需要满足以下的动态性能指标。

（2）短周期运动动态性能飞行品质指标是用阻尼比和无阻尼频率来表示的。按文献[19]的方法计算后有：

未放宽静稳定性：

$$\xi_{dsp} = 0.05,\ \omega_{nsp}T_{\theta_2} = 21.55,\ (T_{\theta_2} = mV_0/L_\alpha = 9.09)$$

放宽静稳定性后：

$$\xi_{dsp} = 0.114, \quad \omega_{nsp} T_{\theta_2} = 10.36$$

这两种情况也只是满足等级 3 的飞行品质要求。说明无论哪种情况下的短周期运动动态响应都是不满意的,其问题主要是阻尼比过小,从而使得飞机的振荡时间长,运动收敛慢。

如果通过式(8 - 17)的控制律,将等效短周期运动的设计目标确定为

$$\xi_{dE} = 0.7, \quad \omega_{nE} = 3 \ \text{rad/s}$$

$\omega_{nE} = 3$ 时,静稳定度 $C_{mC_L} \approx -1.05 = -35\% c_A$,也就是通过控制系统将 $-5\% c_A$ 的静稳定度补偿到 $-35\% c_A$ 的静稳定度。

由上式设计目标所确定的,关于主导极点的传递函数特征方程为

$$s^2 + 4.2s + 9 = 0$$

特征根是: $s = -2.1 \pm 2.14j$。

式(8 - 33)表明,在式(8 - 17)控制律下 $(\Delta n_z / \Delta \alpha)_{t=\infty} = L_\alpha / (mg)$ 仍然成立,即 $(\Delta n_z / \Delta \alpha)_{t=\infty} \approx 3.257$。因此,在新设计目标下 CAP 指标依然满足等级 1 的飞行品质要求。

当设计目标阻尼比 $\xi_{dE} = 0.7$ 时,只要 $\omega_{nE} T_{\theta_2} > 1^{[19]}$,其飞机短周期运动的动态特性可满足等级 1 的飞行品质要求,而 $T_{\theta_2}$ 是几乎不变的[19],因此只要 $\omega_{nE} > 1/T_{\theta_2} \approx 0.11$ 就可以满足等级 1 的飞行品质,然而能否满足 $\omega_{nE} > 0.11$ 的条件,则需要对短周期运动进行等效拟配后才能进行检查。

在确定了短周期运动特征根的设计目标后,就可以首先对改善飞行品质指标的基本控制律进行设计。

### 8.4.3　基本控制律设计

#### 1. 确定基本控制律的基本结构

所谓基本控制律,是指对飞行品质起主要作用的控制律,它不包括使该控制律能更好地起到作用的滤波器或一些带宽足够宽的动态环节。例如,可以省略用于法向过载信号处理的低通滤波器,同时依据表 7 - 1 可知,舵机的带宽大约为短周期运动带宽的 10 倍,因此在设计短周期运动控制律时完全可以忽略动态过程,舵机可处理为增益为 - 1 的比例环节,其中负号仅表示输出与输入方向是相反的;飞机短周期运动模型则使用式(8 - 36)和式(8 - 37)。

根据 8.3.1 节的分析,喷气飞机的静稳定度仅仅是放宽到 $C_{mC_L} = -5\% c_A$,并没有出现静不稳定现象,即 $C_{mC_L} > 0$,因此根据 8.2 节,可以选用两种控制

律形式,即引入迎角 $\Delta\alpha$ 反馈的形式:

$$\Delta\delta_e = -(\Delta C_c^* - k_\alpha\Delta\alpha - k_q\Delta q)$$

和引入法向过载 $\Delta n_z$ 的形式:

$$\Delta\delta_e = -(\Delta C_c^* - k_{n_z}\Delta n_z - k_q\Delta q)$$

在 8.2 节中已经分析过,法向过载的反馈相当于迎角的反馈,而且从驾驶员的角度来说,法向过载 $\Delta n_z$ 能被驾驶员感受到并依据它进行操纵,用它作为操纵量(高速飞行)是适当的,所以从驾驶杆输入来看,应使用法向过载 $\Delta n_z$ 与俯仰角速度 $\Delta q$ 组合的控制律结构。

若飞机是静不稳定的,根据 8.2 节的分析,使用上述法向过载 $\Delta n_z$ 与俯仰角速度 $\Delta q$ 组合的控制律,就能使飞机的短周期运动恢复为稳定。但文献[1,7]也给出这样的方案,即用迎角 $\Delta\alpha$ 与俯仰角速度 $\Delta q$ 组合的控制律来恢复短周期运动的稳定并作为内回路,而飞机操纵则采用法向过载 $\Delta n_z$ 与俯仰角速度 $\Delta q$ 组合的控制律并作为外回路。

从恢复稳定性的角度来讲,内回路似乎是多余的,然而这种方案的形成原因在于,由于该方案中飞机平尾是全动平尾,从而配平和操纵只能使用同一个舵面,配平控制部分必须也被包含在前向通道中,因此无论是驾驶杆操纵还是其后的配平操纵,都希望面对由全动平尾控制的一架稳定的等效飞机,而这架稳定的等效飞机是由飞机本体和迎角 $\Delta\alpha$ 与俯仰角速度 $\Delta q$ 组合的控制律所组成的闭环回路,这就是迎角 $\Delta\alpha$ 与俯仰角速度 $\Delta q$ 组合的控制律被包含在内回路中的原因。

而对于采用安定面或升降舵调整片来配平的飞机,由于配平控制可以不被包含在升降舵控制回路中,即使飞机是放宽静稳定性或静不稳定的,也可以直接用法向过载 $\Delta n_z$ 与 $\Delta q$ 组合的控制律,这不仅简化了控制律结构,也方便工程实现。因此,采用何种控制律结构必须根据飞机的具体情况来确定。以下方案就是按照配平控制为独立回路来设计的。

为了确定所设计控制律的结构,把式(8-17)进行如下修改:将式中的增益 $k_{n_z}$、$k_q$ 认为是传感器增益,并写为 $k_{sn_z}$、$k_{sq}$,于是升降舵机的输入为

$$\Delta u_e = \Delta C_c^* - (k_{sn_z}\Delta n_z + k_{sq}\Delta q) \qquad (8-38)$$

由于俯仰轴控制系统的输入为驾驶杆指令 $\Delta C_c^*$,故而式(8-38)代表的是误差信号,因此所谓俯仰轴控制律就是对误差信号进行处理的规律,或者说控制器的工作规律。

由于具有法向过载反馈,为保证操纵时驾驶杆在回到中立位置(零位,

$\Delta C_c^* = 0$)后飞机的法向过载为$n_z = 1$($L = mg$,$\Delta n_z = 0$,飞机为平衡状态),且能无误差地准确跟踪这个状态,在控制律中必须设计有积分控制。式(8-17)代表的是比例控制,并起到改善飞行品质的主要作用,所以控制律应设计为比例-积分控制的形式。即

$$\Delta u_e = \left[ \Delta C_c^* - (k_{sn_z}\Delta n_z + k_{sq}\Delta q) \right]\left(k_p + \frac{k_i}{s}\right) \qquad (8-39)$$

忽略舵机动力学,并设为

$$\Delta \delta_e = -\Delta u_e \qquad (8-40)$$

将式(8-39)代入式(8-40)中,得到升降舵偏角的控制律:

$$\Delta \delta_e = -\left[ \Delta C_c^* - (k_{sn_z}\Delta n_z + k_{sq}\Delta q) \right]\left(k_p + \frac{k_i}{s}\right) \qquad (8-41)$$

图8-4描述了这种控制律的结构,并描述了各个环节之间的关系,在虚框里面的环节就是控制律或者控制器,在电传操纵系统中一般使用飞行控制计算机来实现。

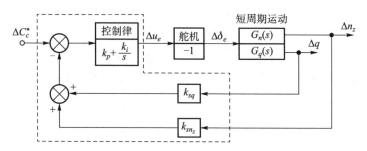

图8-4　式(8-41)控制律下的系统结构框图

在式(8-41)中,如果$k_i = 0$,那么控制律就为比例控制形式,那么对短周期运动特征根的作用与式(8-17)是一致的,区别在于两者静增益是不同的,式(8-41)中比例控制$k_p$对驾驶杆指令有放大作用,即$k_p\Delta C_c^*$。在这种情况下,给控制律设计提供了如下可能,即$k_p$完全可以从静增益的要求来设计,而对短周期运动的动态要求则可以通过选择合理的$k_{sn_z}$、$k_{sq}$而达到目的。

若设$k_p k_{sn_z} = k_{n_z}$,$k_p k_{sq} = k_q$,$k_i k_{sn_z} = k_{in_z}$,$k_i k_{sq} = k_{iq}$,将式(8-41)展开后就得到

$$\Delta \delta_e = -\left[ k_p\Delta C_c^* - (k_{n_z}\Delta n_z + k_q\Delta q) \right] - \left[ k_i\Delta C_c^* - (k_{in_z}\Delta n_z + k_{iq}\Delta q) \right]\frac{1}{s}$$

$$(8-42)$$

按式(8-42)得到俯仰轴控制律的结构如图8-5所示。

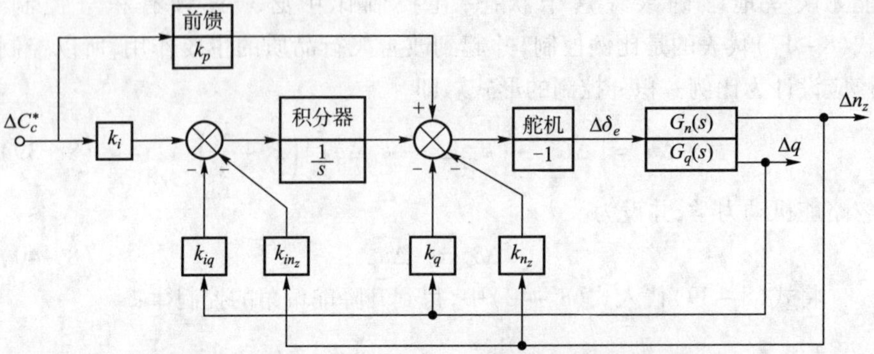

图8-5 式(8-42)控制律下控制增稳系统的结构框图

在图8-5中,控制律式(8-42)的增益$k_p$相当于前馈作用,特别是图8-5所示的控制律结构与 A320 飞机的$C^*$控制律的结构是完全一致的[2],显然这种控制律结构的来源还是图8-4所示的基本控制律形式,它们仅仅是其变形而已。

为求出图8-5的闭环传递函数,设

$$\frac{\Delta n_z}{\Delta \delta_e} = G_n, \frac{\Delta q}{\Delta \delta_e} = G_q, \frac{\Delta q}{\Delta n_z} = \frac{G_q}{G_n}$$

以上传递函数均为已知的飞机短周期运动传递函数,将式(8-42)代入$\Delta n_z = G_n \Delta \delta_e$中后

$$\Delta n_z = -G_n [k_p \Delta C_c^* - (k_{n_z} \Delta n_z + k_q \Delta q)] - G_n [k_i \Delta C_c^* - (k_{in_z} \Delta n_z + k_{iq} \Delta q)] \frac{1}{s}$$

注意到式中

$$G_n (k_{n_z} \Delta n_z + k_q \Delta q) = \left(k_{n_z} G_n + k_q G_n \frac{\Delta q}{\Delta n_z}\right) \Delta n_z = (k_{n_z} G_n + k_q G_q) \Delta n_z$$

及

$$G_n (k_{in_z} \Delta n_z + k_{iq} \Delta q) = (k_{in_z} G_n + k_{iq} G_q) \Delta n_z$$

上式可以变形为

$$\Delta n_z = -\left(k_p + k_i \frac{1}{s}\right) G_n \Delta C_c^* + \left[(k_{n_z} G_n + k_q G_q) + (k_{in_z} G_n + k_{iq} G_q) \frac{1}{s}\right] \Delta n_z$$

从而得到关于法向过载输出的闭环传递函数为

$$\frac{\Delta n_z}{\Delta C_c^*} = \frac{\left(k_p + k_i \frac{1}{s}\right) G_n}{(k_{in_z} G_n + k_{iq} G_q) \frac{1}{s} + (k_{n_z} G_n + k_q G_q - 1)} \qquad (8-43)$$

同理,可以推出关于俯仰角速度输出的闭环传递函数:

$$\frac{\Delta q}{\Delta C_c^*} = \frac{\left(k_p + k_i \frac{1}{s}\right) G_q}{\left(k_{in_z} G_n + k_{iq} G_q\right) \frac{1}{s} + \left(k_{n_z} G_n + k_q G_q - 1\right)} \tag{8-44}$$

**2. 控制律参数 $k_{n_z}$、$k_q$ 的选择**

由于积分环节的作用是消除稳态误差,而积分环节对闭环系统的动态特性是不利的,因此一般情况下,积分环节在系统响应即将收敛时或稳态误差小于一定数值后才开始使用,这样就可避免对响应初期的动态特性产生不利影响。所以在实现上,积分环节在一定的条件下介入或者减小积分增益以降低积分的速度。

基于上述分析,在控制律式(8-42)中,对短周期运动特征根产生根本性作用的还是比例控制,即 $k_{n_z}$、$k_q$。因此根据对积分环节的作用,为简化 $k_{n_z}$、$k_q$ 的设计,可以先假定 $k_i = 0$,$k_{in_z} = 0$ 和 $k_{iq} = 0$,于是式(8-43)和式(8-44)就变为

$$\frac{\Delta n_z}{\Delta C_c^*} = \frac{k_p G_n}{k_{n_z} G_n + k_q G_q - 1} \tag{8-45}$$

$$\frac{\Delta q}{\Delta C_c^*} = \frac{k_p G_q}{k_{n_z} G_n + k_q G_q - 1} \tag{8-46}$$

将式(5-39)和式(5-42)分别代入以上两式后,就得到

$$\frac{\Delta n_z}{\Delta C_c^*} = \frac{\dfrac{V_0}{g} \left(-\dfrac{M_{\delta_e}}{I_y}\right)\left(\dfrac{L_\alpha}{mV_0}\right) k_p}{s^2 + n_1 s + n_0} \tag{8-47}$$

关于俯仰角速度 $\Delta q$ 的闭环传递函数为

$$\frac{\Delta q}{\Delta C_c^*} = \frac{\left(-\dfrac{M_{\delta_e}}{I_y}\right) k_p \left(s + \dfrac{L_\alpha}{mV_0}\right)}{s^2 + n_1 s + n_0} \tag{8-48}$$

在式(8-47)和式(8-48)中:

$$n_1 = \frac{L_\alpha}{mV_0} - \frac{1}{I_y}\left(M_q + M_{\dot\alpha}\right) - \frac{M_{\delta_e}}{I_y} k_q = a_1 - \frac{M_{\delta_e}}{I_y} k_q$$

$$n_0 = -\frac{1}{I_y}\left(\frac{L_\alpha}{mV_0} M_q + M_\alpha\right) - \frac{M_{\delta_e}}{I_y}\left(\frac{L_\alpha}{mV_0}\right)\left(\frac{V_0}{g} k_{n_z} + k_q\right)$$

$$= a_0 - \frac{M_{\delta_e}}{I_y}\left(\frac{L_\alpha}{mV_0}\right)\left(\frac{V_0}{g} k_{n_z} + k_q\right)$$

以上 $n_1$、$n_0$ 的表达式与式(8-25)和式(8-26)是一致的。可以明显看出,由于 $V_0/g \gg 1$,所以 $k_{n_z}$ 对无阻尼频率的补偿或静稳定度的补偿是非常强的,而 $k_q$ 对阻尼比的补偿也是有效的,而 $k_{n_z}$ 对阻尼比无作用。

由于积分环节的接入方式将会影响闭环系统的动态特性,若积分环节在动态响应即将收敛时接入,就可以将上述传递函数的特征方程与设计目标的特征方程相等,然后采用待定系数法来确定 $k_{n_z}$、$k_q$。

若积分环节始终接入即 $k_i \neq 0$ 的情况下,如何来应用式(8-47)和式(8-48)特征方程来确定 $k_{n_z}$、$k_q$ 呢? 简单的方法就是对设计目标进行一定的修改,即按下述方法来确定设计目标:

(1)若积分环节在响应即将收敛时接入,其短周期运动的设计目标为 $\xi_{dE}$、$\omega_{nE}$。

(2)若在积分环节始终接入下,其短周期运动设计目标可修改为 $\xi'_{dE}$、$\omega'_{nE}$,并满足 $\xi'_{dE} > \xi_{dE}$,且取 $0.9 \leqslant \xi'_{dE} < 1$ 和 $\omega'_{nE} = (\xi_{dE}\omega_{nE})/\xi'_{dE}$。

修改的原因就是,在积分环节始终接入的情况下,短周期运动的最后特征根实际上将通过选择积分增益 $k_i$ 来确定,而修改后的设计目标 $\xi'_{dE}$、$\omega'_{nE}$ 仅仅是含有积分环节的短周期运动特征根随 $k_i$ 变化轨迹的起点,所以最后的短周期运动特征根是由 $k_i$ 所决定的,即符合飞行品质要求的初始设计目标 $\xi_{dE}$、$\omega_{nE}$,将通过 $k_i$ 的选择来决定。

由于设计目标 $\xi'_{dE}$、$\omega'_{nE}$ 已经确定了短周期运动的特征根,从而也就确定了式(8-47)和式(8-48)特征方程,通过待定系数法就可以求出 $k_{n_z}$ 和 $k_q$。

根据设计目标 $\xi_{dE}$、$\omega_{nE}$ 确定的特征方程为

$$s^2 + 2\xi'_{dE}\omega'_{nE}s + \omega'^2_{nE} = 0$$

含 $k_{n_z}$、$k_q$ 控制律的特征方程为

$$s^2 + n_1 s + n_0 = 0$$

用待定系数法得到

$$n_1 = 2\,\xi'_{dE}\omega'_{nE}$$

$$n_0 = \omega'^2_{nE}$$

由式(8-47)中关于 $n_1$ 和 $n_0$ 的表达式,从而

$$k_q = \frac{2\xi'_{dE}\omega'_{nE} - \left[ \dfrac{L_\alpha}{mV_0} - \dfrac{1}{I_y}(M_q + M_{\dot{\alpha}}) \right]}{-\dfrac{M_{\delta_e}}{I_y}} \qquad (8-49)$$

$$k_{n_z} = \frac{g}{V_0} \left[ \frac{\omega_{nE}'^2 + \frac{1}{I_y}\left(\frac{L_\alpha}{mV_0}M_q + M_\alpha\right)}{\left(-\frac{M_{\delta_e}}{I_y}\right)\left(\frac{L_\alpha}{mV_0}\right)} - k_q \right] \qquad (8-50)$$

以下给出实际设计例子。由于积分环节始终作用于系统,因此先将设计目标值修改为 $\xi_{dE}' = 0.9, \omega_{nE}' = 2.33\ \text{rad/s}$,其特征方程为

$$s^2 + 4.194s + 5.429 = 0$$

那么设计目标特征方程中的系数 $n_1 = 4.194, n_0 = 5.429$,这也是未来闭环特征方程的系数。

将喷气飞机短周期运动模型式(8-36)和式(8-37)代入式(8-47)和式(8-48)中得到

$$\frac{\Delta n_z}{\Delta C_c^*} = \frac{14.3k_p}{s^2 + (4.3k_q + 0.26)s + (14.3k_{n_z} + 0.473k_q + 1.3)}$$

$$\frac{\Delta q}{\Delta C_c^*} = \frac{4.3k_p(s + 0.11)}{s^2 + (4.3k_q + 0.26)s + (14.3k_{n_z} + 0.473k_q + 1.3)}$$

以上两式的特征方程为

$$s^2 + (4.3k_q + 0.26)s + (14.3k_{n_z} + 0.473k_q + 1.3) = 0$$

此特征方程与设计目标所确定的特征方程是一致的,因此按待定系数法得到

$$4.3k_q + 0.26 = n_1 = 4.194$$

$$14.3k_{n_z} + 0.473k_q + 1.3 = n_0 = 5.429$$

分别对上述两个方程求解,得到

$$k_q = 0.915$$

$$k_{n_z} = 0.258$$

**3. 控制律参数 $k_p$、$k_i$ 的选择**

为了保证法向过载 $\Delta n_z$ 输出是无误差的,就需要法向过载 $\Delta n_z$ 能无误差地跟踪驾驶杆指令 $\Delta C_c^*$,并当驾驶杆回到中立位置,$\Delta C_c^* = 0$ 时(驾驶杆在中立位置,即 $\Delta W_e = 0$),确保 $\Delta n_z = 0$。这就意味着在稳态时其误差 $\Delta e_{ssn} = \Delta C_c^* - \Delta n_z = 0$。

若假定:驾驶杆指令为阶跃指令,因为要求 $\Delta e_{ssn} = 0$,则式(8-43)的静增益应为"1",这样由式(8-43)得到

$$\frac{\left(\dfrac{V_0}{g}\right)k_i}{\left(\dfrac{V_0}{g}\right)k_{in_z} + k_{iq}} = 1$$

从而解出

$$k_i = k_{in_z} + \left(\frac{g}{V_0}\right)k_{iq}$$

又由于前面已设 $k_{in_z} = k_i k_{sn_z}$，$k_{iq} = k_i k_{sq}$，且 $k_{sn_z} = k_{n_z}/k_p$，$k_{sq} = k_q/k_p$，一并代入上式后得到

$$k_p = k_{n_z} + \left(\frac{g}{V_0}\right)k_q \tag{8-51}$$

$k_{n_z}$ 和 $k_q$ 是依据飞行品质要求或短周期运动动态性能要求设计的，因此保证法向过载 $\Delta n_z$ 无稳态误差是由 $k_p$ 满足式（8-51）来实现的，而与 $k_i$ 无关。若法向过载无稳态误差，那么 $\Delta n_z$ 对驾驶杆指令 $\Delta C_c^*$ 的静增益为"1"，这就意味着其闭环系统的操纵性也为"1"，即 $K_c^{n_z} = 1$。

当 $k_p$ 满足式（8-51）时，俯仰角速度 $\Delta q$ 的静增益为

$$K_c^q = \frac{k_p}{\left(\dfrac{V_0}{g}\right)k_{n_z} + k_q} = \frac{k_{n_z} + \left(\dfrac{g}{V_0}\right)k_q}{\left(\dfrac{V_0}{g}\right)k_{n_z} + k_q} = \frac{g}{V_0} \tag{8-52}$$

明显地，如果 $k_p$ 的设计是确保 $\Delta n_z$ 无稳态误差，那么 $\Delta q$ 将存在稳态误差，由式（8-44）得到其误差为

$$\Delta e_{ssq} = 1 - K_c^q = 1 - \frac{g}{V_0} \tag{8-53}$$

而如果 $k_p$ 的设计是确保 $\Delta q$ 无稳态误差，那么 $\Delta n_z$ 将会存在稳态误差。也就是说，$k_p$ 的设计无法保证这两个变量同时无稳态误差。

根据上述分析，$k_i$ 与稳态误差无关，然而 $k_i$ 决定了积分的速度，因此将对动态特性产生一定的影响，如果 $k_i$ 过大，将会恶化闭环系统的动态性能，并且 $k_i$ 将最终决定短周期运动的主导极点。

将式（5-39）和式（5-42）代入式（8-43）和式（8-44），并利用表5-7后，得到闭环传递函数分别为

$$\frac{\Delta n_z}{\Delta C_c^*} = \frac{\dfrac{V_0}{g}\left(-\dfrac{M_{\delta_e}}{I_y}\right)\left(\dfrac{L_\alpha}{mV_0}\right)k_p\left(s+\dfrac{k_i}{k_p}\right)}{s(s^2+n_1s+n_0)+k_i\left(\dfrac{k_q}{k_p}\right)\left(-\dfrac{M_{\delta_e}}{I_y}\right)\left[s+\dfrac{L_\alpha}{mV_0}\left(1+\dfrac{V_0k_{n_z}}{g\,k_q}\right)\right]}$$

$$(8-54)$$

及

$$\frac{\Delta q}{\Delta C_c^*} = \frac{\left(-\dfrac{M_{\delta_e}}{I_y}\right)k_p\left(s+\dfrac{k_i}{k_p}\right)\left(s+\dfrac{L_\alpha}{mV_0}\right)}{s(s^2+n_1s+n_0)+k_i\left(\dfrac{k_q}{k_p}\right)\left(-\dfrac{M_{\delta_e}}{I_y}\right)\left[s+\dfrac{L_\alpha}{mV_0}\left(1+\dfrac{V_0k_{n_z}}{g\,k_q}\right)\right]}$$

$$(8-55)$$

以上两式的特征方程为

$$1+k_i\left(\frac{k_q}{k_p}\right)\left(-\frac{M_{\delta_e}}{I_y}\right)\frac{s+\dfrac{L_\alpha}{mV_0}\left(1+\dfrac{V_0k_{n_z}}{g\,k_q}\right)}{s(s^2+n_1s+n_0)}=0 \qquad (8-56)$$

式(8-56)的开环传递函数的零、极点位置,就决定了式(8-54)和式(8-55)的特征根随$k_i$变化的轨迹。注意到开环复极点恰好是式(8-47)的极点,说明比例控制仅仅决定了闭环复极点根轨迹的起点,这段根轨迹上的所有极点都是共轭复极点并且绝对值最大,所以这对复极点表示了力矩运动的快速收敛,因此也是主导极点,其在复平面上的位置是由$k_i$决定的。因此$k_i$的选择主要是依据:在这条根轨迹上将主导极点设计为欠阻尼特性,即阻尼比小于设计目标$\xi_{dE}$,而使无阻尼频率接近设计目标$\omega_{nE}$。

另外一段根轨迹在实轴上,位于零点和零极点之间。这段根轨迹是由积分环节所引起的,由于零点的绝对值不会太大,因此无论$k_i$的取值如何,闭环系统总会存在一个绝对值较小的负实根,并将影响闭环系统的收敛速度,而且这个根$s_3$的绝对值总是满足

$$|s_3|<\frac{L_\alpha}{mV_0}\left(1+\frac{k_{n_z}V_0}{k_qg}\right) \qquad (8-57)$$

必须指出的是,式(8-55)和式(8-56)的结果表明,电传操纵系统由于控制系统的作用,短周期运动由自然飞机的二阶系统变为三阶系统,这主要是由控制律中含有的动态环节所引起的。在这种情况下,则需要将这个三阶系统在低频段用一个二阶系统等效后[19],才能用飞行品质标准进行评价,其原因在于,在这些标准中短周期运动均是用二阶系统来描述的。当然如

果在控制律中还包含一些滤波器,那么闭环系统的阶次将会更高。总之,对电传操纵系统来说,采用等效系统进行飞行品质评价是必要的。

对于喷气飞机的例子来说,$k_p$ 和 $k_i$ 的设计如下:

$$k_p = k_{n_z} + \left(\frac{g}{V_0}\right)k_q = 0.258 + \left(\frac{9.75}{295.07}\right) \times 0.915 = 0.288$$

因此

$$k_{sn_z} = \frac{k_{n_z}}{k_p} = \frac{0.258}{0.288} = 0.896$$

$$k_{sq} = \frac{k_q}{k_p} = \frac{0.915}{0.288} = 3.177$$

将式(8-36)和式(8-37)以及 $k_{n_z}$、$k_q$、$k_p$、$k_{sn_z}$ 和 $k_{sq}$ 的数值,一并代入式(8-43)和式(8-44)或直接将有关参数代入式(8-54)和式(8-55)后,得到闭环传递函数为

$$\frac{\Delta n_z}{\Delta C_c^*} = \frac{4.121(s + 3.472k_i)}{s(s^2 + 4.194s + 5.429) + 13.661k_i(s + 1.049)} \qquad (8-58)$$

$$\frac{\Delta q}{\Delta C_c^*} = \frac{1.238(s + 3.472k_i)(s + 0.11)}{s(s^2 + 4.194s + 5.429) + 13.661k_i(s + 1.049)} \qquad (8-59)$$

式(8-58)和式(8-59)的静增益分别为

$$K_c^{n_z} \approx 0.997$$

$$K_c^q \approx 0.033 \text{ rad/s}$$

以上静增益单位中,假定驾驶杆输出指令 $\Delta C_c^*$ 的物理量是过载,量纲为1。式(8-58)式(8-59)的特征方程变换为根轨迹方程后,为

$$1 + \frac{k_i'(s + 1.049)}{s(s^2 + 4.194s + 5.429)} = 0 \qquad (8-60)$$

式中,$k_i' = 13.661k_i$。

式(8-60)的根轨迹如图8-6所示,或者说该图是式(8-58)和式(8-59)当 $k_i'$ 变化时的特征根轨迹。

当 $k_i' = 3.38$,即 $k_i = k_i'/13.661 = 3.38/13.661 \approx 0.247$ 时,闭环极点为 $s_{1,2} = -1.84 \pm 1.88j$,$s_3 = -0.512$(如图8-6中"■"所标注的极点),其闭环特征方程为

$$(s^2 + 3.68s + 6.92)(s + 0.512) = 0$$

式中,主导极点 $s_{1,2}$ 的特征方程为

$$s^2 + 3.68s + 6.92 = 0$$

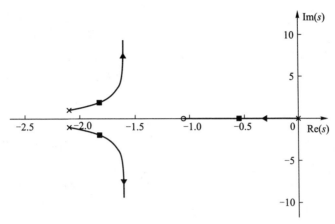

图 8-6　$k_i'$ 变化时的根轨迹

该特征方程所代表二阶系统的阻尼比和无阻尼自然频率分别为 $\xi_{dc} \approx$ $0.7, \omega_{nc} \approx 2.63$ rad/s，与设计目标 $\xi_{dE} = 0.7, \omega_{nE} = 3$ rad/s 相比，仅无阻尼自然频率有误差，此处选择 $k_i$ 是按满足主导极点阻尼比要求优先的原则，当然也可以按照满足无阻尼自然频率要求优先来选择 $k_i$，如下：

当 $k_i' = 6.04$ 时，即 $k_i = 6.04/13.661 \approx 0.442$ 时，闭环极点分别为 $s_{1,2} = -1.75 \pm 2.44\mathrm{j}, s_3 = -0.703$，其主导极点的闭环特征方程为

$$s^2 + 3.5s + 9.016 = 0$$

其二阶系统的阻尼比和无阻尼自然频率为 $\xi_{dc} \approx 0.58, \omega_{nc} \approx 3$ rad/s。很明显，闭环特征根中，相比于按阻尼比优先的选择中，实数根的绝对值要大一些。实际上，就主导极点所代表的响应中，其收敛速度基本是相似的，而且实数根相差并不是非常明显，所以无论是按满足阻尼比还是无阻尼自然频率，从工程上来说其响应特性相差并不大。

若选定 $k_i = 0.247$，则按

$$k_{in_z} = k_i k_{sn_z} = 0.247 \times 0.896 = 0.221$$
$$k_{iq} = k_i k_{sq} = 0.247 \times 3.177 = 0.785$$

从而按式(8-42)得到例子喷气飞机控制增稳系统的控制律为

$$\Delta\delta_e = -[0.288\Delta C_c^* - (0.258\Delta n_z + 0.915\Delta q)] -$$
$$[0.247\Delta C_c^* - (0.221\Delta n_z + 0.785\Delta q)]\frac{1}{s}$$

或者是式(8-41)形式的控制律：

$$\Delta\delta_e = -[\Delta C_c^* - (0.896\Delta n_z + 3.177\Delta q)]\left(0.288 + 0.247\frac{1}{s}\right)$$

式(8-41)的形式更有利于推导控制增稳系统的闭环传递函数模型。

在工程上,经常把上述控制律式中运动变量前的系数 $k_p$、$k_{n_z}$、$k_q$、$k_i$、$k_{in_z}$ 和 $k_{iq}$ 称为传动比。以 $k_{n_z} = 0.258$ 传动比为例,它的物理意义是:在指令输入 $\Delta C_c^* = 0$ 的条件下,如果由于飞机受到扰动使之产生 $\Delta n_z = 1$ 的过载,那么升降舵应下偏 $\Delta \delta_e = 0.258$ rad(约 $15°$)的角度,即飞机低头产生 $-1g$ 的过载,从而抵消由于扰动引起的 $+1g$ 过载,以维持 $\Delta C_c^* = 0$ 的条件。

因此,传动比是飞机单位运动量经过负反馈形成控制所需的舵面偏转角,如果实际系统中包含了控制律中未被考虑环节的静增益,那么也要保持这个传动比不变,即保证飞机单位运动量所引起的舵面偏转角不变,为此可以修改 $k_{n_z}$ 以保证传动比 0.258 是不变的。

**4. 基本控制律参数设计要点**

在控制律参数的设计中,可使用短周期运动近似模型,即式(5-39)和式(5-42)。控制律参数是按照飞行品质指标(短周期运动的 CAP 和动态性能)所确定的设计值 $\xi_{dE}$、$\omega_{nE}$ 来选择确定的。

$k_{n_z}$、$k_q$ 的主要作用是改善短周期运动的稳定性和阻尼比,但不完全决定在控制律式(8-42)作用下闭环系统式(8-54)和式(8-55)的主导复极点,一般情况下,它们的选择原则是:在 $k_i$ 设计之前,应先使得闭环系统共轭复极点的阻尼比略大于设计值 $\xi_{dE}$,而无阻尼自然频率则略小于设计值 $\omega_{nE}$。

$k_p$ 仅仅用于保证法向过载 $\Delta n_z$ 无稳态误差,而并不能同时使 $\Delta q$ 也是无稳态误差的,因此可以按式(8-51)计算得到。

$k_i$ 将决定闭环系统主导复极点,一般情况下 $k_i$ 是使主导复极点满足设计目标值的要求,但由于要同时满足设计目标值 $\xi_{dE}$ 和 $\omega_{nE}$ 是困难的,因此,设计值可以根据具体问题和要求来确定 $k_i$ 的选择原则,即按优先满足 $\xi_{dE}$ 还是优先满足 $\omega_{nE}$ 来确定,总之使用古典控制理论只能接近设计目标,如果要求完全与设计目标一致,那么只能用现代控制理论进行设计。

## 8.4.4　反馈回路滤波器设计

在俯仰轴控制律中,滤波器一般以两种形式出现在闭环回路中。一种是仅出现在输入或输出端,例如驾驶杆指令成形滤波器和结构陷波器,这种滤波器仅仅对系统的闭环响应产生延迟作用,而对反馈回路的动态是没有影响的;另外一种是用于对反馈信号进行处理的滤波器,这种滤波器一般出现在反馈回路上。后者将会影响反馈回路的动态性能,因此需要考察其滤波器参数对闭环系统特征根的影响作用。

正如前面所讨论的,由于采用了 $\Delta n_z$ 和 $\Delta q$ 的组合反馈形式,因此 $\Delta n_z$ 信号中可能会耦合有气动弹性振动高频信号,所以必须通过低通滤波器将此高频信号滤除;而对俯仰角速度 $\Delta q$ 的信号,要除去稳态盘旋时滚转角所带来的附加信号。该低通滤波器分别与 $k_{n_z}$、$k_q$ 增益环节串联在反馈回路中,如图 8 - 7 所示。

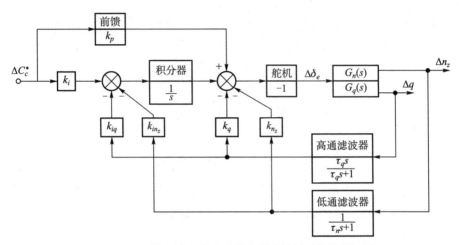

图 8 - 7　反馈回路具有滤波器的增稳控制系统结构框图

低通滤波器滤除的信号是气动弹性引起的 12 ~ 20 Hz[7]高频振动信号,短周期运动的频率为 1 ~ 2 Hz。

1. 俯仰角速度滤波器参数设计

在 8.3 节中已经讨论了滤除稳态 $\Delta q$ 的理由,设计该滤波器的作用就是将稳态的俯仰角速度信号去除,因此常采用下述形式数学模型的滤波器:

$$\frac{\Delta u_q}{\Delta q} = \frac{\tau_q s}{\tau_q s + 1} \qquad (8-61)$$

由于这种滤波器具有将动态信号洗出的功能,因此也称为洗出滤波器。显然,若 $\Delta q$ 进入稳态后且稳态值为某一常数,那么 $\Delta u_q = 0$。一般情况下,时间常数 $\tau_q$ 应该小于或等于短周期运动的调节时间,这样就可以阻止基本进入稳态(按 1% 的误差)的 $\Delta q$ 进入反馈端而影响系统的动态特性。式(8 - 61)的频率响应特性如图 8 - 8 所示。

由图 8 - 8,只有频率 $\omega \gg 1/\tau_q$ 的 $\Delta q$ 信号才能通过滤波器并输出;而频率 $\omega \ll 1/\tau_q$ 的 $\Delta q$ 信号将按频率每减小 $10/\tau_q$,幅值大约衰减 - 20 dB(最大);在

稳态时,$\omega\to 0$,则衰减到 $-40$ dB(最大)。

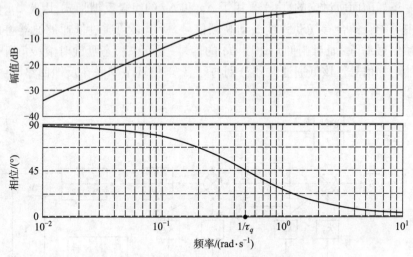

图 8 - 8　洗出滤波器频率响应特性

若通过$k_{n_z}$、$k_q$和$k_p$、$k_i$的设计使得主导极点(基本代表了短周期运动特性)的特性为$\xi_{dc}$、$\omega_{nc}$,那么最大的$\tau_q$可以按下式选择:

$$(\tau_q)_{max} \leqslant \frac{3.32}{\xi_{dc}\omega_{nc}} \qquad (8-62)$$

这就意味着,$\omega = (\xi_{dc}\omega_{nc})/3.32$,是洗出滤波器最小转折频率边界,也就是说频率$\omega < (\xi_{dc}\omega_{nc})/3.32$的信号将被衰减。

就喷气飞机的例子来说,由于$k_i \approx 0.247$时,主导极点的$\xi_{dc} \approx 0.7$,$\omega_{nc} \approx 2.63$ rad/s,那么可取$(\tau_q)_{max} \leqslant 3.32/(\xi_{dc}\omega_{nc}) \approx 1.8$ s。

若取$\tau_q = 1.8$ s,$\omega > 0.56$ rad/s(约0.09 Hz)的$\Delta q$信号才能无衰减地通过滤波器输出,而低于这个频率的信号将被衰减掉。注意到由主导极点所确定短周期运动频率为$\omega = (\sqrt{1-\xi_{dc}^2})\omega_{nc} \approx 1.9$ rad/s,约0.3 Hz,很明显由主导极点所决定的短周期运动能够无衰减地通过该滤波器。

当频率为$\omega \leqslant 0.056$ rad/s(约0.009 Hz,基本上为稳态信号)的信号作用于滤波器时,其输出信号幅值将被衰减$-20$ dB,也就意味着洗出滤波器输出幅值将是输入幅值的1/10,若到达稳态,则幅值被衰减到零。

建议按以下原则来选择$\tau_q$,即

$$1/[(\sqrt{1-\xi_{dc}^2})\omega_{nc}] < \tau_q \leqslant (\tau_q)_{max} \qquad (8-63)$$

以下通过喷气飞机的例子来说明$\tau_q$的数值是如何影响闭环系统特征根

的。按图 8 - 5 得到仅有洗出滤波器作用并利用式(8 - 56)后得到闭环系统
的特征方程为

$$1 + \left(\frac{1}{\tau_q}\right) \frac{s^3 + a_1 s^2 + \left[a_0 + \left(-\frac{M_{\delta_e}}{I_y}\right)\left(\frac{L_\alpha}{mV_0}\right)\left(\frac{V_0}{g}\right)k_{n_z}\right]s +}{s\left\{s^3 + n_1 s^2 + \left[n_0 + k_q\left(\frac{k_i}{k_p}\right)\left(-\frac{M_{\delta_e}}{I_y}\right)\right]s +\right.} \longrightarrow$$

$$\longleftarrow \frac{\left(\frac{k_i}{k_p}\right)\left(-\frac{M_{\delta_e}}{I_y}\right)\left(\frac{L_\alpha}{mV_0}\right)\left(\frac{V_0}{g}\right)k_{n_z}}{\left.\left(k_q + \frac{V_0}{g}k_{n_z}\right)\left(\frac{k_i}{k_p}\right)\left(-\frac{M_{\delta_e}}{I_y}\right)\left(\frac{L_\alpha}{mV_0}\right)\right\}} = 0 \qquad (8 - 64)$$

式(8 - 64)与式(8 - 56)相比较,增加了一个闭环特征根,这就是洗出滤波器
带来的影响。设 $\tau_q' = 1/\tau_q$,那么由式(8 - 62)就可以得到在洗出滤波器作用下的
闭环根轨迹。对于喷气飞机的例子来说,在 $k_i = 0.247$,$k_p = 0.288$ 及 $k_q = 0.915$ 和
$k_{n_z} = 0.258$,一并代入式(8 - 64)后得到闭环系统的特征方程为

$$1 + \tau_q' \frac{s^3 + 0.26 s^2 + 3.693s + 0.105}{s(s^3 + 4.194 s^2 + 8.803s + 3.539)} = 0$$

按上式中开环传递函数的零极点分布,就可以得到在 $\tau_q'$ 变化时该闭环特征
方程根轨迹,如图 8 - 9 所示。

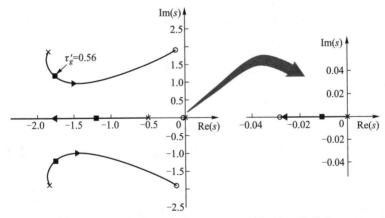

图 8 - 9  洗出滤波器时间常数 $\tau_q' = 1/\tau_q$ 变化时闭环根轨迹

从图 8 - 9 中可以看出,主导复极点的起点恰好是 $k_i = 0.247$ 时所确定的闭环
极点,因此只要 $\tau_q \neq 0$,洗出滤波器总是要影响由 $k_i = 0.247$ 所确定的极点或设计
目标。特别是当 $\tau_q$ 开始逐步减小时,复极点的阻尼比将增加,无阻尼频率将减小;
当 $\tau_q$ 减小到一定程度后,阻尼比从增加转为减小,而无阻尼自然频率却是始终在

减小,说明$\tau_q$的取值并不是越小越好。实际上式(8-63)也给出了$\tau_q$的最小边界,对本例来说,由于在无洗出滤波器的情况下$\omega_{nc} \approx 2.63$,故按式(8-63)$\tau_q$的取值范围为:$0.526 < \tau_q \le 1.8$。

当$\tau_q = 1.8(\tau_q' = 0.56)$时,含有洗出滤波器的闭环系统特征方程为

$$(s^2 + 3.576s + 4.725)(s + 1.166)(s + 0.011) = 0$$

主导极点为:$s_{1,2} = -1.788 \pm 1.236j$;其模态特性为:$\xi_{dc1} = 0.82, \omega_{nc1} = 2.17$。

另外两个极点均是负实根,其中绝对值最小的实根是由于洗出滤波器的原因,使得开环传递函数中增加了一个绝对值较小的负零点,因此在$S$平面的原点左侧形成了一段根轨迹,这段根轨迹上的特征根将影响系统响应的快速性。

通过上述分析可知,增加洗出滤波器后,对短周期运动响应性能的影响是比较大的,当然最后还需要通过对短周期运动的等效拟配模型进行评价才能得出结论。

对于稳态的俯仰角速度反馈,实际上也可以通过下述逻辑控制实现:

当$\Delta q = $常数时,就将$\Delta q$反馈强制设置为零,即$\Delta q = 0$。

这样也达到了洗出滤波器的作用,而且这种逻辑控制方式在计算机控制中是易于实现的,这种方案可以避免洗出滤波器给短周期运动所带来的影响。

2. 法向过载滤波器参数设计

法向过载滤波器的作用是滤除掉传感器所测量到的有关飞机振动的高频信号,而让反映飞机短周期运动的低频运动信号通过。因此法向过载传感器实际上就是个低通滤波器,它的传递函数形式的数学模型如下:

$$\frac{\Delta u_n}{\Delta n_z} = \frac{1}{\tau_n s + 1} \tag{8-65}$$

从频率响应来看,低通滤波器的转折频率为$1/\tau_n$,凡是低于这个转折频率的信号都能通过;而高于转折频率的信号幅值将被衰减,频率越高幅值被衰减越大。其频率响应特性如图8-10所示。

因此,从上述频率响应看出,$\tau_n$的设计应该遵循这样的原则:若通过$k_{n_z}$、$k_q$和$k_p$、$k_i$的设计使得主导极点(基本代表了短周期运动特性)的特性为$\xi_{dc}$、$\omega_{nc}$,那么主导极点所表示的二阶系统的带宽$\omega_b \approx 1.5538\omega_{nc}$,说明主导极点所代表运动变化频率都在带宽所规定的范围内,为了使运动信息无失真地通过低通滤波器,低通滤波器的带宽必须大于短周期运动的带宽,这样短周期运动信号才能全部通过,至少其转折频率应大于短周期运动的带宽频率,即$\tau_n$必须满足:

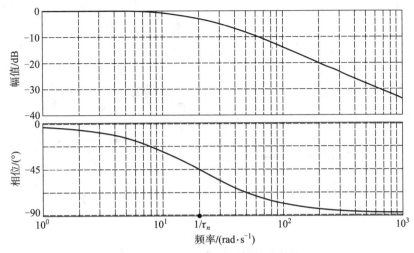

图 8 - 10　低通滤波器频率响应特性

$$\tau_n \leqslant \frac{1}{1.553\ 8\omega_{nc}} \approx \frac{0.64}{\omega_{nc}} \qquad (8-66)$$

式(8 - 64)中,$0.64/\omega_{nc}$也是$\tau_n$的最大边界。

按图 8 - 5 得到仅有低通滤波器作用并利用式(8 - 56)后得到闭环系统的特征方程为

$$1 + \left(\frac{1}{\tau_n}\right)\frac{s^3 + n_1 s^2 + \left[n_0 + k_i\left(\dfrac{k_q}{k_p}\right)\left(-\dfrac{M_{\delta_e}}{I_y}\right)\right]s + \dfrac{L_\alpha}{mV_0}\left(1 + \dfrac{V_0}{g}\dfrac{k_{n_z}}{k_q}\right)}{s\left\{s^3 + n_1 s^2 + \left[n_0 + k_i\left(\dfrac{k_q}{k_p}\right)\left(-\dfrac{M_{\delta_e}}{I_y}\right)\right]s + k_i\left(\dfrac{k_q}{k_p}\right)\left(-\dfrac{M_{\delta_e}}{I_y}\right)\dfrac{L_\alpha}{mV_0}\right\}} = 0$$

$$(8-67)$$

式(8 - 64)与式(8 - 56)相比,增加了一个闭环特征根,这就是洗出滤波器带来的影响。设$\tau_n' = 1/\tau_n$,那么由式(8 - 62)就可以得到在洗出滤波器作用下的闭环根轨迹。对于喷气飞机的例子来说,将$k_i = 0.247,k_p = 0.288$及$k_q = 0.915$和$k_{n_z} = 0.258$一并代入式(8 - 67)后,得到闭环系统的特征方程为

$$1 + \tau_n'\frac{s^3 + 4.194\ s^2 + 19.09s + 14.326}{s(s^3 + 4.194\ s^2 + 19.09s + 1.503)} = 0$$

按上式中的开环零极点得到在$\tau_n' = 1/\tau_n$变化时的闭环系统特征根根轨迹,如图 8 - 11 所示。

就喷气飞机的例子来说,由于$k_i \approx 0.247$时,主导极点的$\xi_{dc} \approx 0.7,\omega_{nc} \approx$ 2.63 rad/s,那么按式(8 - 66)得低通滤波器时间常数为:$\tau_n \leqslant 0.64/2.63 \approx$

0. 243 s。

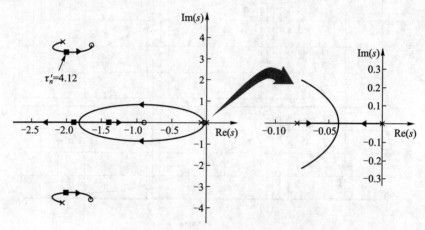

图 8 - 11　低通滤波器时间常数 $\tau'_n = 1/\tau_n$ 变化时的闭环根轨迹

从图 8 - 11 可以看出,$\tau_n$ 的取值使根轨迹的变化复杂。若当 $\tau_n$ 的取值满足式(8 - 66),即 $\tau_n \leq 0.243$,闭环系统的特征根是由一对复数根和两个实数根所组成的,在 $\tau_n = 0.243(\tau'_n = 4.12)$ 时,闭环系统的特征方程为

$$(s^2 + 4.09s + 15.224)(s + 2.861)(s + 1.352) = 0$$

主导极点为:$s_{1,2} = -2.045 \pm 3.323j$;其模态特性为:$\xi_{dc1} = 0.524, \omega_{nc1} = 3.9$。其余两个极点是实数,其绝对值较大,具有快速收敛的特性。

而当 $\tau_n$ 的取值不满足式(8 - 66),即 $\tau_n > 0.243$ 时,闭环特征根将出现两对复数根,这从图 8 - 9 中也可以看出。当 $\tau_n$ 增加,即 $\tau'_n$ 减小到一定数值后,靠近实轴的根轨迹将由实数根变为复数根,从而闭环系统的响应是由两对振荡收敛模态所组成的,而且随着 $\tau_n$ 的增加($\tau'_n$ 的减小),绝对值较小的复数极点所代表模态的频率先逐步增加,而后又有减小的趋势;而实部的绝对值随 $\tau_n$ 的增加却始终在减小,说明该模态的倍减时间是随 $\tau_n$ 的增加而增加的,这将会严重影响短周期运动的快速性。

从上述分析可知,式(8 - 66)的条件对低通滤波器设计来说是必要的,在最大边界条件的限制下,可以使低通滤波器对短周期运动的影响降低到最小。

### 8.4.5　舵机动态特性对性能的影响

在第 7 章中已经说明了舵机的动力学模型可以用一阶传递函数来描述,即

$$\frac{\Delta \delta_e}{\Delta u_e} = -\frac{1}{\tau_a s + 1} \tag{8 - 68}$$

式中,$\Delta\delta_e$为舵机转角输出并等于升降舵偏角,$\Delta u_e$为舵机的输入,$\tau_a$为时间常数,式中负号表示输入和输出的方向相反。主要研究$\tau_a$对飞机短周期运动动力学性能的影响。

根据式(8-41)得到考虑了舵机动态的控制律为

$$\Delta\delta_e = \left(-\frac{1}{\tau_a s + 1}\right)\left[\Delta C_c^* - (k_{sn_z}\Delta n_z + k_{sq}\Delta q)\right]\left(k_p + \frac{k_i}{s}\right) \quad (8-69)$$

然后利用式(8-54)或式(8-55)就可得到考虑了舵机动态的闭环系统特征方程为

$$1 + \left(\frac{1}{\tau_a}\right)\frac{s^3 + n_1 s^2 + \left[n_0 + k_i\left(\dfrac{k_q}{k_p}\right)\left(-\dfrac{M_{\delta_e}}{I_y}\right)\right]s +}{s^2 \cdot} \longrightarrow$$

$$\longleftarrow \frac{k_i\left(\dfrac{k_q}{k_p}\right)\left(-\dfrac{M_{\delta_e}}{I_y}\right)\left(\dfrac{L_\alpha}{mV_0}\right)\left(1 + \dfrac{V_0 k_{n_z}}{g\ k_q}\right)}{(s^2 + n_1 s + n_0)} = 0 \quad (8-70)$$

对于喷气飞机的例子来说,在$k_i = 0.247, k_p = 0.288$及$k_q = 0.915$和$k_{n_z} = 0.258$时,该特征方程为

$$1 + \tau_a'\frac{s^3 + 4.194\ s^2 + 8.809s + 3.546}{s^2(s^2 + 4.194s + 5.429)} = 0$$

式中,$\tau_a' = 1/\tau_a$。闭环特征根随$\tau_a'$变化的根轨迹如图 8-12 所示。

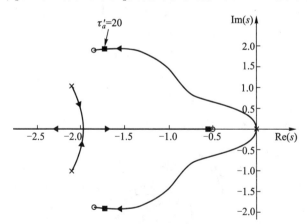

图 8-12　舵机时间常数$\tau_a' = 1/\tau_a$变化时的根轨迹

当$\tau_a' = 20$,即$\tau_a = 0.05$时,也就是取电动舵机典型时间常数,那么闭环特征方程为

$$(s^2 + 3.478s + 6.703)(s + 0.521)(s + 20) = 0$$

上述方程与不考虑舵机动态且$k_i = 0.247$时的闭环特征方程相比,其振荡收敛的特征根有小量的误差,并且小实根完全一致,同时增加了一个绝对值较大的实根$s_4 = -20$,这个根所代表的非周期收敛模态将快速收敛。

考虑舵机时的主导极点为:$s_{1,2} = -1.739 \pm 1.927j$;其模态特性为:$\xi_{dc1} = 0.67, \omega_{nc1} = 2.6$。

而不考虑舵机动态(且$k_i = 0.247$时)的主导极点的模态特性为:$\xi_{dc} \approx 0.7, \omega_{nc} \approx 2.63$。

两者对比可以看出,舵机动态对短周期运动的影响几乎可以忽略。从舵机的带宽来看,当$\tau_a = 0.05$时,其带宽约4.5 Hz已远大于具有控制系统的短周期运动的带宽,就本例而言,这个短周期运动的主动极点($\omega_{nc} \approx 2.63$)所表示二阶系统的带宽约为$1.5538 \, \omega_{nc}/(2\pi) = 0.65$ Hz,这一事实支持了上述结论。

## 8.4.6　驾驶杆指令生成器特性设计

第7章和8.3.6节已经说明,驾驶杆本身就是个力–位移传感器,它将驾驶员的作用力$\Delta P_e$按一定的杆力梯度特性(图7–4)转换为位移或力的电信号$\Delta W_e$,然后再通过指令生成器将位移$\Delta W_e$(或力)转换为杆指令$\Delta C_{cs}^*$。对于$\Delta n_z$和$\Delta q$组合反馈的控制增稳系统来说,其系统输入指令$\Delta C_c^*$从驾驶员操纵来说还是表示了对$\Delta n_z$的操纵愿望,因为即使在低速飞行时驾驶员关注的$\Delta q$也可以转换为对$\Delta n_z$的操纵愿望,所以指令生成器的输出(或杆指令)$\Delta C_{cs}^*$也代表了对$\Delta n_z$的操纵愿望。如果没有边界控制,那么$\Delta C_c^* = \Delta C_{cs}^*$。

若驾驶杆处于中立位置(或位移为零的位置),配平系统使得飞机处在平衡状态,由于位移(或力)$\Delta W_e = 0$,从而$\Delta C_c^* = 0$,此时飞机法向过载$n_z = 1$,那么增量过载$\Delta n_z = 0$,以及增量俯仰角速度$\Delta q = 0$。

而当驾驶杆前推或后拉时,$\Delta W_e \neq 0, \Delta C_c^* \neq 0$,并且将引起飞机运动,使得$\Delta n_z \neq 0$和$\Delta q \neq 0$。

综上分析,可以认为,$\Delta C_c^*$是驾驶杆从中立位置出发位移所表示的增量指令,而$\Delta n_z$和$\Delta q$也是从平衡状态出发的增量运动,符合小扰动线性化运动的假设条件。

由8.3.6节,$\Delta C_c^*$代表了驾驶员对$\Delta n_z$和$\Delta q$的操纵期望,由于驾驶杆位移运动方向与所产生的飞机运动变量方向是相反的,因此当从中立位置处向前推驾驶杆时,$\Delta P_e > 0$或$\Delta W_e > 0$(引起升降舵下偏:$\Delta \delta_e > 0$),从而所期望的运动是飞机低头,即$\Delta n_z < 0$和$\Delta q < 0$,所以$\Delta C_c^* < 0$(或$\Delta C_{cs}^* < 0$);反

之,从中立位置处后拉推驾驶杆时,$\Delta P_e < 0$ 或 $\Delta W_e < 0$(引起升降舵上偏),$\Delta C_c^* > 0$(或 $\Delta C_{cs}^* > 0$)。

以上对指令符号的讨论,与系统控制律参数设计关系不大,但对于实际飞行非常重要,它涉及操纵后飞机运动的极性问题,并且对数学和半物理仿真也非常重要。

同时,由于飞机运动时,在不同的构型下对法向过载是有不同限制要求的,因此在指令生成器中也需要根据飞机的构型对杆指令 $\Delta C_{cs}^*$ 进行限制,即 $\Delta n_{z\min} \leqslant \Delta C_{cs}^* \leqslant \Delta n_{z\max}$。例如 A320 飞机中[2],$-1g < \Delta C_{cs}^* \leqslant 2.5g$(着落襟翼收起时),$0 < \Delta C_{cs}^* \leqslant 2g$(着落襟翼放下时)。在这种情况下,指令生成器就是一个非线性限幅器,如图 8 – 13 所示。

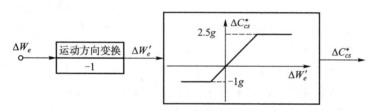

图 8 – 13 控制增稳系统的指令生成器特性

## 8.4.7 "中性/正速度稳定性"控制模式

在采用积分式的控制律式(8 – 41),系统是无稳态误差的。由于引入了积分控制环节,当驾驶杆位置不变时,如果飞行状态的变化(如气流扰动等)引起飞机法向过载变化,那么由于积分器的作用,升降舵将发生不断地偏转,直到飞机的法向过载回到飞行状态变化之前的数值上,即重新取得平衡为止。

假设驾驶杆处于中立位置时,飞机处于对称定常直线水平飞行的平衡状态,那么对应飞机的法向过载为1,增量法向过载为零。前推驾驶杆产生负的增量过载指令,同时使飞机加速,它所产生的不平衡力矩经过积分环节的作用使升降舵发生偏转,最后飞机平衡或配平于指令法向过载或新速度(大于对称定常直线飞行时的速度)下,而升降舵(或全动平尾)偏转角回到零位,这种平衡或配平仍然具有正速度稳定性下的平衡或配平特点,然而驾驶杆位移和舵面位置却不具有一一对应的关系。

若驾驶杆仍在中立位置和飞机依然是作对称定常平飞,那么在气流干扰作用下,积分控制环节能够使飞机自动平衡或配平于法向过载为1(或增

量法向过载为零）及新的速度和高度下,而升降舵(或全动平尾)的偏转角将
发生改变而不为零(用于抵抗扰动)。后者这种平衡或配平特点是:配平速
度与驾驶杆位置或杆力无关,而且驾驶杆位移与升降舵(或全动平尾)偏转
角之间没有一一对应关系,即杆舵不一致。这种配平特点相当于飞行力学
中的中立稳定情况下的配平,故称为中性速度稳定性。将控制律式(8-41)
称为中性速度稳定性控制模式。因此必须指出的是:在控制律式(8-41)作
用下的飞机平衡或配平具有中性速度稳定性的特点或形式,而并不是指飞
机运动的稳定性,飞机运动依然是稳定的并具有足够的稳定裕量。

　　这种中性速度稳定虽然有优点,但在起飞和着陆时,为保持力矩平衡已
经要求升降舵(或全动平尾)很大的偏转角,当驾驶员为保持航迹而调整姿
态时,控制律式(8-41)中的积分环节可能使舵偏角偏转到其极限位置而导
致飞行事故。因此,在这种情况下驾驶员更需要杆舵一致的操纵特性,所以
在起飞和着陆飞行阶段是,应断开积分环节的控制,控制律式(8-41)则改
变为比例控制,从而可使舵面的稳态偏转角与驾驶杆位移对应为比例关系,
那么飞机的平衡或配平则需要驾驶员进行操纵而完成,若飞机运动是稳定
的,那么这种平衡或配平具有正速度稳定性的平衡或配平特点,因此也称为
正速度稳定性控制模式。

　　断开积分控制的方法可由驾驶员通过一个开关来进行人工切换控制模
式或者通过起落架开关来自动切换控制模式实现。

　　因此无论是中性速度稳定性还是正速度稳定性,仅仅是指其控制作用
下的平衡或配平特点或方式,与其飞机运动或电传操纵系统的稳定性无关。

## 8.5　迎角边界控制系统设计

### 8.5.1　对迎角边界控制和控制律结构的分析

　　迎角边界保护就是对可使用迎角边界的保护,使得在飞行的操纵中变
化的迎角不超出安全迎角范围,飞机不进入失速状态,从而保证飞行安全,
实现驾驶员的无忧操纵。

　　迎角边界保护是通过控制律来实现的,其控制指令也作用于升降舵或
全动平尾。由于为了飞行品质的俯仰轴控制律指令也作用于相同的舵面,
因此产生了两种不同控制形式的迎角边界控制。一种是,用于飞行品质(控

制增稳)的控制律始终起作用,在小迎角条件下,迎角边界控制不起作用,当迎角超过一定值时,迎角边界控制起作用,并用减弱驾驶杆的输入信号的方式来实现飞行品质控制时迎角不超过所设定的安全范围;另外一种是,在小迎角条件下飞行品质控制律起作用,当迎角增大到某一个数值时,则用迎角边界控制律代替控制增稳控制律,来对升降舵或全动平尾进行控制。关于第一种迎角边界控制的研究结果,已经被广泛讨论[1,17],本书主要研究和讨论第二种形式的迎角边界控制。

迎角边界控制的目标是让飞行中的迎角始终在安全的范围内,具体来说应该有以下两个方面的目的:一是在低速飞行时,应能保证有足够的纵向静稳定性,并能防止由于机动或有紊流时飞机进入失速;二是使飞机在任何飞行阶段能获得最大容许升力系数时没有失速的危险,以最大可能地提高飞机的升阻比。

在飞机进入大迎角飞行后,进行迎角边界控制的安全性要求就超过了对飞行品质准则的要求,也就是说当飞机迎角进入需要边界控制的条件后,飞机的俯仰姿态操纵就可以不采用以飞行品质为要求的控制律了,而直接应用专门设计的迎角边界的控制律,这样也能够减少系统设计的复杂性,两种控制律之间的转换只需根据预先所设定迎角数值即可,这个迎角条件与飞行速度有关。

迎角又可能超出安全边界,主要在俯仰姿态操纵过程中出现,并且主要发生在纵向短周期运动阶段。对于短周期运动稳定的飞机来说,当俯仰角到达稳态后,迎角将回到初始值或迎角增量为零,这从短周期运动方程的俯仰角速度和迎角(式(5 - 38)和式(5 - 39))的关系就可以得到这个结论:

$$\Delta \alpha = \frac{1}{s + L_{\alpha}/(mV_0)} \Delta q \qquad (8 - 71)$$

这就是说,迎角超出安全边界也有可能并不出现在稳态俯仰角时,而是出现在短周期运动俯仰角的变化过程中。因此,所谓迎角边界控制问题,实际上是在俯仰姿态操纵过程中防止其迎角变化的最大值超过所规定的迎角边界问题。显然,如果这个迎角最大值超过作为安全边界的失速迎角,那么飞机将会处于危险的失速状态。对式(8 - 71)进行零初始条件的拉普拉斯反变换后得到

$$\Delta \dot{\alpha} + [L_{\alpha}/(mV_0)] \Delta \alpha = \Delta q \qquad (8 - 72)$$

俯仰姿态操纵过程中,在$t_{\alpha}$时刻出现迎角最大值,则式(8 - 72)中有$\Delta \dot{\alpha}(t_{\alpha}) = 0$,那么$\Delta \dot{\alpha}(t_{\alpha})$中的$t_{\alpha}$与短周期运动的特性有关,因此由式(8 - 72)得到迎角最大值为

$$\Delta\alpha_{max} = \Delta\alpha(t_\alpha) = \frac{\Delta q(t_\alpha)}{L_\alpha/(mV_0)} \tag{8-73}$$

也就意味着

$$\Delta\alpha_{max} = \frac{\Delta\dot\theta(t_\alpha)}{L_\alpha/(mV_0)} \tag{8-74}$$

式(8-74)表明,在俯仰姿态操作中,最大迎角总能找到一个对应的俯仰角,而且 $\Delta\alpha_{max}$ 与俯仰角大小有关。从短周期运动来说,机体轴发生转动后俯仰角即开始变化,由于假定速度近似不变(速度轴不动),因此迎角也随之变化,并且在初始时,俯仰角变化越大则迎角也越大。根据上述分析,迎角边界控制可以间接通过控制俯仰角的大小来进行,也就是根据迎角的变化来精确控制俯仰角。为了达到俯仰角被精确控制和快速响应的目的,可以采用俯仰角控制系统[9,10]作为迎角边界控制系统的内回路,通过精确地控制俯仰角来达到对迎角控制的目的,即由式(8-71)得到

$$\Delta\alpha = \frac{s}{s + L_\alpha/(mV_0)}\Delta\theta \tag{8-75}$$

文献[12]中的俯仰角控制系统如图8-14所示。

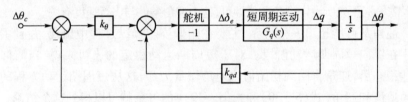

图 8-14　俯仰角控制系统

图8-14所示的系统中忽略了舵机动态环节,这是因为舵机的带宽远远大于飞机短周期运动的带宽,俯仰角控制系统不但可以改善短周期运动性能,同时也可以改善长周期运动性能。若作为内回路的俯仰角控制系统带宽远大于作为外回路的迎角边界控制系统带宽5倍以上[16],那么俯仰角控制系统可以用其静增益 $K_{\theta dc}$ 作为其数学模型,而忽略其动态影响。

将 $\Delta\alpha_c$ 作为迎角边界控制系统的输入,并使用迎角 $\Delta\alpha$ 作为主要反馈,将这两个信息通过控制律 $G_\alpha(s)$ 计算后形成对俯仰角控制系统的输入指令 $\Delta\theta_c$,同时为了加快俯仰角或迎角对驾驶杆操纵输入 $\Delta\alpha_c$ 的快速响应,增加了一路其增益为 $h_a$ 的前馈通道。

因此,迎角边界控制系统的结构框图可设计为图8-15所示。在该图中,若将输入 $\Delta\alpha_c$ 的最大值设定为迎角最大使用边界,也就是驾驶杆后拉

极限位置所代表的指令为迎角最大使用边界,同时如果系统能够实现无超调跟踪 $\Delta\alpha_c$,那么就可以达到对迎角使用边界的控制作用,并保证任何纵向操纵将使得飞机的迎角不会超过使用边界,从而达到"无忧操纵"的目的。

图 8 - 15　迎角边界控制系统

在短周期的操纵运动中,迎角应跟随驾驶杆偏离中立位置的位移,并且驾驶员可以通过杆位移的大小来判断飞机迎角或俯仰角的大小,这就意味着图 8 - 15 中在 $\Delta\alpha_c$(或驾驶杆操纵)输入、迎角输出下的闭环系统静增益 $K_{\alpha dc}\neq 0$,也就是按闭环传递函数定义的静增益为

$$K_{\alpha dc}=\left.\frac{(h_a+G_\alpha)K_{\theta dc}\dfrac{s}{s+L_\alpha/(mV_0)}}{1+G_\alpha K_{\theta dc}\dfrac{s}{s+L_\alpha/(mV_0)}}\right|_{s=0} \qquad (8-76)$$

若要满足 $K_{\alpha dc}\neq 0$,那么在式(8-76)中只有在 $G_\alpha=k_\alpha/s$ 条件下:

$$K_{\alpha dc}=\frac{k_\alpha K_{\theta dc}}{L_\alpha/(mV_0)+k_\alpha K_{\theta dc}} \qquad (8-77)$$

明显地 $K_{\alpha dc}\neq 0$,并且若设计中使

$$k_\alpha K_{\theta dc}\gg\frac{L_\alpha}{mV_0} \qquad (8-78)$$

那么

$$K_{\alpha dc}\approx 1$$

这样就可以实现驾驶杆位移与迎角的大小和方向的一致性,保证驾驶员的正确操作。因此迎角边界控制律可以设计为(参见图 8 - 15)

$$\Delta\theta_c=\left(h_a+\frac{k_\alpha}{s}\right)\Delta\alpha_c-\left(\frac{k_\alpha}{s}\right)\Delta\alpha \qquad (8-79)$$

在忽略了俯仰角控制系统动态特性后,由图 8 - 15 得到其闭环传递函数为

$$\frac{\Delta\alpha}{\Delta\alpha_c}=\frac{K_{\theta dc}(h_a s+k_\alpha)}{s+L_\alpha/(mV_0)+k_\alpha K_{\theta dc}} \qquad (8-80)$$

式(8-80)表明,在忽略了俯仰角控制系统动态特性以后的迎角边界控制系统是个非周期环节,这种特性是利于驾驶员操纵的,同时前馈回路增益 $h_a$ 可以加快非周期响应的快速性,提高飞机运动对操纵的灵敏度。

### 8.5.2　迎角边界控制的范围和意义

有了控制律结构后,就可以讨论迎角的控制边界范围,主要包括:

(1)控制系统工作接通条件,也就是在迎角满足什么条件下,纵向控制由保证飞行品质的控制增稳转为迎角边界控制。

(2)迎角边界控制系统的迎角控制范围。

在确定的飞机构型和马赫数下,升力系数和迎角之间的关系如图8-16所示。

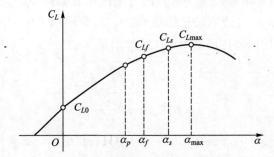

图8-16　确定构型和马赫数下的升力系数和迎角关系曲线

在图8-16可以定义如下迎角以及物理意义[21]:

(1)最大升力系数 $C_{L\max}$ 时的迎角,称为最大迎角 $\alpha_{\max}$(或称临界迎角)。当迎角超过这个值后,升力系数反而随迎角增加而减小。

(2)失速升力系数 $C_{Ls}$ 时的迎角,称为失速迎角 $\alpha_s$ 或限制迎角 $\alpha_{\lim}$。在实际飞行中,在达到最大升力系数之前,由于机翼气流分离的发展,会出现机头下俯,严重时飞机甚至会失去稳定性,与此相应的升力系数称为失速升力系数 $C_{Ls}$,一般是不允许飞机进入这种飞行状态的,此升力系数略小于最大升力系数 $C_{L\max}$。

(3)允许升力系数 $C_{Lf}$ 时的迎角,称为允许迎角 $\alpha_f$。由于不允许飞机进入 $C_{Ls}$(或 $\alpha_s$)飞行,为了安全起见,规定了这个允许升力系数 $C_{Lf}$(或 $\alpha_f$),$C_{Lf}$ 在数值上比 $C_{Ls}$ 略微小一点,一般规定:$C_{Lf} = (0.8 \sim 0.9) C_{Ls}$。

在进入允许迎角之前,常会出现机翼抖动现象,这是由于在较大迎角下机翼上气流发生不稳定分离或者是超过临界马赫数之后激波位置不稳定造成的机翼不规则振动的结果。通常发生振动时的升力系数(或迎角)

都要小于失速升力系数 $C_{Ls}$（或 $\alpha_s$），一般情况下，这种抖动不会对飞机构成危险，短时间内不会妨碍执行飞行任务。因此，若把开始出现抖动时刻的升力系数定为允许升力系数，将不利于发挥飞机的潜力，损害飞机的机动性。

通过上述分析可知，迎角边界控制系统的主要作用是：飞机在飞行时，任何操纵行为都不能使飞机的迎角到达或超过失速迎角 $\alpha_s$（或 $\alpha_{\lim}$）这一边界，并且使得在飞行过程中飞机的迎角只能小于或等于 $\alpha_f$，而 $\alpha_f$ 只比 $\alpha_s$（或 $\alpha_{\lim}$）略小，也就是实际被控制的边界或使用边界是 $\alpha_f$。

对 A320 飞机来说，在襟翼全放下时，$\alpha_f = 14.5°$，$\alpha_s = 15°$（或 $\alpha_{\lim} = 15°$）[2]，$\alpha_f$ 只比 $\alpha_s$（或 $\alpha_{\lim}$）小 0.5°。

由于迎角边界控制系统是在迎角达到一定大小以后才被接通起作用的，接通系统的这个迎角值被称为保护迎角 $\alpha_p$。

很明显，为了能充分利用大升力系数，提高飞机的飞行效率，$\alpha_p$ 的数值不能太小，这是第一个理由；其二，由于迎角边界控制系统的设计仍是使用飞机纵向短周期运动方程，即增量形式的小扰动线性化模型，所以迎角的变化或增量值 $\Delta\alpha$ 不宜太大。

由于 $\alpha_f$ 是确定的，并且也是迎角边界控制系统使得飞机运动最大的迎角，那么迎角边界控制系统的迎角工作范围为 $\Delta\alpha = \alpha_f - \alpha_p$，很明显只有 $\Delta\alpha$ 足够小，才能满足上述两个理由。对 A320 飞机来说，$\alpha_p = 12°$，那么迎角工作范围为 $\Delta\alpha = \alpha_f - \alpha_p = 14.5° - 12° = 2.5°$，在这样小的迎角范围内使用小扰动线性化模型是合理的。

## 8.5.3 驾驶杆指令生成器特性设计

在确定了迎角使用边界和迎角边界控制系统的工作条件后，由于系统采用的是跟踪驾驶杆指令（也就是指令生成器的输出指令或称杆指令）来实现对迎角使用边界的限制，而驾驶杆仅仅产生位移（或力），因此需要讨论的是位移（或力）输入下的指令生成器的规律，也就是当驾驶员操纵驾驶杆时，其驾驶杆发出的信息代表了驾驶员对飞机迎角的何种操纵意愿。

由于控制律式(8-79)使用的是积分控制，因此迎角边界控制系统是个无误差的控制系统，所以该系统能无误差地跟踪其输入指令，所以只要对杆指令按迎角使用边界进行处理就可以达到迎角限制和保护的目的。

在驾驶杆后拉的过程中，若飞机纵向运动使得满足

$$\alpha > \alpha_p$$

那么电传操纵系统将由飞行品质控制律转换为迎角边界控制律,并假定此时驾驶杆位移为 $\Delta W_{ep}$,经过指令生成器所输出的杆指令 $\alpha_{cs}$ 作出如下定义:

(1)当驾驶杆位移为 $\Delta W_{ep}$ 时,其指令生成器输出为: $\alpha_{cs} = \alpha_p$。

(2)当驾驶杆后拉到极限位置 $\Delta W_{em}$ 时,其指令生成器输出为: $\alpha_{cs} = \alpha_f$。

当驾驶杆前推操纵时,飞机运动后使得下式成立:

$$\alpha < \alpha_p$$

并再延迟数秒后(A320 飞机为 2 s[2]),电传操纵系统又转回到正常的飞行品质控制律。在这里延迟是为了确认迎角已经回到正常迎角状态,而不是瞬态的影响。

按上述定义就意味着,当迎角边界控制系统控制飞机时,驾驶杆位移所发出的杆指令 $\alpha_{cs}$ 代表了驾驶员对飞机迎角的期望,其驾驶杆指令范围为 $\alpha_p \leqslant \alpha_{cs} \leqslant \alpha_f$,若用增量形式来描述这个指令,则 $0 \leqslant \Delta\alpha_{cs} \leqslant \alpha_f - \alpha_p$,其中 $\Delta\alpha_{cs} = \alpha_{cs} - \alpha_p$,很明显当驾驶杆在中立位置时,$\Delta\alpha_{cs} = 0$。从这里可以看出,驾驶杆的操纵指令实际上也是从中立位置发出的增量指令,在系统设计中飞机运动方程就可以使用小扰动线性化的增量方程,这样实际应用情况与理论就完全一致了。

在这种杆指令条件下,驾驶员将驾驶杆后拉到极限并保持,那么驾驶杆指令生成器输出 $\alpha_{cs} = \alpha_f$(或者 $\Delta\alpha_{cs} = \alpha_f - \alpha_p$),该指令通过迎角边界控制系统使得飞机的迎角始终保持为这个指令迎角,从而就可以保持飞行的安全,因此也称为迎角使用边界控制。这就意味着,我们这里所讨论的迎角边界控制,实际是通过指令生成器对驾驶杆杆指令进行了限制,然后用控制系统对指令生成器输出指令的跟踪而实现的。

那么杆指令特性或指令生成器特性就可以设计为图 8 – 17 所示的函数关系,图中 $\Delta W_e$ 为驾驶杆纵向位移,为输入,输出为 $\Delta\alpha_{cs}$,并且对杆位移进行方向变换处理,以满足正的操纵方向引起负的运动方向的设定。

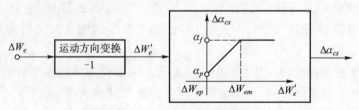

图 8 – 17　指令生成器特性

　　必须指出的是,在飞机的纵向操纵中,由于存在迎角边界控制系统,驾驶员为了充分利用大迎角下的升力,而进行最大的拉起操纵,此时飞机处在大迎角下飞行。在这种飞行情况下,下述的两种情况可能会引起飞行安全问题:

　　(1)大迎角下的滚转运动。大迎角下若飞机进行滚转运动,由于升力系数的非线性特性,又可能使在机翼翼端的某些剖面局部几何迎角超过最大迎角$\alpha_{max}$(临界迎角),如飞行迎角足够大,就有可能造成机翼滚转阻尼导数反号,即由负值变为正值,这不但不能起阻尼作用或阻碍滚转运动,反而会加速滚转的作用,即所谓的"机翼自转"现象,会导致飞机进入尾旋[5]。

　　(2)大俯仰角下的俯仰运动。在大俯仰角下飞行时,由于迎角控制是通过对俯仰角的控制而间接进行的,因此任何大迎角的运动总是会导致更大的俯仰角,这种情况对于战斗机来说是可以忽略的,但是对于民用飞机或运输类飞机来说是需要避免的,因为这会影响到乘客的舒适性和货物装载的安全性。

　　为了防止这两种情况出现,在进行滚转或大俯仰角情况下需要将使用边界$\alpha_f$进一步减小。由于操纵杆的后拉极限位置对应于$\alpha_f$,所以只要在进行滚转或大俯仰角的条件下,减小驾驶杆指令就可达到减小$\alpha_f$的目的。为了充分利用大迎角,不能使用固定的减小值,而是将减小值作为滚转角和俯仰角的函数,这样就可以实现在不同滚转角或俯仰角的条件下具有不同的迎角使用边界。这样,迎角边界控制系统的输入指令定义如下:

$$\Delta \alpha_c = [\alpha_{cs} - (\alpha_1 + \alpha_2)] - \alpha_p = \Delta \alpha_{cs} - (\alpha_1 + \alpha_2) \qquad (8-81)$$

式中,$\alpha_1 = \alpha_1(\theta)$,$\alpha_2 = \alpha_2(\phi)$。在$\alpha_1$和$\alpha_2$中的$\theta$和$\phi$应该具有一定的门限阈值,即仅仅在$\theta$和$\phi$超过一定数值后,$\alpha_1$和$\alpha_2$才有不为零的值输出,同时$\alpha_1$和$\alpha_2$的函数形式以及$\theta$和$\phi$阈值都与具体的飞机有关[2]。

　　在式(8-81)中减去$\alpha_p$的原因在于,迎角边界控制系统是使用飞机小扰动线性化的增量模型进行设计的,而实际上迎角边界控制系统也是使用增量控制进行的,其出发迎角为$\alpha_p$,最大迎角为$\alpha_f$,其工作迎角范围为$\alpha_f - \alpha_p$。

## 8.5.4　迎角边界控制系统设计

　　有了以上内容的准备后,就可以对系统进行设计了,也就是选择系统参数。根据上述讨论,迎角边界控制系统的框图如图 8-18 所示。

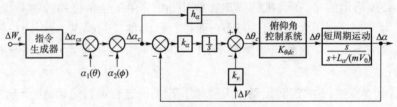

图 8-18  迎角边界控制系统设计框图

若先不考虑 $\alpha_1$ 和 $\alpha_2$ 的作用,那么由式(8-81)得到 $\Delta\alpha_c = \Delta\alpha_{cs}$,同时由式(8-80)得到上述系统的闭环传递函数为

$$\frac{\Delta\alpha}{\Delta\alpha_{cs}} = \frac{K_{\theta dc}(h_\alpha s + k_\alpha)}{s + L_\alpha/(mV_0) + k_\alpha K_{\theta dc}} \tag{8-82}$$

式(8-82)表明,迎角边界控制作用下,飞机的迎角为 $\Delta\alpha \in [\alpha_p \quad \alpha_f]$。若驾驶杆瞬间被后拉到极限位置,就意味着 $\Delta\alpha_{cs} = R/s$,即驾驶杆指令可以认为是阶跃信号,其中幅值按上述驾驶杆指令的意义则为 $R = \alpha_f - \alpha_p$。从而由式(8-82)得到其相应 $\Delta\alpha$ 的初值为

$$\Delta\alpha(0^+) = K_{\theta dc} h_\alpha R \tag{8-83}$$

显然,由于飞机运动的惯性或者设计愿望都应该使得 $\Delta\alpha(0^+) \leqslant \alpha_f - \alpha_p$,于是代入式(8-83),并利用 $R = \alpha_f - \alpha_p$,从而得到

$$h_\alpha \leqslant \frac{1}{K_{\theta dc}} \tag{8-84}$$

若俯仰角控制系统设计中使用纵向短周期运动近似方程(5-40),那么就能使得 $K_{\theta dc} = 1$,从而有

$$h_\alpha \leqslant 1 \tag{8-85}$$

因此,对于 $h_\alpha$ 而言,主要是控制迎角运动的初始响应的大小,式(8-84)仅仅表示了 $h_\alpha$ 在初始响应要求下的最大边界,并不是唯一的。在后面还会讨论到 $h_\alpha$ 的确定还与系统的动态特性有关。通过式(8-83),作为前馈增益的 $h_\alpha$ 只能起到提高初始响应的能力,而与稳态性能无关,以下将说明这个问题。

在驾驶杆后拉极限位置的杆指令作用下,迎角的稳态值为

$$\Delta\alpha(\infty) = \frac{K_{\theta dc} k_\alpha}{L_\alpha/(mV_0) + k_\alpha K_{\theta dc}} R \tag{8-86}$$

由于 $\Delta\alpha(\infty) = \alpha(\infty) - \alpha_p, R = \alpha_f - \alpha_p$,其中 $\alpha(\infty)$ 是飞机迎角实际稳态值。将该两式分别代入式(8-86)后得到在迎角边界控制系统作用下,飞机纵向操纵的稳态迎角为

$$\alpha(\infty) = \frac{K_{\theta dc}k_\alpha}{L_\alpha/(mV_0) + k_\alpha K_{\theta dc}}\alpha_f \qquad (8-87)$$

很显然,飞机纵向短周期运动中的稳态迎角将始终小于$\alpha_f$,同时由于式(8-82)是个非周期环节,若$h_\alpha$满足式(8-84),那么在迎角边界控制系统作用下,飞机纵向操纵过程中,飞机的迎角将始终小于$\alpha_f$,这样就起到了迎角保护的作用。这也说明了图8-16所示迎角边界控制系统的有效性。

若在设计中满足

$$k_\alpha \gg \frac{L_\alpha/(mV_0)}{K_{\theta dc}} \qquad (8-88)$$

那么式(8-87)就为

$$\alpha(\infty) = \alpha_f \qquad (8-89)$$

因此,式(8-89)说明系统能使飞机始终工作在可使用边界范围以内。

式(8-88)说明,如果在设计中能满足这个条件,那么后拉驾驶杆到极限位置的指令可设定为$\alpha_f$,这样迎角将被限制在$\alpha_f$上;若不能满足式(8-88)的条件,那么驾驶杆后拉到极限位置的指令设定为$\alpha_s$(或$\alpha_{lim}$),这样迎角将被限制在

$$\alpha(\infty) = \frac{K_{\theta dc}k_\alpha}{L_\alpha/(mV_0) + k_\alpha K_{\theta dc}}\alpha_s < \alpha_s \qquad (8-90)$$

按上述方法来确定驾驶杆指令的话,可以最大限度地利用可使用迎角范围。当然如果就把$\alpha_f$作为极限指令,那么系统设计在不满足式(8-88)的情况时可使用迎角边界范围会比$\alpha_f$小一些。

实际式(8-88)无法作为$k_\alpha$的具体设计原则,仅仅表明了如果$k_\alpha$满足这个条件,那么迎角使用边界恰好为$\alpha_f$,否则使用边界要略小于$\alpha_f$。$k_\alpha$的选择需要根据纵向短周期运动的带宽来确定。先将式(8-82)变换为下式:

$$\frac{\Delta\alpha}{\Delta\alpha_{cs}} = K_{\theta dc}\left[h_\alpha + \frac{k_\alpha - h_\alpha\left(\frac{L_\alpha}{mV_0} + k_\alpha K_{\theta dc}\right)}{s + L_\alpha/(mV_0) + k_\alpha K_{\theta dc}}\right] \qquad (8-91)$$

式(8-91)与括号内的第一项是前馈作用,第二项则是积分环节和负反馈共同作用形成的动态响应特性,其设计期望为非周期收敛的一阶环节。也就是说,在迎角控制的动态过程中,希望迎角能以非周期响应的形式、无超调地跟踪驾驶杆指令,以避免在动态过程中由于超调有可能使迎角超出使用边界的问题,这样在迎角控制的响应过程中,其最大值也就是其稳态值。

对于式(8-91)来说,若其第二项满足具有一阶环节的特性,那么其分子应满足

$$k_\alpha - h_\alpha \left( \frac{L_\alpha}{mV_0} + k_\alpha K_{\theta dc} \right) > 0$$

则有

$$h_\alpha < \frac{k_\alpha}{L_\alpha / (mV_0) + k_\alpha K_{\theta dc}} \qquad (8-92)$$

明显地,式(8-84)仅仅是式(8-92)在式(8-88)和$K_{\theta dc} = 1$两个条件下的特例,因此式(8-92)才是$h_\alpha$的最大边界,也是确定$h_\alpha$的原则。

式(8-91)响应特性是由其带宽频率所决定的,对于迎角响应的带宽,应该与对飞机短周期运动带宽的要求一致,也就是说若在飞行品质控制设计中,等效短周期运动(等效系统或设计期望值)的带宽为$\omega_b$(rad/s),而一阶环节的带宽大约为$1.412\,5[L_\alpha / (mV_0) + k_\alpha K_{\theta dc}]$,因而有

$$\omega_b = 1.412\,5 \left( \frac{L_\alpha}{mV_0} + k_\alpha K_{\theta dc} \right) \qquad (8-93)$$

从而得到

$$k_\alpha = \frac{1}{K_{\theta dc}} \left( \frac{\omega_b}{1.412\,5} - \frac{L_\alpha}{mV_0} \right) \qquad (8-94)$$

至此,通过式(8-94)和式(8-92)就可以确定迎角边界控制系统的两个主要参数$k_\alpha$和$h_\alpha$的设计了,其中$h_\alpha$的设计具体数值的确定完全与飞机所要求的机动性有关,也就是与初始迎角响应的大小要求有关系。

关于迎角边界控制系统讨论说明如下:

(1)由于法向过载与迎角大小有关,因此在确定使用边界$\alpha_f$时要考虑到对法向过载的限制。在上述的迎角边界控制系统中可能会出现如下情况:

①迎角还未到达失速迎角$\alpha_s$时,而法向过载已经超出限制。

②迎角已经到达失速迎角$\alpha_s$,而法向过载还远没有达到过载限制。

③迎角和过载同时达到限制。

显然在第一种情况下,应对法向过载边界进行控制,在第二和第三种情况下,则是对迎角边界进行控制。只有在这种情况下,才可充分利用到所有允许的迎角和过载包线。那么在迎角边界控制系统中,如何实现在第一种情况下对法向过载边界进行控制呢?或者说如何区分第一种情况和第二、三种情况,以实现法向过载控制和迎角控制的自动转换?

当$\alpha \geqslant \alpha_p$时,纵向电传操纵系统由$C^*$控制转为迎角边界控制,此时飞机

的法向过载增量为

$$\Delta n_{zp} = \frac{(1/2)\rho V_0^2 S C_{L\alpha}}{mg}(\alpha_p - \alpha_0)$$

式中，$\alpha_0$ 为平衡状态时的飞机迎角。

若此时驾驶杆持续后拉，则迎角边界控制系统指令生成器的输出指令是 $\Delta\alpha_c > 0$，飞机此后的迎角为 $\alpha = \Delta\alpha + \alpha_p$，那么在迎角变化期间所对应的法向过载增量为

$$\Delta n_z = \Delta n_{zp} + \frac{(1/2)\rho V_0^2 S C_{L\alpha}}{mg}\Delta\alpha$$

在驾驶杆持续后拉时，在 $C^*$ 控制中的积分器（图 8 - 5）的输入指令为法向过载增量指令 $\Delta n_{zc} > 0$，该指令所对应的迎角为 $\Delta\alpha_{nc}$，因此法向过载增量指令为

$$\Delta n_{zc} = \Delta n_{zp} + \frac{(1/2)\rho V_0^2 S C_{L\alpha}}{mg}\Delta\alpha_{nc}$$

那么，若设

$$\Delta\alpha_c - \Delta\alpha > \Delta n_{zc} - \Delta n_z = \frac{(1/2)\rho V_0^2 S C_{L\alpha}}{mg}(\Delta\alpha_{nc} - \Delta\alpha)$$

依据上式，明显地有 $\Delta\alpha_c > \Delta\alpha_{nc}$。如果上述条件成立的话，那么就表明在 $V_0$ 的条件下，持续的驾驶杆后拉所引起的后果是迎角更加容易进入极限值或限制值，因此需要进行迎角边界控制。

若设

$$\Delta\alpha_c - \Delta\alpha < \Delta n_{zc} - \Delta n_z = \frac{(1/2)\rho V_0^2 S C_{L\alpha}}{mg}(\Delta\alpha_{nc} - \Delta\alpha)$$

那么显然有 $\Delta\alpha_c < \Delta\alpha_{nc}$。如果上述条件同样也成立的话，那么就表明在 $V_0$ 的条件下，持续的驾驶杆后拉所引起的后果是法向过载更加容易进入极限值或限制值，因此需要通过对 $\Delta\alpha$ 的控制实现法向过载边界控制。具体方法是通过对 $\Delta n_{zc}$（或 $\Delta\alpha_{nc}$）的限制来实现的。

因此，通过上述方法就可以解决前面所提出的三种情况，而使得飞行包线内的性能能够无死角地被充分使用。所以完整的迎角边界控制系统的框图数学模型如图 8 - 19 所示。在图中，送入积分器的信号是 $\Delta\alpha_c - \Delta\alpha$ 和 $\Delta n_{zc} - \Delta n_z$ 操纵信号中较大的值，因此需要一个比较器来完成状态的转换。而 $\Delta n_{zc}$ 前的限幅器则是用于对 $\Delta n_{zc}$ 的限制，这个限幅器的限制值则是按所允许的最大法向过载来决定的。

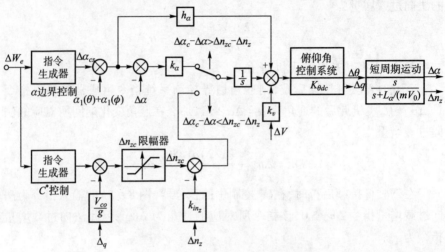

图 8-19　迎角边界控制系统原理框图

(2)在图 8-18 中引入了速度反馈,其目的是:在速度发生变化后,需要控制迎角的增加或减小来维持升力(或定载)不变。图中以负反馈的形式引入速度增量表明,当速度减小,即 $\Delta V < 0$ 时需要增加迎角,而在速度增加,即 $\Delta V > 0$ 时则需要减小迎角。由图 8-14 得到速度对迎角的关系为

$$\Delta\alpha = \frac{K_{\theta dc}(h_{\alpha}s + k_{\alpha})}{s + L_{\alpha}/(mV_0) + k_{\alpha}K_{\theta dc}}\Delta\alpha_c - \frac{k_v K_{\theta dc}s}{s + L_{\alpha}/(mV_0) + k_{\alpha}K_{\theta dc}}\Delta V \quad (8-95)$$

式(8-95)说明 $\Delta V$ 仅仅在其动态的变化过程中,才对 $\Delta\alpha$ 有影响作用,当 $\Delta V$ 进入稳态后则对 $\Delta\alpha$ 没有影响作用。因此,为了使 $\Delta V$ 不对迎角使用边界造成影响,最好让 $\Delta V$ 在初始响应中起作用,以便通过迎角的变化快速补偿升力的改变。考虑以下情况,假设驾驶杆瞬间后拉到极限位置,即 $\Delta\alpha_c = \Delta\alpha_{cs} = (\alpha_f - \alpha_p)/s$,同时速度的输入也为阶跃信号形式,即 $\Delta V = \Delta V_m/s$,$\Delta V_m$ 是速度的最大限幅值,则式(8-95)的初值为

$$\Delta\alpha(0^+) = K_{\theta dc}h_{\alpha}(\alpha_f - \alpha_p) - k_v K_{\theta dc}\Delta V_m \quad (8-96)$$

按迎角边界控制的要求,式(8-96)应满足

$$K_{\theta dc}h_{\alpha}(\alpha_f - \alpha_p) - k_v K_{\theta dc}\Delta V_m \leqslant \alpha_f - \alpha_p \quad (8-97)$$

从而得到 $k_v$ 的设计条件是

$$k_v \geqslant \frac{1 - K_{\theta dc}h_{\alpha}}{K_{\theta dc}\Delta V_m}\alpha_p - \alpha_f, \Delta V_m > 0 \quad (8-98)$$

$$k_v \leqslant \frac{1 - K_{\theta dc}h_{\alpha}}{K_{\theta dc}|\Delta V_m|}(\alpha_f - \alpha_p), \Delta V_m < 0 \quad (8-99)$$

明显地,在控制律式(8-95)中是通过 $\Delta V_m$ 和 $k_v$ 的共同作用,来限制 $\Delta V$ 对迎角边界控制的影响作用,若无式(8-98)和式(8-99)的条件,就不可能将迎角边界限制在 $\alpha_f$ 上。因此,若飞机具有对速度变化的快速恢复能力,那么就不需要在迎角边界控制系统中引入速度反馈。

## 8.5.5 迎角边界控制系统设计实例

对于放宽静稳定性的喷气飞机的短周期运动数学模型,如式(8-37)所示,该式是设计俯仰角控制系统的数学模型,但还需补充俯仰角和迎角之间的数学模型。由于放宽静稳定性后 $L_\alpha$ 不变,因此由 5.4.5 节的数据 $L_\alpha/(mV_0) = 0.11$,以及式(8-75)就得到

$$\Delta\alpha = \frac{s}{s+0.11}\Delta\theta \qquad (8-100)$$

按图 8-14 和文献[9,10]中的设计方法得到,当 $k_q = 0.518$ 和 $k_\theta = 0.359$ 时,其俯仰角控制系统的闭环传递函数为

$$\frac{\Delta\theta}{\Delta\theta_c} = \frac{1.5347(s+0.11)}{(s^2+2.4298s+2.9488)(s+0.0576)} \qquad (8-101)$$

式中,周期性收敛模态方程 $s^2+2.4298s+2.9488 = 0$ 的阻尼比为 0.707,无阻尼频率为 1.72,与式(8-37)放宽静稳定性的模型相比,其阻尼比和无阻尼频率都得到了提高。这表明,即使俯仰角控制系统也能改善短周期运动动力学性能。

但式(8-101)中还存在一个绝对值较小的负实数根,这近似相当于一个积分环节,表明俯仰角是来自俯仰角速度的积分。因此俯仰角控制系统的特点主要还是反映在周期性模态中,代表该模态的极点即系统的主导极点。这个周期性模态的带宽为

$$\omega_{b2} \approx 1.5538\omega_n = 1.5538 \times \sqrt{2.9488} = 2.67(\text{rad/s})$$

而式(8-100)迎角响应的带宽为

$$\omega_{b1} \approx 1.4125 \times 0.11 = 0.16(\text{rad/s})$$

由于 $\omega_{b2}/\omega_{b1} \approx 16$,即俯仰角控制系统的带宽约为迎角带宽的 16 倍,因此完全可以将俯仰角控制系统近似为一个比例环节,其增益为系统的静增益 $K_{\theta dc}$,由式(8-101)得到,$K_{\theta dc} = 1$。

从上述数据中可以看出,在前述分析中将俯仰角控制系统数学模型近似为一个比例环节的假设是正确的。因此,迎角边界控制系统的闭环传递

函数可由式(8-82)代入$K_{\theta dc}=1$后得到

$$\frac{\Delta\alpha}{\Delta\alpha_{cs}}=\frac{h_\alpha s+k_\alpha}{s+(k_\alpha+0.11)} \tag{8-102}$$

在 8.4.3 节中,控制增稳控制律设计结果是,主动极点的无阻尼频率为 $\omega_{nc}=2.63\ \mathrm{rad/s}$,因此带宽为

$$\omega_b\approx1.5538\omega_n=1.5538\times2.63=4.1(\mathrm{rad/s})$$

因此按式(8-94)以及 $L_\alpha/(mV_0)=0.11$ 和 $K_{\theta dc}=1$,得到

$$k_\alpha=\frac{4.1}{1.4125}-0.11\approx2.8$$

按式(8-92)得到关于 $h_\alpha$ 的最大值:

$$h_\alpha<\frac{2.8}{0.11+2.8\times1}=0.96$$

将 $h_\alpha$ 选择为 $h_\alpha=0.5$。关于 $h_\alpha$ 应该按照飞机在大迎角下要求的性能决定。

在本例的设计中,没有对 $\alpha_1$ 和 $\alpha_2$ 的限制条件进行讨论,这应该根据飞机的性能要求通过试验才能得到。

##  8.6　其他边界控制系统

### 8.6.1　俯仰角边界控制

俯仰角边界控制的目的是:在驾驶员正常操纵中(控制增稳控制律下的操纵),防止出现超过规定的极限俯仰角(下俯角或上仰角)。显然对俯仰角的限制作用,也间接起到了对迎角和速度的限制作用。

因此俯仰角边界控制是作用在控制增稳回路上的,它是将驾驶杆指令即指令生成器的输出指令 $\Delta C_{cs}^*$,按飞机俯仰角用一定的规则进行处理后,再形成新的指令并作为控制增稳回路的输入 $\Delta C_c^*$,从而起到在按 $\Delta C_{cs}^*$ 指令操纵中,使得飞机的俯仰角不超过规定的极限值。

在具体实现时,俯仰角边界控制实际就是通过一个计算环节(或算法),对 $\Delta C_{cs}^*$ 进行处理后而形成 $\Delta C_c^*$,从而在使用 $\Delta C_c^*$ 作为增稳控制系统的输入指令时,使得飞机的俯仰角不超过所规定的极限值,如图 8-20 所示。

按图 8 – 20,则有

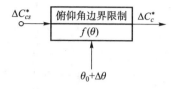

$$\Delta C_c^* = f(\theta) \Delta C_{cs}^* \quad (8-103)$$

图 8 – 20　俯仰角边界控制的实现原理

式中,$\theta = \theta_0 + \Delta\theta$,是飞机的实际俯仰角;$f(\theta)$是对 $\Delta C_{cs}^*$ 指令进行处理的边界限制函数。因此,俯仰角边界控制系统的设计主要是如何确定限制函数的问题。

俯仰角的边界极限值一般按飞机抬头和低头两个极限俯仰角来设定,可以将抬头时边界俯仰角设为$\theta_{max}$,而将低头时设为$\theta_{min}$,且按定义$\theta_{max} > 0$ 和 $\theta_{min} < 0$。这两个边界俯仰角应该根据飞机的使用性能确定。

若俯仰角边界控制被设计为具有以下的功能特性:无论驾驶杆前推或后拉时,当俯仰角 $\theta$ 增长到与边界俯仰角相差为$\theta_p > 0$,即

$$\theta_{max} - \theta \leqslant \theta_p, \ |\theta_{min}| - |\theta| \leqslant \theta_p \quad (8-104)$$

时,控制增稳系统输入指令 $\Delta C_c^*$ 的幅值应开始随着 $\theta$ 的增长而线性地减小,一直到$\theta_{max} - \theta = 0$(或$|\theta_{min}| - |\theta| = 0$)时,则 $\Delta C_c^* = 0$。其后无论如何都保持为 $\Delta C_c^* = 0$ 和 $\theta = \theta_{max}$(或 $\theta = \theta_{min}$),直到 $\theta$ 被减小(出现相反的杆位移),满足 $\theta < \theta_{max}$(或$|\theta| < |\theta_{min}|$)后,才恢复 $\Delta C_c^* \neq 0$ 的输入作用。

以上所设计的俯仰角边界控制能否起到对俯仰角的限制作用呢? 当俯仰角的变化满足条件 $\theta = \theta_{max}$ 后,则 $\Delta C_c^* = 0$,那么根据式(8 – 55)得到 $\Delta q = 0$。这就意味着飞机机体轴$o_a x_a$停止转动,从而俯仰角将保持在 $\theta = \theta_{max}$。当飞机低头时仍然有相同的结论。因此,这种俯仰角边界控制方案是可以达到对俯仰角的限制作用的。

根据俯仰角边界控制方案可以得到两个结论:一是俯仰角边界控制的起动条件为式(8 – 104),式中$\theta_p$是保护俯仰角(A320 飞机:$\theta_p = 5°^{[2]}$),也就是说,若不满足式(8 – 104),那么$C_c^* = \Delta C_{cs}^*$,即正常的操纵指令传输方式;二是式(8 – 103)中的$f(\theta)$应该是个线性函数,而其斜率$K_{f\theta} = \mathrm{d}f/\mathrm{d}\theta$ 就是指令 $\Delta C_c^*$ 按俯仰角增加而减小速度,显然指令 $\Delta C_c^*$ 的减小速度太快并不利于飞机的机动性,但如果太慢也可能使驾驶员过度操纵,所以这个斜率或减小速度应该通过计算和试验得到。

若设$K_{f\theta} = 1/\theta_p$,则按照上述俯仰角边界控制的特性,可以得到如下边界限制函数$f(\theta)$:

(1)在飞机抬头,即$\theta \geqslant 0$ 时,$f(\theta)$被定义为

$$f(\theta) = \begin{cases} 1 & 0 \leqslant \theta < \theta_{\max} - \theta_p \\ \dfrac{1}{\theta_p}(\theta_{\max} - \theta) & \theta_{\max} - \theta_p \leqslant \theta \leqslant \theta_{\max} \\ 0 & \theta > \theta_{\max} \end{cases} \quad (8-105)$$

$K_{f\theta} = 1/\theta_p$ 的斜率设计,能够保证在俯仰角边界控制系统的起动时刻,即 $\theta = \theta_{\max} - \theta_p$ 时,依然能保证 $\Delta C_c^* = \Delta C_{cs}^*$,按照式(8-105),此时 $f(\theta) = 1$。这样可以保证指令 $\Delta C_c^*$ 的曲线是光滑的。

(2)在飞机低头,即 $\theta < 0$ 时,$f(\theta)$ 被定义为

$$f(\theta) = \begin{cases} 1 & 0 < |\theta| < |\theta_{\min}| - \theta_p \\ \dfrac{1}{\theta_p}(|\theta_{\min}| - |\theta|) & |\theta_{\min}| - \theta_p \leqslant |\theta| \leqslant |\theta_{\min}| \\ 0 & |\theta| > |\theta_{\min}| \end{cases} \quad (8-106)$$

将上述两式代入式(8-103)后,就可以得到指令 $\Delta C_c^*$ 与驾驶杆指令 $\Delta C_{cs}^*$ 之间的关系。

以下需要研究 $\Delta C_c^*$ 在按式(8-105)和式(8-106)被限制的条件下俯仰角的响应问题,实际上就是回答通过限制指令 $\Delta C_c^*$ 的大小,能否使得俯仰角被限制在 $\theta_{\max}$。

假定驾驶员后拉驾驶杆进行拉起操纵过程中,若满足式(8-104)时,$\Delta C_c^*$ 指令幅值将随着俯仰角 $\theta$ 的增加(也就是 $\Delta\theta$ 的增加)而线性地减小,因此按式(8-55),$\Delta q$ 也将线性地减小,由于 $\Delta\theta = (1/s)\Delta q$,所以 $\Delta\theta$ 的增长将逐渐变慢。

当飞机俯仰角的增加满足 $\theta = \theta_{\max}$ 时,在边界限制函数式(8-105)的作用下,$\Delta C_c^* = 0$,故而由式(8-55)则 $\Delta q = 0$,此时 $\Delta\theta$ 将保持不变为常值 $\Delta\theta_{\max}$,即飞机实际俯仰角将保持在 $\theta = \theta_0 + \Delta\theta_{\max} = \theta_{\max}$ 不变。

倘若驾驶杆继续保持后拉,那么俯仰角将仍然保持为 $\theta_{\max}$,这样就实现了俯仰角边界控制的目的。直到驾驶员前推驾驶杆使得 $\theta < \theta_{\max}$ 后,$\Delta C_c^* \neq 0$,俯仰角 $\Delta\theta$ 才开始从 $\Delta\theta_{\max}$ 处减小。

在驾驶员前推驾驶杆的操纵过程中,其俯仰角边界控制的原理是类似的。

## 8.6.2　高速边界控制

高速边界控制的目的是:在驾驶员正常操纵中(控制增稳控制律下的操

纵),防止飞机速度(空速)超过允许使用的最大速度$V_{mo}$(或$M_{mo}$)。在实际应用中,速度边界要略大,即$V_{mo}+\Delta V_{mo}$(或$M_{mo}+\Delta M_{mo}$)。

同样高速边界控制也是有起动条件的,也就是当速度超过一定极限速度后才开始进行控制,若速度边界被设定为$V_{mo}+\Delta V_{mo}$(或$M_{mo}+\Delta M_{mo}$),那么高速边界控制的条件可设计为

$$V>V_{mo}+\varepsilon_V\Delta V_{mo}\ (\text{或}\ M>M_{mo}+\varepsilon_M\Delta M_{mo}) \qquad (8-107)$$

式中,$\varepsilon_V<1$,$\varepsilon_M<1$。

高速边界控制被起动后,其边界控制的方式是改变控制增稳系统的杆指令生成器限幅值(见图 8 - 11),就是当飞机速度满足式(8 - 107)后,则将杆指令生成器的限幅值减小到规定值,使之速度不超过$V_{mo}+\Delta V_{mo}$(或$M_{mo}+\Delta M_{mo}$)。

例如 A320 飞机[2],当速度满足$V>V_{mo}+6$节(或$M>M_{mo}+0.01$)时,高速边界控制被起动,其杆指令的限幅值由$-1g<\Delta C_{cs}^*\leqslant 2.5g$减小到$-0.15g<\Delta C_{cs}^*\leqslant 0.75g$,使得速度不超过$V_{mo}+16$节(或$M>M_{mo}+0.04$)。

很明显,通过减小杆指令的限幅值,就可以使得当飞机速度接近边界速度时,逐渐减小过载所需的飞机俯仰角速度,从而通过减缓飞机低头时的加速趋势而起到速度限制作用,以及在高速拉起时减小拉起过载,使之不超过允许使用的最大过载。

所以在高速边界控制中,其杆指令生成器的限幅值$\Delta n_{z\min}\leqslant\Delta C_{cs}^*\leqslant\Delta n_{z\max}$是按如下原则确定的:驾驶杆后拉时的限幅值$\Delta n_{z\max}$是由允许使用的最大过载决定的,而驾驶杆前推时的限幅值$\Delta n_{z\min}$则是由速度边界所决定的。

 ## 8.7  纵向电传操纵系统的完整控制律及应用

纵向电传操纵系统的功能主要是由控制增稳和边界控制两部分组成的,这两个部分通过一定的逻辑条件来实现协调控制,从工程实现的角度来说,则是由不同功能的控制律通过一定的逻辑条件来实现转换并协调工作的。在不同控制律的转换过程中,应考虑到转换过程中的瞬态作用,可以使用淡化器[1]来抑制转换瞬态。图 8 - 21 所示为纵向电传操纵系统包含控制律和转换逻辑条件的框图。

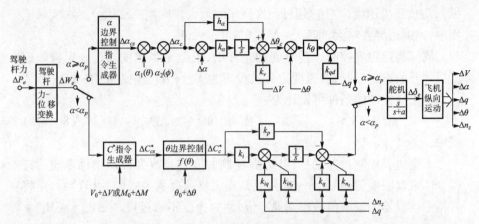

图 8 – 21　纵向电传操纵系统控制律组成框图

　　图 8 – 21 中,给出了本章所讨论的纵向电传操纵系统的控制律框图,这个控制律基本上包含了纵向电传操纵系统中所有的控制功能,做到了按飞行品质操纵以及为无忧操纵的边界控制。但必须指出的是,边界控制仅仅是无忧操纵的充分条件,其必要条件还是需要驾驶员的操纵满足有关飞行规定的要求,这样才能真正做到无忧操纵。

　　在图 8 – 21 中,仅仅描述了控制律为实现主要功能的环节,而一些次要环节并没有包含在里面,因为这些环节所要满足的功能与具体飞机的特点有关,而这些次要环节相对于图中确定环节而言属于未建模的环节,未建模的环节可能还包括舵机对舵面驱动所包含的机械传动部分的传递系数[9]。

　　图 8 – 21 也是系统开环测试的依据,将飞机运动模型变量的单位量输出,经反馈后所得到升降舵面偏转角称为传动比,图中有关传动比是在未建模环节静增益为 1 的条件下得到的,如果存在未建模环节的静增益不等于 1,那么实际系统中传动比就会与图 8 – 21 中的传动比不符,这就需要通过修改控制律参数来保证开环测试时传动比符合图 8 – 21 的要求[10]。

## 8.8　纵向电传操纵系统的数学仿真研究

　　对控制律的数学仿真是验证控制律功能和性能能否满足要求的重要工作,是原理技术方案阶段唯一验证的办法,也是系统详细设计中验证性试验和工程制造完成后“铁鸟”试验的依据,因此其重要性是不言而喻的。为了使数学仿真与地面试验和飞行试验结果有着良好的一致性,就要充分考虑到数学仿真和地面及飞行试验的差异性。数学仿真一般省略了一些未建模的动态过程(非主要且较大带宽的功能环节,例如机械连接或传感器),而只对主要的功能环节进行建模和仿真,因此数学仿真中的系统与地面和飞行试验的实际系统具有一定的差异,而这种差异只能导致系统输出的稳态(或静态)值的不一致,而动态性能则是无差异的或误差在可接受的范围内。因此为了获得两者之间的一致性结果,就需要根据数学仿真和实际系统输出之间的稳态值的差异,对实际系统的控制律参数按上述方法进行修正,以满足数学仿真和实际系统试验数据的一致性结果。

设计了如下的数学仿真状态对纵向电传操纵系统进行数学仿真,以验证控制律的功能和性能是否达到设计目标。数学仿真是使用 Matlab/Simulink 工具进行的,即用框图建模工具 Simulink 建立数学模型,然后进行在时域内的数学仿真。

## 8.8.1 控制增稳功能数学仿真

控制增稳功能也就是$C^*$控制律作用下,飞机纵向短周期运动能否达到设计要求,其$C^*$控制律和滤波器为 8.4 节的设计结果,飞机模型采用放宽静稳定性后的短周期运动模型式(8-36)和式(8-37),它的状态空间模型形式为

$$\begin{bmatrix} \Delta\dot{\alpha} \\ \Delta\dot{q} \end{bmatrix} = \begin{bmatrix} -0.11 & 1 \\ -1.28 & -0.15 \end{bmatrix} \begin{bmatrix} \Delta\alpha \\ \Delta q \end{bmatrix} + \begin{bmatrix} -0.028 \\ -4.3 \end{bmatrix} \Delta\delta_e \qquad (8-108)$$

式中,运动变量的单位均为 rad 和 rad/s。

$C^*$指标按式(5-47)定义,系统的输入为驾驶杆纵向位移角度,指令生成器按图 8-17 设计有效位移为 ±10°,所对应的过载指令为 -1g 和 -2.5g。这样用于数学仿真的框图模型如图 8-22 所示。

数学仿真设计,假设驾驶杆从中立位置瞬间向后拉杆位移 2°,持续 2 s 以后再瞬间推回到中立位置。这样可用一个幅值 -2°、宽度为 2 s 的脉冲信号来描述 $\Delta W_e$,响应起始时间设为 1 s。

在上述输入下,观察$C^*$控制律作用下纵向电传操纵系统的$C^*$、$\Delta n_z$、$\Delta\alpha$、$\Delta q$ 及 $\Delta\delta_e$ 的时域响应,并同时将自然飞机短周期运动模型(式(8-108))中的 $\Delta\delta_e$ 也在同样的脉冲信号输入下,观察自然飞机上述运动变量的响应,并作为对比将时域响应曲线表示在同一个图上,如图 8-23

所示。

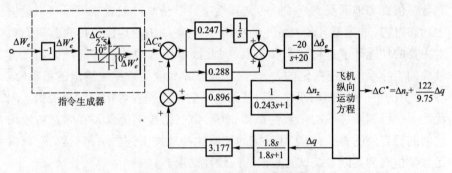

图 8 – 22　用于数学仿真的框图模型

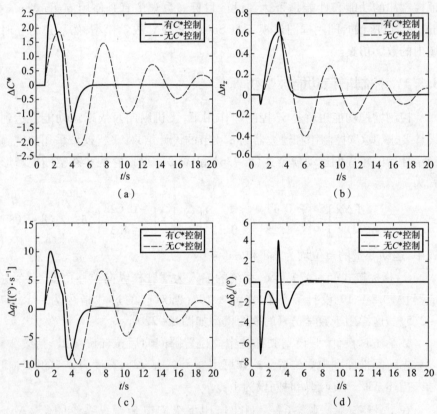

（a）

（b）

（c）

（d）

图 8 – 23　具有 $C^*$ 控制和自然飞机对脉冲杆位移的响应

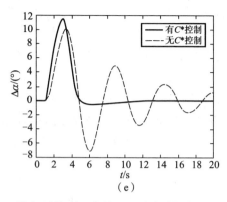

图 8 - 23　具有 $C^*$ 控制和自然飞机对脉冲杆位移的响应(续)

从图 8 - 23 中看出,系统响应大约在 5 s 内达到稳态,这表明电传操纵系统仍然保持了飞机的短周期运动的特性,同时飞机运动变量的最大值和快速收敛特性均好于自然飞机,特别是阻尼特性能够使得飞机运动快速收敛,迎角几乎没有任何超调地回到了稳态,同时在响应过程中升降舵偏转角度不大。因此相比较自然飞机的响应来看,在同样的拉杆位移下(假定自然飞机的杆位移到升降舵的传递系数为 1),飞机的操纵性和稳定性都得到极大的改善,数学仿真说明 $C^*$ 控制律的设计结果是令人满意的。

## 8.8.2　迎角边界控制系统的数学仿真

数学仿真的目的就是验证迎角边界控制系统在大位移拉杆操纵的情况下,能否将迎角限制在所规定的范围内。数学仿真所用的控制律为 8.5.5 节的设计结果,飞机短周期运动方程仍为式(8 - 108)。将使用迎角边界设计为 $\alpha_f = 10°$,保护迎角设计为 $\alpha_p = 8°$。图 8 - 24 所示为迎角边界控制系统数学仿真用的框图模型。

数学仿真设计为:假定当驾驶杆在中立位置时飞机迎角即到达 $\alpha_p = 8°$,迎角边界控制系统开始工作,在极限拉杆位移为 -10° 并持续时,即用幅值为 -10° 的阶跃信号作为迎角边界控制系统的输入,然后通过观察 $\Delta\alpha$、$\Delta\theta$ 及 $\Delta\delta_e$ 的时域响应,来判断迎角边界控制系统能否将飞机的迎角维持在使用迎角 $\alpha_f = 10°$ 的范围内。同时在没有迎角边界控制的,只有控制增稳功能的 8.8.1 节图 8 - 21 数学模型中,在飞机迎角为 $\alpha_p = 8°$ 的条件下,用幅值为 -10° 的阶跃杆位移作为输入时的系统响应作为比较,如图 8 - 25 所示。从图中可以看出,如果有迎角边界控制系统,那么在极限杆位移 -10° 的作用下,飞机的稳态迎角将被限制在$\alpha_f \leqslant 10°$的范围内;而在没有迎角限制器的控制增稳系统中飞机迎角已经达到18°以上,这种对比表明迎角边界控制的有效性。从升降舵偏转角来看,迎角边界控制系统最终还是通过对升降舵偏转的角度限制而达到目的的,因此在采用迎角边界控制时,飞机的机动能力将受到限制。另外必须指出的是,迎角边界控制时其迎角的动态响应具有超调,因此在进行控制律参数设计时必须精心进行,以选择最合理的参数,若确认到超调的存在,那么也可适当减小$\alpha_f$来使得其超调时的最大值不超过最大使用迎角。

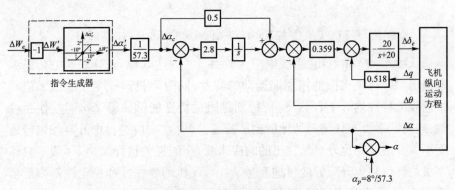

图 8-24　迎角边界控制系统数学仿真框图模型

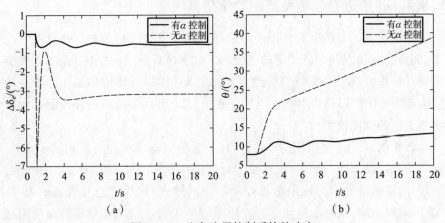

（a）　　　　　　　　　　　　　　　　（b）

图 8-25　迎角边界控制系统的响应

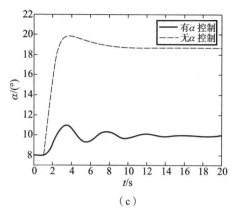

（c）

图 8 - 25   迎角边界控制系统的响应(续)

第 **9** 章

横侧向电传
操纵系统的设计

 9.1 系统功能定义

横侧向电传操纵系统用于驾驶员对飞机横侧向运动的操纵控制。通过所设计的控制律形成控制指令,并驱动舵机及副翼和方向舵实现对飞机横侧向运动的控制作用。在本书中,横侧向电传操纵系统按操纵舵面分为副翼和方向舵通道电传操纵系统(下称副翼方向舵电传操纵系统),以下将对这两种系统进行分析和设计。

由于飞机具有几何对称面,一般情况下飞机的横侧向运动总是对称的,除非形成不对称的外力,才使得飞机发生横侧向运动。在小扰动假设下,副翼和方向舵主要引起滚转角和偏航角的运动,它们分别对滚转模态和荷兰滚运动模态产生影响。

现代飞机主要是通过对副翼的操纵来改变速度矢量的方向,从而实现改变飞机水平轨迹方向的转弯运动,而同时对方向舵的操纵则是为了在速度矢量改变方向的过程中消除侧滑角,因此对方向舵的操纵仅仅是为了协调和配合副翼的操纵。当操纵目的实现后,副翼和方向舵都将回到中立位置或配平(平衡)舵偏角处,从而在一个新的状态下进行横侧向运动的对称飞行。

从飞行品质的角度来看,横侧向运动的飞行品质主要关注滚转运动模态和荷兰滚运动模态[19],并且对飞机横侧向运动的操纵仅仅在需要改变飞机水平轨迹和航向时才发生,无论从飞行品质要求还是从操纵的角度来说,都没有纵向运动所呈现出的复杂性特点。滚转运动模态的改善,可以通过引入滚转角速度反馈,形成对副翼的控制而实现;荷兰滚运动模态的改善则通过引入偏航角速度反馈,并形成对方向舵的控制而实现,即所谓的偏航阻尼器。

从边界控制的角度,对于一些飞机(例如运输类飞机)来说是有滚转角边界控制需要的,即飞机对副翼操纵是有限制的,这是因为这类飞机不能有过大的滚转角,从而在副翼电传操纵系统中必须引入滚转角的反馈,以实现对其限制的目的。

而对方向舵操纵来说,如果偏航阻尼(或荷兰滚阻尼)满足要求,那么方向舵的操纵仅仅就是配合副翼操纵,因此不需要引入任何飞机运动变量的反馈,这样的话方向舵通道也能用电信号操纵系统实现;而若偏航阻尼不足,那么在方向舵通道的电信号操纵系统中就需要加入偏航阻尼器,才能达到改善偏航阻尼特性的作用。

综上所述,对于副翼电传操纵系统来说,主要功能是滚转角的操纵和限制问题;而对于方向舵电传操纵系统来说,则主要用于配合副翼工作并同时改善荷兰滚运动模态。因此,如果没有上述两个方面的要求,副翼和方向舵的操纵完全可以通过一个电信号系统而简单地实现[2]。

##  9.2　副翼电传操纵系统的分析和设计

### 9.2.1　副翼操纵动力学分析

从飞机滚转动力学上来看,副翼偏转角与滚转角速度呈现非周期响应关系(式(5−63)),因此一个副翼偏转角对应一个滚转角速度,而副翼偏转角则代表了驾驶杆的向左或向右的位移大小。所以从操纵上来说,驾驶杆的左右移动代表了滚转角速度的大小和方向,只有当驾驶杆回到中立位置(或中间位置),即位移为零时,滚转角速度才为零,此时飞机将保持一个稳定滚转角飞行,该滚转角的大小与飞机横侧向运动过载限制有关,应根据飞机横侧向运动所允许的最大稳态过载来确定这个滚转角的边界。

因此,驾驶杆指令相当于给出了代表滚转角速度的操纵愿望,驾驶杆在中立位置或零位(即没有受到向左或向右移动的外力作用)总是与当前的滚转角(滚转角速度为零)对应,驾驶杆的左右移动所产生的飞机滚转运动,总是从这个滚转角出发,所以驾驶杆偏离中立位置的左右位移(或力)实际上代表了滚转角速度的增量指令,这样可以使飞机获得最大的机动能力。因此,滚转模态方程(5-63)较好地描述了滚转角的增量式操纵过程。

对于滚转运动模态来说,其滚转时间是重要的飞行品质指标要求。对于没有控制系统的飞机来说,滚转时间完全是由其气动特性所决定的,即滚转阻尼导数 $L_p$ 所决定的,其时间常数 $-I_x/L_p$ 表示了飞机滚转角速度达到驾驶杆所给定滚转角速度指令的 63% 所需要的时间,因此滚转时间是飞机滚转运动跟踪杆指令的快速性指标,明显地它与滚转阻尼导数成反比。通过滚转角速度的反馈控制,就可以增加 $L_p$ 绝对值的大小,从而可减小时间常数或滚转时间,以满足飞行指标的要求。

## 9.2.2　副翼电传操纵系统的控制律结构

副翼电传操纵系统的控制律,除了完成对飞机滚转运动的操纵外,还必须做到:

(1)应具有滚转角速度的反馈控制系统来保证滚转时间足够小,满足飞行品质指标的要求。

(2)驾驶员的操纵感觉仍是速度型操纵,并且当驾驶杆返回到中立位置(或位移为零)时其稳态滚转角不能超过所规定的边界值 $|\Delta\phi_{ss}|$,以保证稳态横侧向过载不超过限制。若给定所允许的最大稳态横侧向过载为 $\Delta n_{ys}$,则按式(5-73),得到 $|\Delta\phi_{ss}| = \tan^{-1}\Delta n_{ys}$。

(3)在驾驶杆偏离中立位置(即位移不为零)时,允许滚转角在短时间内超过稳态滚转角边界值,以获得一定的机动能力,但不能超过飞机所允许使用的最大滚转角 $|\Delta\phi_{mo}|$,显然,$|\Delta\phi_{mo}| > |\Delta\phi_{ss}|$。

因此,副翼电传操纵系统由两个部分组成:一部分是作为内回路的滚转角控制系统,即引入滚转角速度和滚转角反馈,保证在滚转角指令下,滚转时间能满足飞行品质指标要求以及是无误差的,即静增益为1;另外一部分则是形成滚转角控制系统输入指令,保证具有速度型操纵性质以及边界控制作用的环节,如图1-10所示。

### 9.2.3　滚转角控制系统的设计

滚转角控制系统是由滚转角速度和滚转角反馈组成的控制系统[9],其一般结构如图9-1所示。

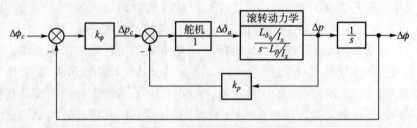

图9-1　滚转角控制系统

在图9-1中,滚转角控制系统的输入是滚转角指令或期望滚转角,飞机滚转动力学使用了式(5-63)所描述的滚转运动数学模型,尽管是个解耦的滚转运动描述,但如果飞机滚转运动是协调控制的(即由方向舵协调配合操纵消除由滚转所引起的侧滑角),那么这个模型具有足够的精度。

图9-1中,考虑到舵机的带宽远大于滚转模态的带宽,因此忽略了其动态过程,而近似为增益为"-1"的比例环节,负号仅仅表示舵机输出的方向与输入指令方向相反。

由图9-1可以得到滚转角速度反馈的闭环传递函数模型为

$$\frac{\Delta p}{\Delta p_c} = \frac{-(L_{\delta_a}/I_x)}{s - [L_p/I_x + k_p(L_{\delta_a}/I_x)]} \tag{9-1}$$

式(9-1)的滚转时间常数$\tau_c = -1/[L_p/I_x + k_p(L_{\delta_a}/I_x)]$,而自然飞机的滚转时间常数$\tau = -1/(L_p/I_x)$,很明显$\tau_c < \tau$,因此仅仅通过滚转角$\Delta p$的反馈就可以使滚转时间得到改善。

用5.8.1节中喷气飞机例子的数据$L_p/I_x = -0.9$,$L_{\delta_a}/I_x \approx -8.99$。因此,$\tau = -1/(-0.9) \approx 1.1(s)$,自然飞机已经接近一级飞行品质($\tau_{max} = 1\ s$)[19]的要求。若取$k_p = 0.1$,那么$\tau_c = -1/(-0.9 - 0.1 \times 8.99) \approx 0.6(s)$,则满足一级飞行品质。

在式(9-1)的基础上再引入滚转角反馈,就可以得到无误差的滚转角控制系统闭环传递函数模型为

$$\frac{\Delta \phi}{\Delta \phi_c} = \frac{-k_\phi(L_{\delta_a}/I_x)}{s^2 - [L_p/I_x + k_p(L_{\delta_a}/I_x)]s - k_\phi(L_{\delta_a}/I_x)} \tag{9-2}$$

对于喷气飞机的例子来说,若式(9-2)的阻尼比设为 $\xi_d=0.7$,则由 $k_p=$ 0.1和式(9-2)就可以计算得到 $k_\phi=0.18$。显然在式(9-2)中,滚转模态为收敛的周期模态并且是无误差的,其静增益为

$$K_{\phi dc}=1 \tag{9-3}$$

## 9.2.4　副翼电传操纵系统的设计

由于作为内回路的滚转角控制系统输入是滚转角指令即 $\Delta\phi_c$,驾驶杆指令是滚转角速度,必须有积分器将角速度指令转变为角度指令,因此,用滚转角控制系统作为副翼电传操纵系统的内回路时,需要使用比例积分控制律。系统控制律设计目标如下:

系统应通过指令生成器将驾驶杆位移转换为滚转角速度的指令,同时由于操纵运动的方向定义与飞机滚转运动方向是相反的,因此杆指令生成器还应将负方向的操纵运动转换为正的滚转角速度运动指令,并应有指令限幅以限制允许使用的最大滚转角 $|\Delta\phi_{mo}|$。

在用副翼电传操纵系统进行滚转操纵时,当滚转角 $\Delta\phi$ 没有到达稳态滚转角边界 $|\Delta\phi_{ss}|$ 时,滚转角应单纯地随着杆指令线性地增长,若驾驶杆偏离中立位置($\Delta W_a \neq 0$)的时间足够长,系统应允许 $|\Delta\phi|>|\Delta\phi_{ss}|$,但不能超过允许使用的最大滚转角,即 $|\Delta\phi|<|\Delta\phi_{mo}|$;直到驾驶杆回到中立位置时,系统应有从 $|\Delta\phi|>|\Delta\phi_{ss}|$ 的状态回到 $|\Delta\phi|=|\Delta\phi_{ss}|$ 的能力。

综上所述,副翼电传操纵系统的控制律结构如图9-2所示。

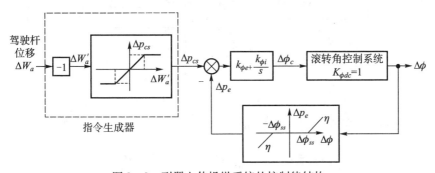

图9-2　副翼电传操纵系统的控制律结构

其中,假定滚转角控制系统的带宽远大于外回路带宽,这样滚转角控制系统就可以近似为增益环节:$K_{\phi dc}=1$;图9-2中的指令生成器起到两个作用,一是将驾驶杆位移 $\Delta W_a$ 变换为对滚转角速度的杆指令 $\Delta p_{cs}$(包括方向和大小);二是根据 $\Delta\phi_{mo}$ 对其输出的杆指令 $\Delta p_{cs}$ 进行限制。

为了使杆指令准确地跟踪滚转角,则需要 $\Delta\phi$ 反馈,由于杆指令 $\Delta p_{cs}$ 是滚转角速度指令,因此滚转角需要通过变换环节进行处理后才能用于负反馈。

考虑到当 $|\Delta\phi| < |\Delta\phi_{ss}|$ 时,$\Delta\phi_c$ 应随着 $\Delta p_{cs}$ 而线性增长,这个变换环节应该是个非线性环节,变换环节的时域表达式定义如下:

$$\Delta p_e = \begin{cases} 0 & |\Delta\phi| \leq |\Delta\phi_{ss}| \\ \eta(\Delta\phi - \Delta\phi_{ss}) & |\Delta\phi| > |\Delta\phi_{ss}| \end{cases} \quad (9-4)$$

式中,$\eta$ 为常数,是非线性环节中直线的斜率。按此定义并由图9-2得到其数学模型为:

(1)在 $|\Delta\phi| \leq |\Delta\phi_{ss}|$ 情况下:

$$\Delta\phi = \left(k_{\phi e} + \frac{k_{\phi i}}{s}\right)\Delta p_{cs} \quad (9-5)$$

(2)在 $|\Delta\phi| > |\Delta\phi_{ss}|$ 情况下,应注意到此时滚转角已经经历了 $\Delta\phi = \Delta\phi_{ss}$,即在这种情况下,滚转角的初始条件是 $\Delta\phi_{ss}$。为建立满足这种状态的数学模型,需要将图9-2修改为图9-3,即将常数 $\Delta\phi_{ss}$ 的拉普拉斯变换式 $\Delta\phi_{ss}/s$ 作为常值扰动加入系统中。

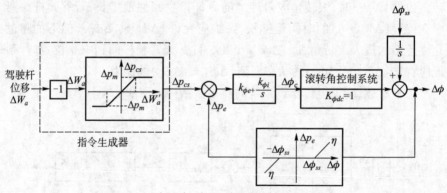

图9-3　$|\Delta\phi| > |\Delta\phi_{ss}|$ 条件下的控制律结构

由图9-3就可以得到控制律为

$$\Delta\phi = \left(k_{\phi e} + \frac{k_{\phi i}}{s}\right)(\Delta p_{cs} - \Delta p_e) + \frac{1}{s}\Delta\phi_{ss}$$

将式(9-4)中满足条件 $|\Delta\phi| > |\Delta\phi_{ss}|$ 的 $\Delta p_e$ 表达式,进行拉普拉斯变换并注意到 $\Delta\phi_{ss}$ 是常数,因此

$$\Delta p_e = \eta\left(\Delta\phi - \frac{1}{s}\Delta\phi_{ss}\right)$$

将经拉普拉斯变换后的 $\Delta p_e$ 表达式,代入以上关于 $\Delta\phi$ 的表达式中后,经

整理得到在 $|\Delta\phi| > |\Delta\phi_{ss}|$ 情况下,副翼电传操纵系统的数学模型为

$$\Delta\phi = \frac{k_{\phi e}s + k_{\phi i}}{(1 + \eta k_{\phi e})s + \eta k_{\phi i}}\Delta p_{cs} + \frac{1}{s}\Delta\phi_{ss} \qquad (9-6)$$

由式(9-5)和式(9-6)就可以研究达到其设计目标的条件。

(1)假定驾驶杆在 $t=0$ 时刻向右进行阶跃位移 $\Delta W_a < 0$ 操纵,该位移通过指令生成器产生阶跃杆指令 $\Delta p_{cs} = \Delta p_m/s$,其中 $\Delta p_m > 0$ 为常数,$\Delta p_m$ 大于零,则表示负的杆位移 $\Delta W_a$ 应产生正的滚转运动方向,以满足其运动方向的定义法则。

在初始操纵即 $|\Delta\phi| \le |\Delta\phi_{ss}|$ 条件下,按式(9-5),由于存在积分环节,因此控制律能使得 $\Delta\phi$ 按照杆指令 $\Delta p_{cs}$ 的滚转角速度指令而线性地增长,经过时间 $t_0$ 后,$|\Delta\phi| = |\Delta\phi_{ss}|$。$t_0$ 的值计算如下:

在 $|\Delta\phi| \le |\Delta\phi_{ss}|$ 情况下,式(9-5)所施加的阶跃杆指令输入应为

$$\Delta p_{cs} = \frac{1}{s}\Delta p_m$$

将该杆指令代入式(9-5)后,并进行拉普拉斯反变换后得到

$$\Delta\phi(t) = (k_{\phi e} + k_{\phi i}t)\Delta p_m \qquad (9-7)$$

显然有

$$\Delta\phi(t_0) = (k_{\phi e} + k_{\phi i}t_0)\Delta p_m \qquad (9-8)$$

而按 $t_0$ 的定义,则 $\Delta\phi(t_0) = \Delta\phi_{ss}$,因此飞机滚转角到达 $\Delta\phi_{ss}$ 时所需驾驶杆偏离中立位置的时间 $t_0$ 为

$$t_0 = \frac{1}{k_{\phi i}}\left(\frac{\Delta\phi_{ss}}{\Delta p_m} - k_{\phi e}\right) \qquad (9-9)$$

(2)在 $t > t_0$ 后,滚转角的增长才满足 $|\Delta\phi| > |\Delta\phi_{ss}|$ 条件,此时滚转角响应为式(9-6),而对该式的输入指令 $\Delta p_{cs}$ 应为在 $t_0$ 时刻的阶跃信号,即

$$\Delta p_{cs} = 1(t - t_0)\Delta p_m$$

其拉普拉斯变换式为

$$\Delta p_{cs} = \frac{\mathrm{e}^{-t_0 s}}{s}\Delta p_m$$

将上式代入式(9-6)后,由于 $\Delta\phi_{ss}$ 为常数,所以在阶跃 $\Delta p_{cs}$ 作用下的滚转角稳态值为

$$\Delta\phi_1(\infty) = \frac{1}{\eta}\Delta p_m + \Delta\phi_{ss} \qquad (9-10)$$

式(9-10)表明,当驾驶杆持续偏离中立位置后,飞机的最大滚转角并不为 $\Delta\phi_{ss}$,而要比 $\Delta\phi_{ss}$ 大 $\Delta p_m/\eta$,即当驾驶杆偏离了中立位置而到达极限位

置并保持后,飞机的最大滚转角将为 $\Delta\phi_1(\infty) = \Delta\phi_{ss} + \Delta p_m/\eta$,然而最大滚转角 $\Delta\phi_1(\infty)$ 必须满足 $\Delta\phi_1(\infty) \leqslant \Delta\phi_{mo}$,$\Delta\phi_{mo}$ 是滚转角的最大限制值。从而得到杆指令幅值的最大(小)值,即指令生成器的限制值(或饱和值):

$$\Delta p_{mmax} = \eta(\Delta\phi_{mo} - \Delta\phi_{ss}),\Delta W_a < 0,\Delta\phi > 0,\Delta\phi_{mo} > 0$$
$$\Delta p_{mmin} = \eta(-\Delta\phi_{mo} + \Delta\phi_{ss}),\Delta W_a > 0,\Delta\phi < 0,\Delta\phi_{mo} > 0$$
$$(9-11)$$

(3)若设滚转角在 $t = t_1$ 时刻已经进入稳态,并达到最大稳态滚转角 $\Delta\phi_1(\infty) = \Delta\phi_{ss} + \Delta p_m/\eta$ 后,驾驶杆在 $t_1$ 时刻又瞬间返回到中立位置(位移为零),如图 9-4 所示。

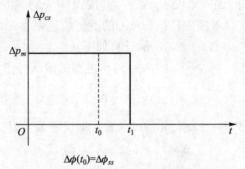

$$\Delta\phi(t_0) = \Delta\phi_{ss}$$

图 9-4　杆指令生成器产生的滚转角速度指令

图 9-4 实际上描述了这样一种操纵情形,即驾驶杆向右进行位移到某个位置后并保持,直到滚转角达到最大稳态角 $\Delta\phi_1(\infty) = \Delta\phi_{ss} + \Delta p_m/\eta$ 后再回到中立位置。因此,研究 $t \geqslant t_1$ 后滚转角的稳态值,可以了解系统的操纵特性。

由于在滚转角到达最大稳态值 $\Delta\phi_1(\infty) = \Delta\phi_{ss} + \Delta p_m/\eta$ 后,在图 9-3 中反馈比较器的误差输出为零,因此有 $\Delta p_e = \Delta p_m$。

那么在 $t = t_1$ 时,$\Delta p_{cs}(t_1) = 0$,$\Delta p_e(t_1) = \Delta p_m$ 以及 $\Delta\phi(t_1) = \Delta\phi_{ss} + \Delta p_m/\eta$,从而可由图 9-3 得到关于滚转角响应的数学模型:

$$\Delta\phi = \left(k_{\phi e} + \frac{k_{\phi i}}{s}\right)(-\Delta p_e) + \frac{1}{s}\left(\frac{1}{\eta}\Delta p_m + \Delta\phi_{ss}\right) \qquad (9-12)$$

式(9-12)仅仅描述了驾驶杆回到中立位置后,$t > t_1$ 时滚转角从最大稳态值开始变化的过程。

式(9-12)描述了这样一个事实,就是随着驾驶杆回到中立位置,滚转角将从最大稳态值开始减小,从而 $\Delta p_e$ 也开始由最大值 $\Delta p_e(t_1) = \Delta p_m$ 逐步减小,由于控制律中积分器的作用,滚转角将持续减小,直到 $\Delta\phi \leqslant \Delta\phi_{ss}$ 后,则 $\Delta p_e = 0$,若假定这个过程是瞬间完成的,那么稳态滚转角 $\Delta\phi$ 应是在 $\Delta p_e =$

$\Delta p_m \delta(t)$作为式(9-12)输入下的稳态值,利用终值定理得到滚转角的稳态值为

$$\Delta\phi_2(\infty) = \left( \Delta\phi_{ss} + \frac{\Delta p_m}{\eta} \right) - \Delta p_m k_{\phi i} \qquad (9-13)$$

由于只有在$\Delta p_e = 0$的条件下控制律中的积分器才停止增长,因此$\Delta\phi_2(\infty) \leqslant \Delta\phi_{ss}$才能满足要求,那么只要保证

$$k_{\phi i} \geqslant \frac{1}{\eta} \qquad (9-14)$$

即可满足。很明显,只要$k_{\phi i} = \eta$,则有$\Delta\phi_2(\infty) = \Delta\phi_{ss}$。必须指出的是,由于$\Delta\phi$的响应是个逐渐收敛的过程,不可能瞬间完成,因此用脉冲信号来近似$\Delta p_e$并作为输入,其结果与式(9-13)是有一定误差的,即比实际结果要稍大。

式(9-10)和式(9-13)表明,只要图9-2中矩形脉冲宽度满足$t_1 > t_0$,即驾驶杆偏离中立位置的保持时间足够长,滚转角将超过$\Delta\phi_{ss}$并将达到最大值$\Delta\phi_1(\infty)$,因此杆指令$\Delta p_{cs}$应按式(9-11)限制(饱和),那么滚转角的稳态值$\Delta\phi_1(\infty)$将不会超过$\Delta\phi_{mo}$,当驾驶杆在$t_1$时刻再返回到中立位置以后,飞机的稳态滚转角将回到且被限制在$\Delta\phi_2(\infty)$。这就是说,仅仅只有操纵副翼使得滚转角超过$\Delta\phi_{ss}$并到达$\Delta\phi_1(\infty)$后,若驾驶杆再回到中立位置,那么滚转角将稳定在$\Delta\phi_2(\infty)$。如果滚转角没有超过$\Delta\phi_{ss}$而驾驶杆就回到中立位置,那么滚转角将保持在那个时刻的角度上。

式(9-10)和式(9-13)的特性也说明,如果飞机从稳定的$\Delta\phi = \Delta\phi_2(\infty)$改为水平,即$\Delta\phi = 0$,那么驾驶员就要向左移动驾驶杆,当滚转角渐近变小并趋于零时,驾驶杆就逐渐返回到中立位置,此时飞机才恢复为水平。这种操纵方式与副翼机械式操纵系统的操纵方式是一致的,然而副翼的电传操纵系统可以使得驾驶杆在中立位置时,稳态滚转角始终被限制在$\Delta\phi_2(\infty)$,同时连续机动时的最大滚转角被限制$\Delta\phi_{mo}$,这样就减轻了驾驶员对副翼操纵的负担,不用担心稳态过载或最大滚转角所带来的安全问题。

因此这种系统设计可以在最大的驾驶杆位移位置上提供最大的稳态滚转角,以获得最好的盘旋机动能力;同时在驾驶杆回到中立位置以后,又能保持一个较小的稳态滚转角进行稳态盘旋;既考虑到了机动性,又顾及了基本的盘旋性能。而驾驶杆回到中立位置后,飞机仍保持有稳定的滚转角,也就是系统能保证驾驶杆的中立位置始终对应一个滚转角或水平位置(零滚转角)。因此,若要使飞机恢复到水平或保持反方向的滚转角,驾驶杆需要

向与滚转角相反的方向进行位移操纵。这种操纵特性被称为具有"中立"稳定性[2]。

在忽略滚转角控制系统动态过程的假设下,在操纵的初期即 $|\Delta\phi| \leq |\Delta\phi_{ss}|$ 时,滚转时间由式(9-11)决定,那么取较大的 $k_{\phi e}$ 有利于减小初始响应的时间。

而在 $|\Delta\phi| > |\Delta\phi_{ss}|$ 时,滚转时间常数由式(9-6)决定,其时间常数为

$$\tau_p = \frac{1}{k_{\phi i}} \left( \frac{1}{\eta} + k_{\phi e} \right) \tag{9-15}$$

由式(9-15)得到,$\tau_p$ 与 $\eta$ 和 $k_{\phi i}$ 成反比,而与 $k_{\phi e}$ 成正比,因此为了获得较小的 $\tau_p$,$\eta$ 和 $k_{\phi i}$ 应取较大的值,而 $k_{\phi e}$ 则应取较小的值。

若取较大的 $\eta$,那么按式(9-10)其稳态滚转角变小,意味着其滚转操纵性能下降;同理,如果 $k_{\phi e}$ 取较小的值,则按式(9-9)其 $t_0$ 增加,而不利于减小 $t_0$。因此,$\eta$ 和 $k_{\phi e}$ 以及 $k_{\phi i}$ 的设计应折中考虑。

特别是,当 $\eta = 1$,$k_{\phi i} = 1$ 时可以使设计变得简单。$\eta = 1$,就意味着式(9-8)的指令生成器限幅(饱和)值是简单而明确的,同时 $\Delta p_e = \Delta\phi - \Delta\phi_{ss}$;$k_{\phi i} = 1$,则表明滚转角的增长速度(或灵敏度)与驾驶杆位移速度一致,这样更有利于驾驶员的操纵。

如此,则 $k_{\phi e} = \tau_p - 1$,由于 $k_{\phi e} > 0$,因此 $\tau_p > 1$,所以对机动性要求不高的运输类飞机来说是能够达到一级飞行品质($\tau_{pmax} = 1.4$)要求,且此时 $\Delta\phi_2(\infty) = \Delta\phi_{ss}$。

对于机动性要求高的战斗机来说,上述数据的选择就很难达到一级飞行品质($\tau_{pmax} = 1$)要求,若选择 $k_{\phi i} \geq 1 + k_{\phi e}$ 及 $\eta = 1$,这样就有可能使得 $\tau_p \leq 1$,以满足一级飞行品质要求。然而过大的 $k_{\phi i}$ 对系统的动态性能是不利的,例如将会产生较大的超调。

对喷气飞机的例子来说,取 $k_{\phi i} = 1$,$k_{\phi e} = 0.4$,那么时间常数为 $\tau_p = 1.4$ s,且此时 $\Delta\phi_2(\infty) = \Delta\phi_{ss}$。

关于指令生成器的设计,在图9-2中设计为滚转速度指令与驾驶杆偏转角成正比的形式,但在实际的滚转操纵时,为了获得快速的滚转能力,驾驶杆将会一下到达最大位置,因此可以将指令生成器设计为非线性环节,只要驾驶杆偏离中立位置,即始终以常值 $\pm\Delta p_{max}((°)/s)$ 作为输出指令,如图9-5所示。这样的话,飞机将以与驾驶杆偏离中立位置角度无关的常速率进行滚转运动。

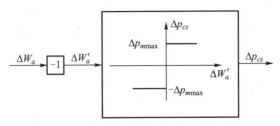

图 9 - 5　副翼电传操纵系统指令生成器

这种指令生成器的优点在于能提供最好的机动性,并且依靠控制系统来保证最大滚转角不会超过所规定的限值,同时驾驶杆回到中立位置后,以一个小的稳态滚转角进行盘旋。

 ## 9.3　方向舵电传操纵系统的分析和设计

### 9.3.1　方向舵操纵动力学分析

现代飞机中,方向舵操纵的目的主要是消除侧滑角,以配合副翼(或扰流片)实施对转弯或盘旋的协调控制;第二就是完成横侧向力矩的配平。

方向舵输入下的飞机荷兰滚运动模态响应模型式(5 - 66)中,由于 $Y_{\delta_r}/(mV_0) \approx 0$,因此在方向舵操纵后,偏航力矩将首先引起机体轴转动速度即偏航角速度 $\Delta r$,由于速度矢量改变的滞后性,机体轴 $o_b z_b$ 的转动将与速度矢量之间形成侧滑角 $\Delta\beta$;同理,为了主动消除由于飞机倾斜转弯所引起的侧滑角,也应该通过对方向舵的操纵,使得机体轴能随着速度轴同步转动,从而起到消除侧滑角的作用。那么由偏航角速度所引起的侧滑角响应的动力学模型,可由式(5 - 68)和式(5 - 69)得到

$$\frac{\Delta\beta}{\Delta r} = -\frac{1}{s - \dfrac{Y_\beta}{mV_0}} \qquad (9-16)$$

式(9 - 16)表明,侧滑角的响应相当于对 $\Delta r$ 的积分过程或非周期的响应形式,而当方向舵回到中立位置(或中间位置),即脚蹬操纵的位移为零时,侧滑角也为零。

对驾驶员来说,侧滑角可以通过横侧向过载而被感受到,因此其方向舵偏角的大小也反映了侧滑角的大小。

另一方面,如果飞机在方向舵操纵中,其偏航角速度或侧滑角的响应中阻尼不足,那么只能通过偏航阻尼器来改善荷兰滚模态的阻尼特性。

### 9.3.2　方向舵电传操纵系统控制律结构

方向舵电传操纵系统的控制律应具有以下功能:

(1)应具有使荷兰滚运动阻尼得到改善的能力,并使其阻尼比满足飞行品质的要求。

(2)方向舵的控制主要以消除侧滑角为目的,因此当驾驶杆无左右位移而在中立位置时,方向舵也应处于零位,此时侧滑角应为零。

(3)杆指令生成器是将脚蹬位移转换为侧滑角指令,并作为控制系统的输入,同时应对其侧滑角指令进行限制,以防止产生较大的横侧向过载。

所以,方向舵通道电传操纵系统可以认为是,在偏航阻尼器作为内回路的基础上,再加上侧滑角反馈所形成的控制系统,而脚蹬位移给出的就是侧滑角指令。

### 9.3.3　偏航阻尼器系统设计

偏航阻尼器通过引入偏航角速度 $\Delta r$ 的反馈,来改善荷兰滚运动模态的阻尼特性,使之满足飞行品质要求,偏航阻尼器系统的一般结构如图9-6所示。

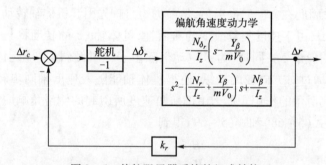

图9-6　偏航阻尼器系统的组成结构

在图9-5中,方向输入下偏航角速度的动力学模型可用式(5-71),在不考虑舵机动态特性时,其偏航阻尼器系统的闭环传递函数为

$$\frac{\Delta r}{\Delta r_c} = \frac{-\dfrac{N_{\delta_r}}{I_z}\left(s - \dfrac{Y_\beta}{mV_0}\right)}{s^2 + \left(-\dfrac{N_r}{I_z} - \dfrac{Y_\beta}{mV_0} - k_r\dfrac{N_{\delta_r}}{I_z}\right)s + (1 + k_r)\dfrac{Y_\beta}{mV_0}\dfrac{N_r}{I_z} + \dfrac{N_\beta}{I_z}} \tag{9-17}$$

式(9-17)的分母中由于$k_r$一般不会太大,从而

$$\frac{N_\beta}{I_z} \gg (1 + k_r)\frac{Y_\beta}{mV_0}\frac{N_r}{I_z}$$

所以式(9-17)的阻尼比为

$$\xi_d = \frac{-\dfrac{N_r}{I_z} - \dfrac{Y_\beta}{mV_0}}{2\sqrt{N_\beta/I_z}} - \frac{k_r\dfrac{N_{\delta_r}}{I_z}}{2\sqrt{N_\beta/I_z}} \tag{9-18}$$

式(9-18)中的阻尼比与5.8.2节中的荷兰滚阻尼比相比,则得到了明显的增加,而且随着$k_r$的增长而增加。因此只要通过偏航角速度的反馈,就可以使得荷兰滚运动模态的阻尼得到明显的改善。

注意到,$\Delta r = \Delta \dot\psi$ 仅仅在小扰动条件下成立,在一般情况下(或非小扰动运动的情况)则按式(4-39(c)),得到

$$r = \frac{\dot\psi\cos\theta - q\sin\phi}{\cos\phi} \tag{9-19}$$

在水平飞行条件下($\theta = 0$,$g = 0$),进行倾斜盘旋的横侧向运动,则有

$$r = \frac{\dot\psi}{\cos\phi} \tag{9-20}$$

式(9-20)说明,只要在进行稳态的协调转弯运动(即侧滑角为零)时,稳态的航向角速率和滚转角也会使得机体轴$o_b z_b$以稳态角速度 $\dot\psi/\cos\phi$ 旋转,也就是说,即使在消除侧滑角控制已经完成后,飞机也会产生一个不为零且稳定的角速度 $r$,并被反馈到偏航阻尼器中,从而引起多余且不必要的控制。因此偏航阻尼器需要采取措施将这个不利的稳态角速度 $r$ 去除。当然这个问题只有在非小扰动运动中才会出现,因此如果使用小扰动线性化运动模型就不会得到这个结论。

滤除的方法也有两种,一是使用洗出滤波器(或高通滤波器)方法,当稳态偏航角速度输入时其输出为零;二是通过逻辑控制的方法,即一旦判断出偏航角速度为常数,则将用于控制律计算的偏航角速度设置为零。

式(9-17)的静增益为

$$K_{rdc} = \frac{\dfrac{Y_\beta}{mV_0}\dfrac{N_{\delta_r}}{I_z}}{(1+k_r)\dfrac{Y_\beta}{mV_0}\dfrac{N_r}{I_z}+\dfrac{N_\beta}{I_z}} \approx \frac{Y_\beta}{mV_0}\frac{N_{\delta_r}}{N_\beta} \qquad (9-21)$$

式(9-21)表明,偏航阻尼器是个有误差的系统,它的静增益不等于1。

对于喷气飞机的例子来说,在5.8.2节中已经计算了其荷兰滚运动模态的阻尼比为$\xi_d = 0.041$,因此不能满足一级飞行品质要求[19]。为了使侧滑角控制系统具有良好的阻尼,将荷兰滚阻尼比提高为1,那么按式(9-17)并使用式(5-67)中的数据得到$k_r \approx 4.2$,闭环传递函数为

$$\frac{\Delta r}{\Delta r_c} = \frac{1.258(s+0.097)}{s^2+5.51s+7.6} \qquad (9-22)$$

### 9.3.4　方向舵电传操纵系统控制律设计

方向舵电传操纵系统可以有两种形式的控制律结构。一种是,驾驶员踩脚蹬发出位移指令后,通过指令生成器直接产生作用于偏航阻尼器的$\Delta r_c$指令,最后形成对方向舵的操纵,其控制律与偏航阻尼器系统一致;另一种则是自动协调控制,即一旦产生侧滑角,系统将自动操纵方向舵来消除侧滑角。这种控制律结构是将偏航阻尼器作为内回路,在侧滑角反馈后使用比例积分控制,用于对侧滑角的精确控制,这样方向舵电传操纵系统的组成结构如图9-7所示。

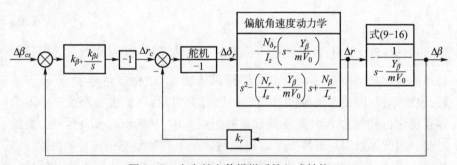

图9-7　方向舵电传操纵系统组成结构

其中偏航角速度对侧滑角的动力学模型为式(9-16),并注意到脚蹬指令生成器输出指令的方向,按定义左脚蹬向前位移为正,即$\Delta W_r > 0$,使得方向舵后缘向左偏转为正,即$\Delta \delta_r > 0$,所产生的侧滑角为正,即$\Delta \beta > 0$,因此指令生成器的输出$\Delta \beta_{cs}$的方向与其输入$\Delta W_r$脚蹬位移方向一致,而且侧滑角控

制器的输入 $\Delta\beta_c = \Delta\beta_{cs}$。

从图 9 - 7 可以明显地看出,当脚蹬在中立位置时,$\Delta W_r = 0$,那么 $\Delta\beta_c = \Delta\beta_{cs} = 0$,这就相当于给出了侧滑角为零的控制指令。一旦出现侧滑角,即使驾驶员没有操纵,通过侧滑角的负反馈作用,系统也能自动操纵方向舵偏转来消除这个侧滑角,这就是自动协调控制作用;如果此时驾驶员主动进行消除侧滑角的协调操纵,即操纵脚蹬位移,那么就可以起到加速消除侧滑角的作用,而当脚蹬回到中立位置后,侧滑角将自动为零并保持。

因此,即使为了在电传操纵系统故障后保证飞机安全飞行,而将方向舵仍然设计成机械式操纵系统,那么还是建议使用上述侧滑角控制系统,以减小滚转协调操纵的难度,而侧滑角控制系统可以通过复合舵机或机械离合器等方法连接到机械式方向舵操纵系统中。

在荷兰滚模态运动方程(5 - 66)中,偏航角速度方向与侧滑角方向是相反的,式(9 - 16)就反映了这种特性,因此造成图 9 - 7 中 $\Delta r_c$ 到 $\Delta\beta$ 之间的传递函数是有负号的,为了保证开环传递函数为正的情况下才能具有负反馈特性,在比例积分环节后增加了一个增益为" - 1"的比例环节,以保证开环传递函数为正。图 9 - 7 中将舵机为增益认为是" - 1"时的控制律为

$$\Delta\delta_r = k_r\Delta r - \left(k_\beta + \frac{k_{\beta i}}{s}\right)\Delta\beta + \left(k_\beta + \frac{k_{\beta i}}{s}\right)\Delta\beta_{cs} \qquad (9 - 23)$$

的闭环传递函数为

$$\frac{\Delta\beta}{\Delta\beta_{cs}} = \frac{-\dfrac{N_{\delta_r}}{I_z}\cdot}{s^3 + \left(-\dfrac{N_r}{I_z} - \dfrac{Y_\beta}{mV_0} - k_r\dfrac{N_{\delta_r}}{I_z}\right)s^2 +} \rightarrow$$

$$\leftarrow \frac{(k_\beta s + k_{\beta i})}{\left[(1 + k_r)\dfrac{Y_\beta}{mV_0}\dfrac{N_r}{I_z} - k_\beta\dfrac{N_{\delta_r}}{I_z} + \dfrac{N_\beta}{I_z}\right]s - k_{\beta i}\dfrac{N_{\delta_r}}{I_z}} \qquad (9 - 24)$$

式(9 - 24)表明,侧滑角控制系统是无误差的,静增益为

$$K_{\beta dc} = 1$$

就喷气飞机的例子而言,式(9 - 24)为

$$\frac{\Delta\beta}{\Delta\beta_{cs}} = \frac{1.258(k_\beta s + k_{\beta i})}{s^3 + 5.51s^2 + (1.258k_\beta + 7.6)s + 1.258k_{\beta i}}$$

其上式的根轨迹方程为

$$1 + \frac{1.258(k_\beta s + k_{\beta i})}{s(s^2 + 5.51s + 7.6)} = 0$$

若选择 $k_\beta = 2k_{\beta i}$，则根轨迹方程变为

$$1 + k'_\beta \frac{s + 0.5}{s(s^2 + 5.51s + 7.6)} = 0$$

式中，$k'_\beta = 1.258k_\beta$，则其根轨迹如图 9 - 8 所示。当 $k_\beta = 7.56/1.258 = 6$，$k_{\beta i} = 3$ 时，在脚蹬指令作用下侧滑角控制系统的响应为

$$\frac{\Delta\beta}{\Delta\beta_{cs}} = \frac{7.55(s + 0.5)}{(s^2 + 5.24s + 13.73)(s + 0.28)}$$

这个模型的周期性运动模态实际上反映了偏航轴的力矩运动，其周期运动模态性能为：$\xi_d \approx 0.707$，$\omega_n = 3.7 \text{ rad/s}$。

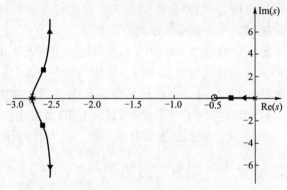

图 9 - 8　$k'_\beta$ 变化时的闭环根轨迹

## 9.4　横侧向电传操纵系统的完整控制律及抗扰动分析

图 9 - 9 所示为横侧向电传操纵系统的控制律组成，在图中还包括方向舵配平系统。当然方向舵电传操纵系统也可以完成配平任务，然而对于一些非对称性扰动，应通过方向舵配平机构予以实时的平衡，这有利于减轻驾驶员的工作负担，但这种配平一般建议在一定的高度上使用，在低空时（无论起飞还是降落），为了驾驶员对外扰动的感知，此配平功能被禁止使用。

图 9 - 9 所示的飞机运动变量的单位量输出经反馈后所形成的舵面偏转角即传动比，包含未建模环节的静增益，如果在开环测试中发现传动比与实际情况不符，那么就说明实际系统中含有未建模环节，应该通过修改控制律参数来保证图 9 - 9 中的传动比不变。同样，也需要保证指令生成器输出到

舵面偏转角的传动比符合图 9 – 9 的要求。

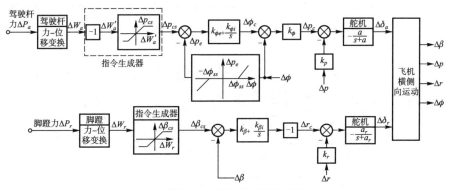

图 9 – 9  横侧向电传操纵系统控制律组成

对于发动机在机翼上对称布局的飞机来说,当一侧发动机故障而引起停车后,那么单台发动机的不对称推力(或拉力)所形成偏航力矩需要完全由方向舵所产生的力矩来平衡。在这种情况下,需要有专门的控制律来自动完成对方向舵的操纵,并使得驾驶杆在中立位置(副翼偏转角为零)和脚蹬无任何位移的最后操纵条件下,保持航向的稳定和侧滑角为零。那么图 9 – 9 中的控制律是否能使飞机在不对称推力(或拉力)作用下而满足上述要求?

实际上,图 9 – 7 所示的方向舵通道的电传操纵系统控制律,对常值航向扰动力矩是无误差的,也就是说,即使单侧发动机停车所引起的不对称力矩,通过对方向舵的控制也能使其稳态侧滑角为零,即可以消除不对称力矩的影响作用。

假定 $N_d$ 为航向扰动力矩,若这个扰动力矩加在横侧向全面运动方程中的式(5 – 18)(c)中,就可以认为相当于方向舵产生了额外的等效偏转角:

$$\Delta\delta_{rd} = \frac{N_d}{N_{\delta_r} + I_z' I_{xz}' L_{\delta_r}} \tag{9 – 25}$$

而如果扰动力矩加在近似荷兰滚运动方程(5 – 66)的第二式中,那么方向舵的等效偏转角简化为

$$\Delta\delta_{rd} = \frac{N_d}{N_{\delta_r}} \tag{9 – 26}$$

于是方向舵偏转角就为

$$\Delta\delta_r = \Delta\delta_{rp} + \Delta\delta_{rd} \tag{9 – 27}$$

式(9 – 27)说明在有航向扰动力矩作用时,方向舵的偏转角可看成由两

部分组成,一部分是方向舵脚蹬位移(或方向舵舵机)所产生的偏转角 $\Delta\delta_{rp}$,另外一部分则是扰动力矩所产生的等效偏转角 $\Delta\delta_{rd}$。于是在航向扰动力矩作用下的方向舵通道电传操纵系统如图 9 – 10 所示。

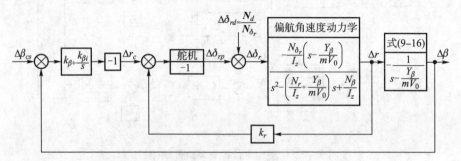

图 9 – 10　航向扰动力矩作用下的方向舵电传操纵系统

由图 9 – 10 得到在脚蹬指令和航向扰动力矩(等效方向舵偏转角 $\Delta\delta_{rd}$)作用下的闭环传递函数为

$$\Delta\beta = \frac{-\dfrac{N_{\delta_r}}{I_z}(k_\beta s + k_{\beta i})}{\Delta(s)}\Delta\beta_{cs} + \frac{\left(-\dfrac{N_{\delta_r}}{I_z}\right)s}{\Delta(s)}\Delta\delta_{rd} \qquad (9-28)$$

式中,$\Delta(s)$ 为式(9 – 24)中的分母多项式。

式(9 – 28)中,在 $\Delta\beta_{cs} = 0$ 时(即脚蹬无位移),考虑不对称推力(或拉力)所引起的常值航向扰动力矩对侧滑角的影响。对于常值的航向扰动力矩$N_d$($N_d$是常数),则等效的方向舵偏转角 $\Delta\delta_{rd} = n_m$也是常数,其拉普拉斯变换为 $\Delta\delta_{rd} = n_m/s$,代入式(9 – 26)后,利用终值定理就能得到其引起的侧滑角稳态值为零,这就表明图 9 – 6 所示的方向舵电传操纵系统对不对称推力(或拉力)所形成的常值航向扰动力矩是无误差的,因而图 9 – 9 作为横侧向电传操纵系统的控制律是能满足单侧发动机停车时的操纵要求的。

然而需要注意的是,当方向舵平衡了不对称推力(或拉力)后,航向角则发生了改变(相对于发动机停车前的航向角),即经过动态过程并且侧滑角为零后,航向将稳定在一个新的角度上。

##  9.5　横侧向电传操纵系统的数学仿真研究

关于数学仿真的意义和目的在8.8 节中已有阐述,对于控制律在实际系统的修正方法是类似的。

设计了如下的数学仿真状态对横侧向电传操纵系统进行数学仿真,以验证控制律的功能和性能是否达到设计目标。

数学仿真用的框图模型如图 9－11 所示。其中,飞机横侧向运动使用全面运动方程(5－23),控制律使用在 9.2 节和 9.3 节的设计结果;指令生成器如图 9－11 所示,即当杆位移到 15°的极限位置后,产生滚转角速度指令为 15°/s;并假设反馈非线性环节中,$\Delta\phi_{ss} = \pm30°$,斜率 $n=1$。

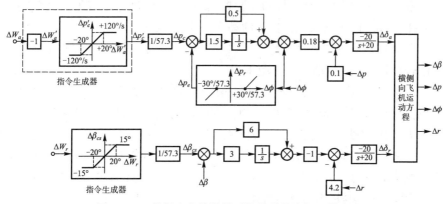

图 9－11　横侧向电传操纵系统数学仿真框图模型

数学仿真设计为:在图 9－12(a)的驾驶杆位移 $\Delta W_a$ 的最大值为 －15°、作用时间为 25 s 的脉冲信号作用下,观察系统的响应过程。即驾驶杆先瞬间从中立位置向右位移 15°到达最大位置后并保持 25 s,然后再瞬间向左位移回到中立位置;同时脚蹬始终保持在中立位置,即完全用侧滑角控制系统来消除滚转过程中所产生的侧滑角。按此操纵方式以及滚转角操纵控制的功能,那么根据 9.2 节应有:

(1)飞机应该向右滚转,按式(9－10)最大稳态滚转角为 45°的角度上不变。

(2)当驾驶杆回到中立位置后,按式(9－13)稳态滚转角应比 30°略小。

(3)在驾驶杆操纵期间,侧滑角应被控制为零或近似为零。

数学仿真中用自然飞机的响应进行对比,即将副翼偏转角按杆位移 $\Delta W_a$ 信号的形式(假定驾驶杆到副翼的传递系数为 1)作为飞机横侧向运动方程的输入,并观察和记录横侧向运动变量的时域响应。数学仿真的时域响应如图 9－12 所示。

图 9－12(c)是滚转操纵过程中副翼偏转角响应。副翼偏转角都在

$-2°\sim2°$范围内变化,这种偏转是有利于工程实现的,说明横侧向电传操纵系统控制律设计是有效的。

图9-12(e)是飞机的滚转角响应。在驾驶杆维持在最大位置后,滚转角到达最大值45°(右滚转),回到中立位置后,滚转角稳定在大约25°,这个值小于式(9-13)的计算值,$\Delta\phi_{ss}=30°$,原因在于式(9-13)是在理想假设下推导得到的,但能够反映其最小限制值的上限。因此,滚转操纵中精确的滚转角稳态值需要通过详细的数学仿真才能得到。

滚转角在响应中,有少量的超调振荡,这可以通过对滚转角控制系统的控制律参数进行优化来获得良好的动态响应。

图9-12(g)中滚转角速度在$-10°/s\sim15°/s$范围内变化,因此都在最大滚转角指令15°/s所限制的范围内。

图9-12(b)是飞机方向舵偏转角响应,这个偏舵量完全是为了消除侧滑以实现在滚转操纵时协调的目的。方向舵的偏转角基本上在$-0.6°\sim1°$范围内变化,因此侧滑角控制系统的控制律设计是有效的。

图9-12(d)表明,在滚转操纵过程中,在侧滑角控制系统作用下,侧滑角几乎被控制在$-0.1°\sim0.2°$范围内,因此滚转操纵是协调的。说明方向舵电传操纵系统主要完成滚转操纵中消除侧滑角功能是合理的,也是有效的。

图9-12(f)中,在稳态45°滚转角时,获得了大约0.8°/s的稳态偏航速度;而在稳态25°滚转角时,稳态的偏航角速度大约为0.45°/s。

而自然飞机对驾驶杆位移的响应中,滚转角就不会出现合理的稳态值,而是呈现出不断增长的趋势,直到驾驶杆回到中立位置后,滚转角速度(图9-12(g))向相反的方向变化,即开始左滚转,并维持在$-10°/s$左右的数值上,这说明滚转角还将不断地向左增长。图9-12(e)的虚线是滚转角的变化,由于数值太大已经无法在图中显示,因此自然飞机的滚转操纵并没有呈现出"中立"稳定的特性。需要驾驶员时刻根据滚转角速度的大小和方向来调整驾驶杆的位移操纵量,通过不断地监控来防止滚转角超过限制,而引起安全性问题。同时为了协调操纵,驾驶员还需要操纵方向舵来消除由于滚转而引起的侧滑角。所以自然飞机的滚转操纵将是复杂的,也是比较困难的。

因此若使用副翼电传操纵系统,那么滚转操纵变得容易和方便,随时可以获得高机动的能力。

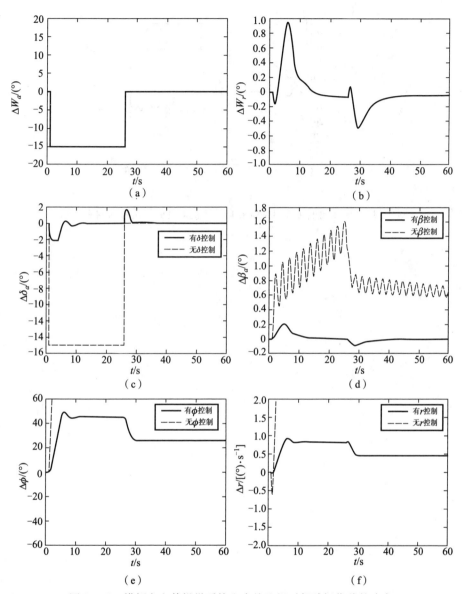

图 9 - 12　横侧向电传操纵系统和自然飞机对驾驶杆位移的响应

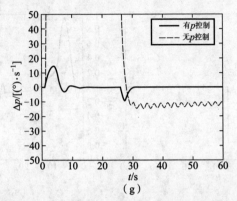

图 9 – 12　横侧向电传操纵系统和自然飞机对驾驶杆位移的响应(续)

# 第10章

# 飞行品质评价与等效系统

## 10.1 电传操纵系统的飞行品质评价问题

从驾驶员操纵装置出发来观察的话,具有电传操纵系统的飞机是由反馈控制系统与飞机本体动力学所形成的一个新的动力学系统。如果控制系统具有动态环节(控制律中的微积分环节、各种滤波器和舵机),那么这个新的动力学系统模型的阶次一定高于飞机本体动力学模型的阶次。

如果这个新的动力学系统是在小扰动线性化假设下得到的,那么其纵向和横侧向电传操纵系统的动力学模型将是大于四阶的高阶系统,这就难以用传统的运动模态方法对高阶的电传操纵系统进行飞行品质评价。

然而在另一方面,无论是 MIL – F – 8785C 还是后来的 MIL – STD – 1797 等飞行品质规范中,对飞机飞行品质的评价还是习惯用低阶的线性动力学模型进行。这里所谓的低阶系统,与电传操纵系统飞机的响应类型有关,如果是常规的响应类型(常规布局飞机),那么低阶系统就为传统运动模态分析方法中常用的四阶或二阶系统。

因此,为了评价高阶电传操纵系统飞机的飞行品质,必须按照其响应类型先找到一个所谓的低阶等效系统,然后再用有关飞行品质规范进行飞行品质评价。

　　一个高阶电传操纵系统的低阶等效系统是指,两个系统在相同的初始条件下,受同样的外激励作用,在一定的频率范围内或时间段内,相应输出量的差值在某个指标意义下达到最小,称此低阶系统是满足某些条件的高阶系统的低阶等效系统[9]。

　　通常这种低阶等效系统用拟配频域响应特性的方法进行,也就是在两个系统频域响应的幅值和相位之差最小时,求得低阶等效系统模型的参数。

　　应当强调的是,这里所讨论的低阶系统模型具有确定的结构形式,频域响应拟配的目的仅仅是求取低阶系统模型中的有关参数。本书主要讨论常规布局飞机且具有传统响应类型的电传操纵系统飞机低阶等效系统的拟配问题。

##  10.2　低阶等效系统模型的形式

### 10.2.1　纵向运动的低阶等效系统模型[19]

　　低阶等效系统的模型是具有确定形式的,这在 MIL - F - 8785C 或 MIL - STD - 1797 中已有规定。这是因为与高阶系统在频域内特性等效的系统不是唯一的,因此必须使用一种方便进行评价且符合实际使用情况的低阶等效系统模型形式,用于对高阶系统的等效拟配。这些模型的形式如下:

　　(1)低阶纵向全面运动等效系统的传递函数模型:

$$\frac{\Delta\theta}{\Delta P_e} = \frac{K_\theta(s+1/T_{\theta 1})(s+1/T_{\theta 2})\mathrm{e}^{-\tau_\theta s}}{(s^2+2\xi_{n1}\omega_{n1}s+\omega_{n1}^2)(s^2+2\xi_{n2}\omega_{n2}s+\omega_{n2}^2)} \tag{10-1}$$

$$\frac{\Delta n_z}{\Delta P_e} = \frac{K_n(s+1/T_n)\mathrm{e}^{-\tau_n s}}{(s^2+2\xi_{n1}\omega_{n1}s+\omega_{n1}^2)(s^2+2\xi_{n2}\omega_{n2}s+\omega_{n2}^2)} \tag{10-2}$$

式中,$\tau_\theta$ 和 $\tau_n$ 分别为在驾驶杆杆力或杆位移为阶跃输入下系统所产生的等效延迟时间;$T_{\theta 1}$ 和 $T_{\theta 2}$ 分别为长、短周期运动的分子时间常数;($\xi_{n1}$,$\omega_{n1}$)和($\xi_{n2}$,$\omega_{n2}$)分别为短周期运动和长周期运动的阻尼比和无阻尼自然频率。

　　式(10-1)和式(10-2)中的输入可以是驾驶杆杆力 $\Delta P_e$,也可以是驾驶杆位移 $\Delta W_e$ 或者杆指令生成器的输出 $\Delta C_{cs}^*$。如果杆力梯度与空速有关,那么使用杆力 $\Delta P_e$ 作为输入是适当的;若杆力梯度与空速无关,或者不对操纵力进行评价的话,那么使用 $\Delta C_{cs}^{*}$ 作为输入就可以了。

纵向长周期和短周期运动可以明显分开的话,就可以对长、短周期运动分别进行拟配其低阶等效系统的传递函数模型。

(2)低阶长周期运动等效系统传递函数模型:

$$\frac{\Delta\theta}{\Delta P_e}=\frac{K_\theta(s+1/T_{\theta1})}{s^2+2\xi_{n2}\omega_{n2}s+\omega_{n2}^2} \tag{10-3}$$

(3)低阶短周期运动等效系统传递函数模型:

$$\frac{\Delta q}{\Delta P_e}=\frac{K_q(s+1/T_{\theta2})e^{-\tau_n s}}{s^2+2\xi_{n1}\omega_{n1}s+\omega_{n1}^2} \tag{10-4}$$

$$\frac{\Delta n_z}{\Delta P_e}=\frac{K_n e^{-\tau_n s}}{s^2+2\xi_{n1}\omega_{n1}s+\omega_{n1}^2} \tag{10-5}$$

## 10.2.2　横侧向运动的低阶等效系统模型

横侧向运动的低阶等效系统模型分别为

$$\frac{\Delta\phi}{\Delta P_a}=\frac{K_\phi(s^2+2\xi_{\phi2}\omega_{\phi2}+\omega_{\phi2}^2)e^{-\tau_\phi s}}{(s+1/T_s)(s+1/T_R)(s^2+2\xi_d\omega_d s+\omega_d^2)} \tag{10-6}$$

$$\frac{\Delta\beta}{\Delta P_r}=\frac{K_\beta(s+1/T_{\beta1})(s+1/T_{\beta2})(s+1/T_{\beta3})e^{-\tau_\beta s}}{(s+1/T_s)(s+1/T_R)(s^2+2\xi_d\omega_d s+\omega_d^2)} \tag{10-7}$$

同样式(10-6)和式(10-7)中的输入,可以是杆力或脚蹬力,若操纵力梯度是固定的(与空速无关),或者不对操纵力进行评价的话,就可以用位移或指令生成器输出作为输入。

## 10.2.3　低阶等效系统模型的应用

纵向低阶等效系统模型一般常用的是式(10-3)、式(10-4)和式(10-5),而且对长周期和短周期运动的低阶等效系统模型的拟配可分开进行,然而对短周期运动低阶等效系统模型进行拟配时,MIL-STD-1797明确要求:需对式(10-4)和式(10-5)同时进行拟配,也称为双拟配。

横侧向低阶等效系统模型采用全面运动方程的形式,因此应尽量同时对式(10-6)和式(10-7)进行拟配,那么就可以取得唯一的运动模态结果。

## 10.3　低阶等效系统模型的拟配方法

### 10.3.1　低阶等效系统模型的拟配计算

按照已知的高阶系统在一定频率范围内的频率特性(即幅值和相位),寻求一个如式(10-1)~式(10-7)所描述低阶等效系统的参数,使其在上述频率范围内的频率特性与高阶系统最为接近。这个过程就是基于频率响应的拟配方法。

表达两组频率特性接近程度的目标函数定义为

$$J = \frac{20}{n} \sum_{i=1}^{n} \left[ (G_{hi} - G_{li})^2 + Q(P_{hi} - P_{li})^2 \right] \qquad (10-8)$$

式中,$J$ 为目标函数值,拟配的目的就是使得目标函数最小,一般情况下要求 $\min(J) < 10^{[19]}$;$n$ 为所选择离散频率点 $\omega_i$ 的个数,离散频率点 $\omega_i$ 一般按所拟配的频率范围 $[\omega_d \quad \omega_n]$,在频率的对数坐标轴上均匀等分取值,即

$$\frac{1}{n-1} \lg\left(\frac{\omega_n}{\omega_d}\right) = \lg\left(\frac{\omega_{i+1}}{\omega_i}\right)$$

且每十倍频程应取不少于 10 个离散频率点 $\omega_i$;$Q$ 为加权因子,表示相位偏差与幅值偏差相对重要性,一般情况下,$Q = 0.016 \sim 0.020$,它表示7°~8°的相位偏差相当于 1 dB 的幅值偏差,加权因子常常取 $Q = 0.017\ 5$;$G_{hi}$ 和 $P_{hi}$ 为高阶系统在频率点 $\omega_i$ 处的幅值(dB)和相位(°);$G_{li}$ 和 $P_{li}$ 为低阶等效系统在频率点 $\omega_i$ 处的幅值(dB)和相位(°)。

在式(10-8)中,$G_{li}$ 和 $P_{li}$ 是依据式(10-1)~式(10-7)计算并含有其未知参数,因此通过对目标函数最小的要求来求得这些未知参数,就是低阶等效系统的拟配计算。

在式(10-8)的拟配计算中,还需要确定的是拟配的频率范围。一般情况下,应由驾驶员操纵飞机可能使用的频率范围来决定,取拟配频率范围为 $\omega = 0.01 \sim 10$ rad/s。然而对于具体的问题,则可以选择不同的拟配频率范围。

(1)当单独拟配长周期运动的低阶等效系统模型(式(10-3))时,则拟配频率范围一般取 $\omega = 0.01 \sim 1$ rad/s。

(2)当单独拟配短周期运动的低阶等效系统模型(式(10-4)和(式(10-5))时,拟配频率范围 $\omega = 0.1 \sim 10$ rad/s。

（3）如果对纵向和横侧向全面运动方程的低阶等效模型（式（10 –1）和式（10 –2）以及式（10 –6）和式（10 –7））进行拟配，那么拟配频率范围可为 $\omega = 0.01 \sim 10$ rad/s。

### 10.3.2　低阶等效系统拟配模型的选择使用

低阶等效系统模型的选择依赖于高阶系统的性质。由于高阶系统来源于电传操纵系统的数学模型，在控制律设计完成后，若要建立电传操纵系统数学模型，那么选用不同的飞机本体动力学模型将会得到不同性质的高阶系统。

（1）若飞机本体动力学模型使用短周期运动模型，那么所得到的高阶系统模型也只能描述短周期运动，因此只能使用短周期运动的低阶等效系统模型（式（10 –4）和式（10 –5））与高阶系统模型进行拟配。

（2）若飞机本体动力学模型使用全面运动方程，那么所得到的高阶系统模型则描述了全面运动，那么可以使用全面运动的低阶等效系统模型（式（10 –1）和式（10 –2）以及式（10 –6）和式（10 –7））与高阶系统模型进行拟配。

（3）当然必须指出的是，如果飞机本体纵向运动动力学模型使用全面运动方程，那么除了（2）的方法外，也可以分别使用长周期运动低阶等效系统模型（式（10 –3））或短周期运动低阶等效系统模型（式（10 –4）和式（10 –5））与高阶系统模型进行拟配。

（4）无论如何，只有高阶系统模型中包含了相应的低阶等效系统模型性质时，才能使用该低阶等效系统模型，否则那些不被包含的信息将导致错误的结果。例如，若高阶系统模型是基于飞机本体短周期运动模型建立的，然而低阶等效系统模型则采用了描述全面运动的式（10 –2），那么式（10 –2）中关于长周期运动参数（$\xi_{n2}, \omega_{n2}$）的拟配结果将是不正确的。

## 10.4　低阶等效系统和飞行品质评价算例

在第 8 章中，已经设计了样例喷气飞机的纵向控制增稳系统，纵向电传操纵系统实际上是以控制增稳系统为核心建立的，因此具有纵向电传操纵系统的喷气飞机飞行品质，主要是依据控制增稳系统数学模型进行评价，为此首先需要建立其数学模型。

　　根据第 8 章的设计结果,喷气飞机的控制增稳系统组成框图如图 10 - 1 所示。

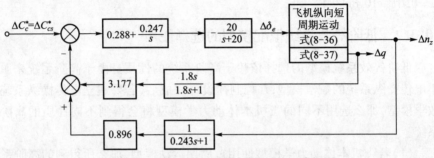

图 10 - 1　喷气飞机的控制增稳系统组成框图

　　注意到在图 10 - 1 中,喷气飞机本体数学模型使用的是短周期运动模型式(8 - 36)和式(8 - 37),控制增稳系统成为高阶系统(相对于本体短周期运动模型而言)的因素为系统中含有:

　　(1)控制律中的比例积分环节:$0.288 + 0.247/s$。

　　(2)俯仰角速度滤波器:$1.8s/(1.8s + 1)$。

　　(3)法向过载滤波器:$1/(0.243s + 1)$。

　　(4)舵机模型:$-20/(s + 20)$。

　　因此图 10 - 1 所示的控制增稳系统闭环传递函数如下,并利用 $\Delta C_c^* = \Delta C_{cs}^*$,从而有

$$\frac{\Delta q}{\Delta C_{cs}^*} = \frac{24.77s^4 + 139.6s^3 + 170.9s^2 + 65.71s + 5.342}{s^6 + 24.93s^5 + 182.1s^4 + 502.5s^3 + 760.8s^2 + 519.3s + 144.8}$$

$$(10 - 9)$$

$$\frac{\Delta n_z}{\Delta C_{cs}^*} = \frac{82.43s^3 + 455.7s^2 + 518.6s + 161.6}{s^6 + 24.93s^5 + 182.1s^4 + 502.5s^3 + 760.8s^2 + 519.3s + 144.8}$$

$$(10 - 10)$$

并分别设

$$\frac{\Delta q}{\Delta C_{cs}^*} = G_{hq}, \frac{\Delta n_z}{\Delta C_{cs}^*} = G_{hn}$$

　　将上述式(10 - 9)和式(10 - 10)与飞机短周期运动模型式(8 - 36)和式(8 - 37)相比,控制增稳系统模型的分母阶次增加了 4 阶,分子阶次则都增加了 3 阶,因此使用二阶系统的模态分析法来研究高阶的控制增稳系统飞行品质是不可行的,需要对高阶控制增稳系统拟配低阶等效系统后,才能够

对控制增稳系统进行飞行品质评价。

由于式(10-9)和式(10-10)所表示的高阶系统是基于飞机本体短周期运动模型所得到的,故而所需拟配的低阶等效系统形式就如式(10-4)和式(10-5)所示的等效短周期运动,并且按要求需对这两个表达式同时进行拟配,也就是说这两个表达式中的拟配参数应出现在一个目标函数中。因此,在将式(10-9)和式(10-10)的输入换为 $\Delta C_{cs}^*$ 后并定义低阶等效系统为

$$\frac{\Delta q}{\Delta C_{cs}^*} = \frac{K_q(s+1/T_{\theta 2})\,e^{-\tau_n s}}{s^2 + 2\,\xi_{n1}\omega_{n1}s + \omega_{n1}^2} \tag{10-11}$$

$$\frac{\Delta n_z}{\Delta C_{cs}^*} = \frac{K_n e^{-\tau_n s}}{s^2 + 2\,\xi_{n1}\omega_{n1}s + \omega_{n1}^2} \tag{10-12}$$

式(10-11)在离散频率点 $\omega_i$ 的频率响应如下:

(1)幅值响应(dB):

$$M_{lq}(\omega_i) = 10\lg\left[\frac{K_q^2(\omega_i^2 + 1/T_{\theta 2}^2)}{(\omega_{n1}^2 - \omega_i^2)^2 + (2\,\xi_{n1}\omega_{n1}\omega_i)^2}\right] \tag{10-13}$$

(2)相位响应(°):

$$\varphi_{lq}(\omega_i) = 57.3\left[\tan^{-1}(T_{\theta 2}\omega_i) - \tan^{-1}\left(\frac{2\xi_{n1}\omega_{n1}\omega_i}{\omega_{n1}^2 - \omega_i^2}\right)\right] - 57.3\tau_n\omega_i \tag{10-14}$$

式(10-12)在离散频率点 $\omega_i$ 的频率响应为:

(1)幅值响应(dB):

$$M_{ln}(\omega_i) = 10\lg\left[\frac{K_n^2}{(\omega_{n1}^2 - \omega_i^2)^2 + (2\xi_{n1}\omega_{n1}\omega_i)^2}\right] \tag{10-15}$$

(2)相位响应(°):

$$\varphi_{ln}(\omega_i) = -57.3\tan^{-1}\left(\frac{2\xi_{n1}\omega_{n1}\omega_i}{\omega_{n1}^2 - \omega_i^2}\right) - 57.3\tau_n\omega_i \tag{10-16}$$

若高阶系统式(10-9)和式(10-10)在离散频率点 $\omega_i$ 的频率响应分别为

$$G_{hq}(j\omega_i) = |G_{hq}(j\omega_i)| \angle G_{hq}(j\omega_i) \tag{10-17}$$

$$G_{hn}(j\omega_i) = |G_{hn}(j\omega_i)| \angle G_{hn}(j\omega_i) \tag{10-18}$$

那么同时对式(10-11)和式(10-12)进行双拟配的目标函数定义为

$$J = \frac{20}{n}\sum_{i=1}^n \left\{\left[\,|G_{hq}(j\omega_i)| - M_{lq}(\omega_i)\right]^2 + \left[\,|G_{hn}(j\omega_i)| - M_{ln}(\omega_i)\right]^2 + \right.$$
$$\left. Q\left[\angle G_{hq}(j\omega_i) - \varphi_{lq}(\omega_i)\right]^2 + Q\left[\angle G_{hn}(j\omega_i) - \varphi_{ln}(\omega_i)\right]^2\right\} \tag{10-19}$$

拟配频率范围 $\omega = (0.1, 10)$ ,并共取 20 个频率点 $\omega_i$ ,即 $n = 20$ ,加权因子 $Q = 0.0175$ 。

应用 MATLAB 进行拟配计算,用 bode( ) 函数来求取高阶系统在离散频率点的幅值和相位响应值,低阶等效系统的幅值和相位响应则用式(10 - 13) ~ 式(10 - 16)计算得到,在按式(10 - 19)建立目标函数后,可用无约束的优化函数 fminsearch( ) 或 fminunc( )[20] 在目标函数为最小的要求下,求解式(10 - 11) 和式(10 - 12)中的参数: $\xi_{n1}$ 、 $\omega_{n1}$ , $K_q$ 、 $T_{\theta 2}$ , $K_n$ 、 $\tau_n$ 。

本例中拟配计算后的低阶等效模型分别为

$$\frac{\Delta q}{\Delta C_{cs}^*} = \frac{1.271(s + 0.094) e^{-0.04s}}{s^2 + 2.634s + 3.441} \tag{10-20}$$

$$\frac{\Delta n_z}{\Delta C_{cs}^*} = \frac{4.173 e^{-0.04s}}{s^2 + 2.634s + 3.441} \tag{10-21}$$

此时目标函数的最小值为 $\min(J) = 5.717$ ,符合 $\min(J) < 10$ 的要求[19]。因此式(10 - 20)和式(10 - 21)可以作为高阶系统式(10 - 9)和式(10 - 10)的低阶等效系统。

对低阶等效系统的飞行品质评价如下:

等效系统的 CAP 计算方法需要修正[19],低阶等效系统的 CAP 计算公式如下:

$$\text{CAP} = \left[ \frac{\omega_{nsp}^2}{(\Delta n_z/\Delta \alpha)_{t=\infty}} \right]_e \frac{\Delta \ddot{\theta}_{hmax}}{\Delta \ddot{\theta}_l \mid_{t=\tau_n}} \tag{10-22}$$

式中,下标"e"表示用低阶等效系统模型的参数进行计算; $\Delta \ddot{\theta}_h$ 为高阶系统在单位阶跃输入下的俯仰角加速度响应最大值; $\Delta \ddot{\theta}_l \mid_{t=\tau_n}$ 为低阶等效系统在单位阶跃输入下,当 $t = \tau_n$ 时的俯仰角加速度值。

需要用低阶等效系统模型计算:

$$\left( \frac{\Delta n_z}{\Delta \alpha} \right)_{t=\infty} = \frac{V_0}{g} \left( \frac{1}{T_{\theta 2}} \right)_e$$

式中,下标"e"表示用低阶等效系统的参数值。这样式(10 - 22)中的数据分别为: $(\Delta n_z/\Delta \alpha)_{t=\infty} \approx 2.845$ , $\omega_{nsp} = 1.855$ , $\Delta \ddot{\theta}_{hmax} = 0.995$ , $\Delta \ddot{\theta}_l(t = 0.04) = 0.736$ ,得到 CAP = 1.635。那么高阶系统的短周期运动飞行品质结论如下:

(1)稳态特性: $\xi_d = 0.71$ ,CAP = 1.635,飞行品质为等级 1。

(2)动态特性: $\xi_d = 0.71$ , $(\omega_n T_{\theta 2})_e = 1.855/0.094 \approx 19.73$ ,飞行品质为等级 1。

（3）延迟特性：$\tau_n = 0.04 < 0.1$，飞行品质为等级 1。

而在 8.4.2 节中前两项指标的飞行品质均为等级 3，显而易见，通过控制增稳系统可以使得飞机的飞行品质得到明显的提高，它使得短周期运动的阻尼比和无阻尼自然频率得到改善，从而也使运动稳定性得到保证。

低阶等效系统的阻尼比和无阻尼频率分别为：$\xi_d = 0.71$，$\omega_n = 1.855$。其中 $\omega_n = 1.855$ 时的静稳定度大约为：$C_{mC_L} \approx -0.4 \approx -13.3\% c_A$，也就是通过控制系统将放宽静稳定度到 $-5\% c_A$ 的飞机补偿到了 $-13.3\% c_A$ 的静稳定度，静稳定度的绝对值仅仅增加了 $8.3\% c_A$。注意到这种补偿是控制系统工作时才能具有的性能，对比飞机未放宽静稳定性时的静稳定度 $-22.34\% c_A$（超声速飞行所导致）来说，补偿后飞机纵向静稳定度是合适的，兼顾了操纵和稳定性能，并且达到了一级飞行品质。

如果将此数据与 8.4.2 节中确定的设计目标 $\xi_{dE} = 0.7$，$\omega_{nE} = 3$ 相比，低阶等效系统的阻尼比基本达到要求，而无阻尼频率有较大的差别。因此在具体设计中，设计计算目标的确定应该考虑到：以低阶等效系统为飞行品质评价目标和以主动极点为设计计算目标之间的非线性关联性。具体来说，设计目标应按照低阶等效系统的飞行品质性能确定，而设计计算时的目标则需要按经验在上述设计目标的基础上做适当修改后得到。而设计是个反复修正的过程，若计算目标的确定值无法使得最后的设计目标满足要求，那么就要在修改计算目标后重新进行设计计算，直到满足设计目标为止。

# 第 **11** 章

## 主动控制技术的应用

 ### 11.1　主动控制技术概述

主动控制技术是伴随着飞机控布局设计(CCV)思想而产生的,也就是说在飞机进行气动布局或空气动力特性设计时就需要将控制技术作为飞机的基本要素,而这些控制技术被称为主动控制技术(ACT)。主动控制技术实现的手段则是电传操纵系统,也就是说电传操纵系统是应用主动控制技术的必要条件。

主动控制技术是"主动地"对飞机飞行动力学性能进行补偿,因此随控布局飞机的控制系统在整个飞行过程中全时间、全权限工作,是飞机获得良好性能不必缺少的组成部分。例如在第8章放宽静稳定性的飞机中,仅仅在采用了控制增稳系统后,飞机的飞行品质才达到等级1的标准,若无此系统,那么飞机只是等级3的飞行品质。常用的主动控制技术包括的内容有:

(1)放宽静稳定性技术(RSS)。

(2)边界控制。

(3)直接力控制。

(4)阵风载荷减缓。

（5）机动载荷控制。

（6）主动颤振控制。

当然，近年来还发展了一些新的主动控制技术[1]，例如"任务适应新机翼""主动柔性机翼""层流和涡流的主动控制""自适应结构载荷控制"等。

关于"放宽静稳定性"和"边界控制"已经在第 8 章和第 9 章进行了详细的介绍，这也是两种最常见的主动控制技术，其应用也具有普遍性，已经在很多飞机上得到使用。并且这两种技术与飞机的操纵直接相关，特别是"放宽静稳定性"技术直接影响到飞机的动力学性能，进而能改善纵向运动的飞行品质，而"边界控制"则可以提高飞机可使用性能，只有这两种技术才真正地体现了电传操纵系统的优势，也是电传操纵系统的基本特征和核心技术，如果缺乏这两种技术，那么电传操纵系统只能称为用电信号来传递驾驶杆指令的操纵系统，即电信号系统。

而其他主动控制技术仅仅是为了改善与飞行品质无关的性能，譬如非常规机动、疲劳强度或乘坐的舒适性和抑制颤振等，也就是说这些主动控制技术不是以改变飞机动力学性能为目标的。这些主动控制技术的实现也需要一定的前提条件，因此应根据 CCV 的飞机设计来确定是否使用。例如"直接力控制"或"机动载荷控制"只能在具有多操纵面的飞机上使用[1]，所以在飞机总体设计时就应该考虑是否采用这些主动控制技术，以便给一些操纵面分配不同的工作权限或需要设计新的操纵面。

这些主动控制技术的实现也是通过控制系统来完成的，一般来说这些控制系统都被包含在电传操纵系统中，尽管这些控制系统可能是为完成某个独立的主动控制功能而存在的。同时从飞行动力学上来说，无论是哪一种功能的控制系统，它们总是通过对飞机气动操纵面的控制而实现主动控制技术的功能。因此这些控制系统的实现需要具备两个条件，一是确定的气动操纵面，二是用舵机作为系统输出来驱动操纵面，而主动控制技术的功能将用控制律来实现完成，这些控制律则以软件的形式工作在计算机中。

本章除"放宽静稳定性"和"边界控制"外，将对其余的四个主动控制技术进行简单的介绍，其内容主要来自文献[1，2，17]。

## 11.2　直接力控制

直接力是指直接作用于飞机质心的,并使得质心立即发生移动运动的力。直接力往往是指气动力,而不是发动机的推力或螺旋桨的拉力,直接力产生的同时不能伴随有绕质心的转动运动。

飞机的直接力分为直接升力和侧力,产生直接升力的方法很多:

(1)若飞机有鸭翼,那么与平尾的同步偏转使之同时产生升力,两个偏转角之差则用来保证不发生俯仰转动运动。

(2)平尾和后缘机动襟翼的同步偏转,使得平尾和机翼同时产生升力,用控制平尾(或升降舵)偏转角来保证飞机不发生俯仰转动运动。

(3)同理也可以用鸭翼与后缘机动襟翼的同步偏转来产生直接力。

(4)扰流片与鸭翼的相互配合。

直接侧力的产生方法为:在质心处安装有可操纵的、类似立尾的气动舵面,从而产生直接侧力,由于气动力的作用点不可能完全与质心重合,因此还需要用方向舵来克服其伴随的转动运动并消除侧滑角。

直接力的作用在于能直接和快速地改变飞机的轨迹角,即可以在不改变姿态的情况下改变飞机的速度方向。

在采用力矩式操纵的常规布局飞机上,若要改变轨迹,首先要使姿态发生变化,然后产生迎角或侧滑角的改变,从而形成新的气动力,并因此改变飞机的速度方向或轨迹角。这种间接操纵方法带来的问题就是轨迹角对操纵舵面响应的滞后性,在小速度下以及大尺寸和惯性的飞机,航迹的滞后性就更加严重,有时可达到 $2\sim3$ s。这么慢的响应,显然无法补偿如阵风等快速扰动而引起的航迹偏离。就纵向轨迹角来进行分析,若升降舵偏转,那么飞机将首先产生俯仰转动运动,在时间轴上观察短周期运动变量,其先后发生的顺序为 $\Delta\delta_e\to\Delta q\to\Delta\alpha\to\Delta\gamma\to\Delta H$,因此按式(5-39)和式(5-41)得到

$$\frac{\Delta\gamma}{\Delta q}=\frac{\dfrac{L_\alpha}{mV_0}}{s\left(s+\dfrac{L_\alpha}{mV_0}\right)} \tag{11-1}$$

若 $\Delta q=q_m/s$,显然轨迹角 $\Delta\gamma$ 的初值为零,这表明即使 $\Delta q$ 已经有变化,即俯仰转动运动发生了,而轨迹角 $\Delta\gamma$ 仍然没有响应,需要经过一段时间的

延迟,才能有明显的变化;而如果 $\Delta q$ 是个弱响应(即幅值 $q_m$ 很小),那么 $\Delta \gamma$ 的响应将表现更为滞后,这个显然是由于式(11 – 1)中具有二阶环节分母的惯性。也就意味着,轨迹角 $\Delta \gamma$ 将落后于 $\Delta q$ 的变化,而纵向运动轨迹的测量为高度的响应又为

$$\Delta \dot{H} = V_0 \Delta \gamma$$

高度 $\Delta H$ 的相位又滞后于 $\Delta \gamma$ 90°,因此纵向轨迹,即高度对 $\Delta \delta_e$ 的响应就更慢了。这就是力矩操纵所带来的问题,使得升降舵对纵向轨迹的改变总是滞后于对俯仰姿态的改变,尽管升降舵或平尾的偏转会产生部分升力,但这个升力太小,不足以使升力发生根本性的变化,从而不会带来立即的飞机质心移动。就喷气飞机例子来说,升降舵每偏转 1°仅仅只产生 -0.028°/s 的轨迹角速度,因此在升降舵的偏转时轨迹角不会发生立即的显著改变,需要一定时间后,轨迹角才会发生明显的变化。

而使用直接力后,由于作用于飞机质心的合升力直接发生改变,因此可以快速地使轨迹角发生改变。若仅仅研究纵向运动在直接力作用下的轨迹角变化问题,那么式(4 – 40)(b)中的 $\mu = 0$,因此由式(4 – 28)(c)得到关于纵向轨迹角的方程为

$$-mV \frac{\mathrm{d}\gamma}{\mathrm{d}t} = -T\sin(\alpha + \varphi_T) - L + mg\cos\gamma \qquad (11 – 2)$$

并假设纵向运动的配平(平衡)飞行状态为:等速直线水平飞行,那么 $\gamma_0 = 0$,并且在配平情况下 $T\sin(\alpha + \varphi_T) \ll L$,从而式(11 – 2)的小扰动线性化表达式为

$$mV_0 \frac{\mathrm{d}\Delta \gamma}{\mathrm{d}t} \approx \Delta L \qquad (11 – 3)$$

那么式(11 – 3)中的升力增量可以写为

$$\Delta L \approx L_\alpha \Delta \alpha + L_V \Delta V + \Delta L_{zc} \qquad (11 – 4)$$

其中,若采用鸭翼和后缘机动襟翼来产生直接力 $\Delta L_{zc} = L_{\delta_{zc}} \Delta \delta_{zc}$,$\Delta \delta_{zc}$ 是等效的直接力偏转角;$L_\alpha \Delta \alpha$ 是由于直接力 $\Delta L_{zc}$ 的作用,飞机的迎角发生改变而产生的升力,显然 $\Delta \alpha$ 是伴随直接力的发生而产生的。由于 $\Delta \alpha = \Delta \theta - \Delta \gamma$,在直接力作用时不发生俯仰转动运动,因此 $\Delta \theta = 0$,即 $\Delta \alpha = -\Delta \gamma$。$L_V \Delta V$ 是在直接作用过程中速度变化所引起的升力变化,并假定升降舵或平尾没有偏转,于是式(11 – 4)变为

$$mV_0 \frac{\mathrm{d}\Delta \gamma}{\mathrm{d}t} \approx -L_\alpha \Delta \gamma + L_V \Delta V + L_{\delta_{zc}} \Delta \delta_{zc} \qquad (11 – 5)$$

若不考虑速度的影响作用,即 $\Delta V = 0$,那么对式(11-5)进行零初始条件下的拉普拉斯变换后得到

$$\frac{\Delta\gamma}{\Delta\delta_{zc}} = \frac{L_{\delta_{zc}}}{mV_0\left(s + \frac{L_\alpha}{mV_0}\right)} \tag{11-6}$$

将式(5-41)和式(11-6)相比,纵向轨迹角对直接力偏转角的响应要远远快于对升降舵的响应。

当然,式(11-5)也说明,如果在直接力控制中飞机的速度有损失,并满足

$$\Delta V \leqslant -\left|\frac{L_{\delta_{zc}}}{L_V}\Delta\delta_{zc}\right| \tag{11-7}$$

那么此时 $\Delta\gamma \leqslant 0$,这就表明不可能实现直接力对轨迹角的控制。注意到这只有在直接力控制是为了获得正的纵向轨迹角(飞机爬升)时才可能发生。因此在这种情况下,飞机必须同时向前推油门来补偿速度的损失。当然,如果速度的损失是小量,即不满足上述式(11-7)的条件,那么直接力控制还是有效的。

式(11-5)可以作为研究直接升力的出发方程,当然也可以推导出直接侧力的方程,而方程形式也是类似的。对于直接力的控制必须满足[1]:

(1)气动操纵面必须是快速而又连续可调的。

(2)气动操纵面应该既能产生正的直接力又能产生负的直接力。

(3)直接力应该作用于质心附近。

(4)在直接力作用过程中,应使用其他操纵面和油门杆配合工作,以避免发生力矩转动运动和速度的损失。

直接力主要用于非常规机动中,这些非常规的机动将非常有利于用于作战的飞机,而在运输飞机中则较少使用,这些非常规机动形式在许多文献[1,17]中已经有说明,本书不再进行讨论。

非常规机动需要通过设计专门的控制律来实现,但无论如何直接力出现后将使速度方向发生改变,因此将会影响到气动角(迎角和侧滑角),从而会产生额外的升力(阻力)或侧力。因此在“直接爬升”非常规机动的直接升力控制中,在直接力产生后为了保证迎角不变(增量为零),就需要采用平尾或升降舵使飞机发生俯仰转动运动,这样机体轴 $o_b x_b$ 与速度轴就发生同步转动,从而保证了在直接升力产生后,迎角保持不变。这个例子说明,直接力的产生,并不一定是以不发生力矩转动运动为前提的,需要视非常规机动的

形式决定。然而大多数的直接力还是被应用在不需要发生力矩转动运动的非常规机动中。

 ## 11.3　阵风载荷减缓和乘坐品质控制

阵风载荷减缓控制的目的是使用控制系统来减小阵风干扰下可能引起的过载,从而达到减轻机翼上的载荷和结构疲劳的目的。乘坐品质控制的目的是,在风干扰情况下,使得乘员的乘坐感到舒适。尽管两种控制的称呼不一样,但引起控制的原因均是风的干扰,而且两者都能以在阵风干扰条件下载荷减缓的程度来衡量控制效果,因此尽管这两种控制系统起源于不同的目的,但控制的目标或评定效果却可以是一致的。

在第 6 章已经研究了,在阵风作用下实际上是气流角的增加,它对飞机产生额外的气动力(只考虑风速的一阶作用),就垂直风 $w_w$ 的作用来说,将产生附加迎角为

$$\Delta\alpha_w = \frac{w_w}{V_0}$$

这个迎角将产生额外的升力

$$\Delta L_w = -\frac{1}{2}\rho_0 V_0^2 S_w C_{L\alpha}\Delta\alpha_w \tag{11-8}$$

若此时飞机是处于平衡状态,那么飞机的全部升力为 $L = L_0 + \Delta L_w$,且 $L_0 = mg$。从而飞机的法向过载为

$$n_z = \frac{L}{mg} = 1 + \frac{\Delta L_w}{mg} = 1 + \Delta n_{zw} \tag{11-9}$$

其中,阵风产生的额外法向过载 $\Delta n_{zw}$ 为

$$\Delta n_{zw} = \frac{\Delta L_w}{mg} = -\left(\frac{1}{2}\rho_0 V_0 C_{L\alpha}\right)\frac{w_w}{G_{wl}} \tag{11-10}$$

其中翼载:$G_{wl} = mg/S_w$。将式(11-10)代入式(11-9)后,飞机的全部法向过载为

$$n_z = \frac{L}{mg} = 1 - \left(\frac{1}{2}\rho_0 V_0 C_{L\alpha}\right)\frac{w_w}{G_{wl}} \tag{11-11}$$

由式(11-10)，如果垂直风由下至上($w_w<0$)，那么机翼上的升力增加，导致其法向过载也会增加；反之则法向过载会减低。由于阵风，特别是随机阵风，其风速和风向是变化的，因此其法向过载的大小和方向也是变化的，那么对乘坐品质或乘坐的舒适性来说是不利的。明显地，如果具有较大翼载的飞机其抗阵风能力也强，即在相同扰动作用下所产生的过载最小。阵风的另一个影响就是引起飞机结构的振动，对机身细长且挠性较大的高速飞机的影响更为严重。经验表明[1]，在垂直振动过载超过 $0.2g$ 时，驾驶员对仪表的判断就很困难；而在超过 $0.5g$ 并持续几分钟时，驾驶员就会担心飞机要出事故。横侧向振动过载的允许值为垂直过载的一半。所以采取适当的措施来减缓飞机对阵风的响应是必要的。

如果上升的垂直阵风引起额外升力并导致全部升力增加，那么飞机上可以使用气动舵面(如用副翼和扰流片的快速向上偏转)来降低或卸去机翼上的额外升力或载荷，即利用气动操纵面产生一个大小相等且方向相反的升力来抵消阵风所引起的升力，以保持飞机的法向过载基本不变，从而起到阵风载荷减缓控制的作用。这种阵风载荷减缓控制系统，是使用法向过载或法向加速度的反馈来实现的，这个系统可以连续地卸去额外的升力，直到法向过载回到所预先规定的条件为止[2]。

由于只有在向上的垂直风作用下，才需要用降低机翼上升力的方法减缓或卸去由其阵风所引起的额外载荷。在第 6 章已经说明了，此时飞机的纵向轨迹角(爬升角)大于零而呈现向上爬升状态，因此在这种情况下，使用副翼和扰流片的向上偏转减小机翼的升力将不会影响到飞行安全。如果升力的减小有效，那么飞机的爬升角将会逐步减小，这就说明额外的载荷在被逐渐地卸去或减缓。

当然无论怎样，减小升力总是不利的，因此在控制系统设计时应该对副翼的偏转角度加以限制，以及对扰流片的开启时间加以限制，以防止升力过度减小。另外需要强调的是，在卸去或减缓机翼的阵风载荷时，需要通过升降舵或平尾的偏转来使飞机的俯仰姿态保持不变，即卸载过程中所引起的俯仰力矩改变由升降舵或平尾的偏转来予以平衡。

显然，从飞行的状态来看，飞机对垂直风的响应是不可避免的，并且会对飞机产生额外的法向载荷；而对侧风来说，由于立尾的风标稳定性作用，总是可以使得飞机处于对称飞行，从而使阵风对飞机产生额外横侧向载荷的概率不高。因此垂直阵风对纵向运动产生的额外载荷需要有减缓的措施，这不但是减轻飞机结构疲劳的要求，也是乘坐品质的要求。

##  11.4　机动载荷控制

机动载荷控制是根据飞机的机动状态,主动调节机翼上的载荷分布,从而达到所要求的性能。这个性能对不同的飞机来说具有不同的要求。

一般情况下,当飞机进行平衡飞行时,机翼承受的载荷与重力相等,即 $1g$ 的过载。然而当飞机进行机动爬升时,机翼上的升力将会大于重力,从而其过载也将大于 $1g$,也就是说在进行机动时,机翼上的载荷将会有所增加。如果没有措施,那么所增加的载荷将沿着整个机翼进行分布,那么这将增加机翼翼根处的弯矩。

调节机翼上的载荷分布的目的就是减小在机动爬升时机翼翼根处的弯矩,进一步说也就是将机翼上的载荷进行这样的分布:将远离翼根处的升力分布减小到与平衡飞行时的升力分布相同,而将增加的载荷分布在翼根附近,这样就可以在保持整个机动升力不变的条件下,减小机翼载荷对翼根处的弯矩。

由于机翼翼根也是机翼与机体的连接处,减小此处的弯矩一是可以降低连接部件所受到的疲劳强度;二是可以减小对翼根的结构强度要求,从而可以降低翼根的结构厚度,减小整个机翼的质量。

图 11 - 1 所示为具有机动载荷控制和无机动载荷控制时的机翼载荷(升力)分布的情况,很明显在有机动载荷控制时,被增加部分的载荷将分布在翼根附近,而远离翼根处的载荷分布恢复到平衡飞行时的载荷分布,从而就实现了在总载荷不变的条件下翼根处的弯矩得到大幅度的降低。

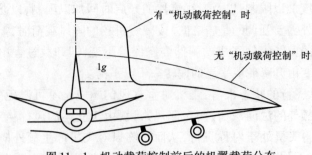

图 11 - 1　机动载荷控制前后的机翼载荷分布

在飞机机动时,机翼载荷的重新分布主要是依靠机翼上可操纵控制的气动翼面来实现的。具体来说,比较典型的方法就是依靠机翼两侧副翼和襟翼的同步偏转来实现的,当然也可以采用扰流片、前缘襟翼等可操纵的翼面来进行,也是需要在按 CCV 的飞机总体设计时加以确定的。

机动载荷控制系统有开环控制和闭环控制两种形式。

(1)开环控制方案,由驾驶员根据飞机的机动状态,起动机动载荷控制系统,使得控制器按规定的程序直接驱动所选定的操纵面,从而达到机翼载荷重新分布的目的。

(2)闭环控制方案,直接测量法向过载增量信号或翼根弯矩增量信号作为反馈,并按一定的控制律驱动相关的翼面,从而达到载荷重新分布的目的。

需要指出的是,上述机动载荷控制方案基本上适用于不经常机动的大型飞机。而对于经常需要进行机动的战斗机来说,机动载荷控制的目的是提高飞机的升阻比。提高飞机的升阻比可以采用机翼变弯度的技术来实现,即依据不同的飞行速度,控制飞机的前缘襟翼和后缘襟翼转动的方向,实现机翼弯度的控制,以保证在整个飞行剖面上具有良好的升阻比。

这种机动载荷控制一般采用开环控制方案就可以实现,也就是前缘和后缘襟翼依据马赫数和迎角,按预先设定的程序进行偏转控制,这种偏转控制的程序一般按照机翼最大升阻比特性设定[高金源],但由于升力和阻力还与迎角有关,因此前缘襟翼和后缘襟翼的偏转角是马赫数和迎角的函数。式(11-3)中的升力增量写为

$$\Delta L \approx L_\alpha \Delta\alpha + L_V \Delta V + L_{\delta_e} \Delta\delta_e \qquad (11-12)$$

在使用按迎角程序的机翼变弯度控制后,式(11-12)中的有因次导数 $L_\alpha$、$L_V$、$L_{\delta_e}$ 由原先的仅仅是马赫数的函数,就变为关于马赫数和迎角的二维函数,即

$$\Delta L \approx L_\alpha(M,\alpha)\Delta\alpha + L_V(M,\alpha)\Delta V + L_{\delta_e}(M,\alpha)\Delta\delta_e \qquad (11-13)$$

同样,对于俯仰力矩线性化表达式中的有因次导数也有类似的结论:

$$\Delta M = M_V(M,\alpha)\Delta V + M_\alpha(M,\alpha)\Delta\alpha + M_{\dot\alpha}(M,\alpha)\Delta\dot\alpha +$$
$$M_q(M,\alpha)\Delta q + M_{\delta_e}(M,\alpha)\Delta\delta_e \qquad (11-14)$$

因此这就需要在按马赫数和迎角变弯度的情形下,对飞机的纵向运动稳定性进行检查,以确保在变弯度的机动载荷控制中,保证飞机纵向运动是稳定的。

##  11.5　主动颤振控制

严格来说,飞机是个弹性体。特别是作为悬臂梁机械结构的机翼来说,尤为如此。机翼的厚度随着远离机身而逐渐变薄,如果与机身尺寸相比较,可以近似为一个薄板,在飞机飞行过程中,由于气动力和力矩的作用,薄板将会产生弹性变形,从而形成结构－气动的弹性振动。一般情况下,在结构阻尼及空气阻尼作用下,弹性振动很快就会衰减,而仅保持静态的弹性变形。

弹性变形有两种形式,一种是弯曲变形,而另外一种是扭曲变形。这两种变形的频率和阻尼比是随飞行速度变化的,而且是相互独立的。当然不管是哪种变形形式,其结果都会产生附加的升力,而这个附加的升力又作用于弹性变形体,从而形成了结构－气动弹性振动的耦合体,并出现弯和扭两种振动现象。这两种振动形式,在以不同的振型振动时又可能产生耦合作用,这种耦合有时会对振动产生阻尼作用,当然有时也会产生激振作用。这种激振作用使得飞机结构的变形振动振幅增大到危险程度,从而有可能破坏飞机的结构,这种结构－气动弹性振动称为颤振。由于这种耦合振动与飞行速度有关,所以把结构－气动弹性体发生临界颤振的速度称为临界颤振速度。因此,弹性变形所引起的附加升力才是振动的原因,如果消除了这个原因,那么结构－弹性结构体的振动将不会出现,而仅仅出现静态的弹性变形。

颤振会对飞机结构造成损坏,特别是机翼、操纵面以及机翼外挂物最易发生颤振,其结果就是影响飞行安全。因此需要有措施来防止颤振的发生,传统上一般是通过加强结构刚度或改变外挂点的方法进行,然而这将导致飞机结构质量的增加和降低飞机性能。

目前是采用人工阻尼的方法来实现颤振的主动抑制。主要的技术方案是:在机翼上安装适当的操纵面,通过协调偏转这些操纵面,以所产生的气动力来抵消由于振动变形而产生的附加气动力,这样就起到了主动抑制颤振的作用,这种控制也称为主动颤振控制。

主动颤振控制也是一个基于负反馈的闭环控制系统,通过安装在机翼容易产生颤振处的传感器,来感受机翼产生的弹性振动,并按一定的控制规律来形成操纵指令驱动操纵面,改变翼面上的气动力分布,从而降低后改善机翼气动弹性的耦合效应,以达到提高颤振速度的目的。显然,若颤振速度提高到飞机所达不到的速度,那么就可以避免飞机在飞行包线范围内出现颤振。从另一个角度来说,飞机的结构 – 弹性振动是不可避免的,即使使用了主动颤振控制以后,也仅仅是为了提高产生颤振的速度,使得颤振速度不被包含在使用包线内即可。

主动颤振控制系统的原理框图如图 11 – 2 所示。

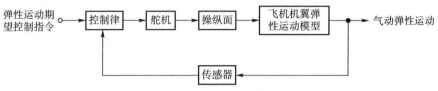

图 11 – 2  主动颤振控制系统的原理框图

在图 11 – 2 主动颤振控制系统中,操纵面一般可采用后缘襟翼或副翼,传感器可使用加速度传感器或迎角传感器;被控制对象不是飞机的运动模型,而是机翼的气动弹性运动模型。对于图 11 – 2 所示的系统来说,一般有如下要求:

(1)由于振动频率高,因此舵机和操纵面的运动速度要求非常快,即舵机 – 操纵面系统应具有足够的带宽来响应振动信号。

(2)同样也需要高带宽和高精度的传感器,并且传感器能对机翼的振动模态进行精确的测量,为了能感受不同的振动模态,传感器需要根据具体的机翼结构进行多点安装。

(3)设计一个可以兼顾在不同飞机构型下能对颤振进行抑制的控制律。

# 附录

# 基准运动为等速直线 ($\gamma \neq 0$) 飞行时的 小扰动线性化方程

1. 纵向小扰动运动线性化方程

(1) 基准运动为等速直线飞行，即 $\gamma_0 \neq 0$，$\alpha_0 \neq 0$ 和 $\varphi_T \neq 0$ 和不忽略 $T_0$ 的飞行状态，且 $\theta_0 = \gamma_0 + \alpha_0$。

(2) 动力学方程：

$$\begin{bmatrix} \Delta \dot{V} \\ \Delta \dot{\alpha} \\ \Delta \dot{q} \\ \Delta \dot{\theta} \\ \Delta \dot{H} \end{bmatrix} = \boldsymbol{A}_{lon} \begin{bmatrix} \Delta V \\ \Delta \alpha \\ \Delta q \\ \Delta \theta \\ \Delta H \end{bmatrix} + \boldsymbol{B}_{lon} \begin{bmatrix} \Delta \delta_e \\ \Delta \delta_T \end{bmatrix}$$

(3) 运动学方程：

$$\Delta \dot{x}_e = \cos\gamma_0 \Delta V - V_0 \sin\gamma_0 \Delta \gamma$$

$$\Delta \dot{H} = \sin\gamma_0 \Delta V + V_0 \cos\gamma_0 \Delta \gamma$$

(4) 几何关系方程：

$$\Delta \gamma = \Delta \theta - \Delta \alpha$$

（5）系统矩阵$A_{lon}$：

$$A_{lon} = \begin{bmatrix} -\dfrac{D_V - T_V\cos(\alpha_0 + \varphi_T)}{m} & -\dfrac{D_\alpha + T_0\sin(\alpha_0 + \varphi_T) - mg\cos\gamma_0}{m} \\ -\dfrac{L_V + T_V\sin(\alpha_0 + \varphi_T)}{mV_0 + L_{\dot\alpha}} & -\dfrac{L_\alpha + T_0\cos(\alpha_0 + \varphi_T) - mg\sin\gamma_0}{mV_0 + L_{\dot\alpha}} \\ \dfrac{(M_V + T_V z_T)}{I_y} - \left(\dfrac{M_{\dot\alpha}}{I_y}\right)\dfrac{L_V + T_V\sin(\alpha_0 + \varphi_T)}{mV_0 + L_{\dot\alpha}} & \dfrac{M_\alpha}{I_y} - \left(\dfrac{M_{\dot\alpha}}{I_y}\right)\dfrac{L_\alpha + T_0\cos(\alpha_0 + \varphi_T) - mg\sin\gamma_0}{mV_0 + L_{\dot\alpha}} \\ 0 & 0 \\ \sin\gamma_0 & -V_0\cos\gamma_0 \end{bmatrix}$$

$$\begin{bmatrix} 0 & -g\cos\gamma_0 & -\dfrac{D_H - T_H\cos(\alpha_0 + \varphi_T)}{m} \\ \dfrac{mV_0 - L_q}{mV_0 + L_{\dot\alpha}} & -\dfrac{mg\sin\gamma_0}{mV_0 + L_{\dot\alpha}} & -\dfrac{L_H + T_H\sin(\alpha_0 + \varphi_T)}{mV_0 + L_{\dot\alpha}} \\ \dfrac{M_q}{I_y} + \left(\dfrac{M_{\dot\alpha}}{I_y}\right)\dfrac{mV_0 - L_q}{mV_0 + L_{\dot\alpha}} & -\left(\dfrac{M_{\dot\alpha}}{I_y}\right)\dfrac{mg\sin\gamma_0}{mV_0 + L_{\dot\alpha}} & \dfrac{M_H}{I_y} - \left(\dfrac{M_{\dot\alpha}}{I_y}\right)\dfrac{L_H + T_H\sin(\alpha_0 + \varphi_T)}{mV_0 + L_{\dot\alpha}} \\ 1 & 0 & 0 \\ 0 & V_0\cos\gamma_0 & 0 \end{bmatrix}$$

（6）输入矩阵$B_{lon}$：

$$B_{lon} = \begin{bmatrix} -\dfrac{D_{\delta_e}}{m} & \dfrac{T_{\delta_T}\cos(\alpha_0 + \varphi_T)}{m} \\ -\dfrac{L_{\delta_e}}{mV_0 + L_{\dot\alpha}} & -\dfrac{T_{\delta_T}\sin(\alpha_0 + \varphi_T)}{mV_0 + L_{\dot\alpha}} \\ \dfrac{1}{I_y}\left(M_{\delta_e} - \dfrac{M_{\dot\alpha}L_{\delta_e}}{mV_0 + L_{\dot\alpha}}\right) & \dfrac{T_{\delta_T}z_T}{I_y} - \left(\dfrac{M_{\dot\alpha}}{I_y}\right)\dfrac{T_{\delta_T}\sin(\alpha_0 + \varphi_T)}{mV_0 + L_{\dot\alpha}} \\ 0 & 0 \\ 0 & 0 \end{bmatrix}$$

（7）方程中的变量单位：

$\Delta\alpha, \Delta\theta, \Delta\gamma, \Delta\delta_e, \Delta\delta_T$：弧度（rad）；

$\Delta q$：弧度/秒（rad/s）；

$\Delta V, \Delta\dot{x}_e, \Delta\dot{H}$：米/秒（m/s）；

$\Delta x_e, \Delta H$：米（m）。

## 2. 横侧向小扰动运动线性化方程

（1）基准运动为等速直线飞行，即$\gamma_0 \neq 0$，$\alpha_0 \neq 0$ 和$\varphi_T \neq 0$ 和不忽略$T_0$的

飞行状态,且$\theta_0 = \gamma_0 + \alpha_0$。

（2）动力学方程：

$$\begin{bmatrix} \Delta\dot{\beta} \\ \Delta\dot{p} \\ \Delta\dot{r} \\ \Delta\dot{\phi} \end{bmatrix} = \begin{bmatrix} \dfrac{Y_\beta - T_0}{mV_0} & \dfrac{Y_p}{mV_0} + \sin\alpha_0 & \dfrac{Y_r}{mV_0} - \cos\alpha_0 & \dfrac{g}{V_0}\cos\alpha_0 \\[2mm] \dfrac{L_\beta}{I'_x} + I'_{xz}N_\beta & \dfrac{L_p}{I'_x} + I'_{xz}N_p & \dfrac{L_r}{I'_x} + I'_{xz}N_r & 0 \\[2mm] \dfrac{N_\beta}{I'_z} + I'_{xz}L_\beta & \dfrac{N_p}{I'_z} + I'_{xz}L_p & \dfrac{N_r}{I'_z} + I'_{xz}L_r & 0 \\[2mm] 0 & 1 & \tan\theta_0 & 0 \end{bmatrix} \cdot$$

$$\begin{bmatrix} \Delta\beta \\ \Delta p \\ \Delta r \\ \Delta\phi \end{bmatrix} + \begin{bmatrix} 0 & \dfrac{Y_{\delta_r}}{mV_0} \\[2mm] \dfrac{L_{\delta_a}}{I'_x} + I'_{xz}N_{\delta_a} & \dfrac{L_{\delta_r}}{I'_x} + I'_{xz}N_{\delta_r} \\[2mm] \dfrac{N_{\delta_a}}{I'_z} + I'_{xz}L_{\delta_a} & \dfrac{N_{\delta_r}}{I'_z} + I'_{xz}L_{\delta_r} \\[2mm] 0 & 0 \end{bmatrix} \begin{bmatrix} \Delta\delta_a \\ \Delta\delta_r \end{bmatrix}$$

式中,$I'_x = (I_x I_z - I_{xz}^2)/I_z$，$I'_z = (I_x I_z - I_{xz}^2)/I_x$，$I'_{xz} = I_{xz}/(I_x I_z - I_{xz}^2)$。

（3）几何关系方程：

$$\Delta\mathcal{X} = \Delta\psi + \frac{1}{\cos\gamma_0}\Delta\beta - \frac{\sin\alpha_0}{\cos\gamma_0}\Delta\phi$$

（4）运动学方程：

$$\Delta\dot{\psi} = \frac{1}{\cos\theta_0}\Delta r$$

$$\Delta\dot{y}_e = V_0\cos\gamma_0\Delta\mathcal{X}$$

（5）方程中的变量单位：

$\Delta\beta, \Delta\phi, \Delta\psi, \Delta\mathcal{X}, \Delta\delta_a, \Delta\delta_r$:弧度（rad）；

$\Delta p, \Delta r$:弧度/秒（rad/s）；

$V_0, \Delta\dot{y}_e$:米/秒（m/s）；

$\Delta y_e$:米（m）。

# 参 考 文 献

[1] 高金源,焦宗夏,张平.飞机电传操纵系统与主动控制技术[M].北京:北京航空航天大学出版社,2005.

[2] [德]鲁道夫·布罗克豪斯.飞行控制[M].金长江,译.北京:国防工业出版社,1999.

[3] [英]伊恩·莫伊尔,阿伦·西布里奇.民用航空电子系统[M].范秋丽,等,译.北京:航空工业出版社,2009.

[4] 徐鑫福,冯亚昌,等.飞机飞行操纵系统[M].北京:北京航空航天大学出版社,1989.

[5] 胡兆丰,何植岱,高浩.飞行动力学 – 飞机的稳定性和操纵性[M].北京:国防工业出版社,1985.

[6] B·埃特肯.大气飞行动力学[M].何植岱,等,译.北京:科学出版社,1979.

[7] 张明廉.飞行控制系统[M].北京:航空工业出版社,1994.

[8] 李学国.主动控制技术在飞机设计中的应用[M].北京:航空工业出版社,1985.

[9] 徐军,欧阳绍修.运输类飞机自动飞行控制系统[M].北京:国防工业出版社,2013.

[10] 徐军.飞行控制系统——设计、原型系统及半物理仿真实验[M].北京:北京理工大学出版社,2015.

[11] [美]Gene F. Franklin,等.动态系统的反馈控制[M].朱丹齐,等,译.北京:电子工业出版社,2004.

[12] [美]Katsuhiko Ogata,等.现代控制工程[M].卢伯英,等,译.北京:电子工业出版社,2003.

[13] 吴子牛.空气动力学(上下册)[M].北京:清华大学出版社,2008.

[14] 钱翼稷.空气动力学[M].北京:北京航空航天大学出版社,2004.

[15] 肖业伦,金长江.大气扰动中的飞行原理[M].北京:国防工业出版社,1993.

[16] Randal W. Beard. Chapter 392, Embedded UAS Autopilot and Sensor

Systems, Encyclopedia of Aerospace Engineering, John Wiley and Sons, Ltd, Chichester, West Sussex, UK, 2010.

[17] 文传源,等. 现代飞行控制 [M]. 北京:北京航空航天大学出版社,2004.

[18] 何植岱,高浩. 高等飞行动力学 [M]. 西安:西北工业大学出版社,1990.

[19] 高金源,等.飞机飞行品质[M].北京:国防工业出版社,2003.

[20] 薛定宇,陈阳泉. 基于 MATLAB/Simulink 的系统仿真技术与应用 [M].北京:清华大学出版社,2002.

[21] 金长江,范立钦.飞行动力学——飞机飞行性能计算[M].北京:国防工业出版社,1990.

[22] 章卫国,等. 现代飞行控制系统设计[M]. 西安:西北工业大学出版社,2009.

[23] [荷兰]艾德·奥波特.运输类飞机的空气动力学设计[M].顾诵芬,吴兴世,杨新军,译.上海:上海交通大学出版社,2010.